国家林业和草原局普通高等教育“十三五”规划教材

森林草原火生态

舒立福　刘晓东　杨　光　主编

中国林业出版社

图书在版编目（CIP）数据

森林草原火生态/舒立福，刘晓东，杨光主编. 北京：中国林业出版社，2019. 3
国家林业和草原局普通高等教育“十三五”规划教材
ISBN 978-7-5038-9989-8

Ⅰ. ①森… Ⅱ. ①舒… ②刘… ③杨… Ⅲ. ①森林火 - 森林生态学 - 高等学校 - 教材 ②草原 - 火灾 - 草原生态学 - 高等学校 - 教材 Ⅳ. ①S762 ②S812. 6

中国版本图书馆 CIP 数据核字（2019）第 052341 号

国家林业和草原局生态文明教材及林业高校教材建设项目

中国林业出版社 · 教育分社

策划编辑：肖基浒　　**责任编辑**：丰　帆　肖基浒
电　　话：(010)83143555　83143558　　**传　　真**：(010)83143516

出版发行　中国林业出版社(100009　北京市西城区德内大街刘海胡同 7 号)
E-mail:jiaocaipublic@ 163. com　电话:(010)83143500
http://lycb. forestry. gov. cn
经　　销　新华书店
印　　刷　三河市祥达印刷包装有限公司
版　　次　2019 年 3 月第 1 版
印　　次　2019 年 3 月第 1 次印刷
开　　本　787mm × 1092mm　1/16
印　　张　14
字　　数　349 千字
定　　价　37. 00 元

《森林草原火生态》编写人员

主　　编　舒立福　刘晓东　杨　光

副 主 编　周　梅　赵凤君
李世友　单延龙

编写人员　（以姓氏拼音排序）
陈　锋（北京林业大学）
何　诚（南京森林警察学院）
李炳怡（中国林业科学研究院）
李世友（西南林业大学）
刘昌勇（国家林业局林业干部管理学院）
刘冠宏（北京林业大学）
刘晓东（北京林业大学）
单延龙（北华大学）
舒立福（中国林业科学研究院）
田晓瑞（中国林业科学研究院）
王明玉（中国林业科学研究院）
王秋华（西南林业大学）
文东新（中南林业科技大学）
杨　光（东北林业大学）
张运生（南京森林警察学院）
赵凤君（中国林业科学研究院）
周　梅（内蒙古农业大学）

前　言

人们对火的认识处于初级阶段，认为森林草原火灾只会为森林草原生态系统带来危害，如干扰生态系统结构和平衡，烧死、烧伤林内动植物，而忽略了火所具有的“两重性”。火是森林草原生态系统的一个重要生态因子，影响整个森林草原生态系统的发展和演替，促进森林草原更新、减少可燃物大量积累从而降低森林燃烧可能性、改善野生动物栖息地环境和食物来源等。随着对火的进一步认识与研究，人们不仅从躲避火逐渐过渡到主动地、有意识的使用火。比如营林用火在农业、牧业的应用。因此，不能独立的研究火，而是与森林草原生态系统联系起来，探究火在生态系统中的地位、作用和影响，才能更好地认识火、防火、使用火。

在我国，关于火的研究和教学工作始于20 世纪 50 年代。20 世纪 80 年代，学科交叉和渗透已经成为科学研究的一个主要趋势。研究森林草原防火和用火的人更需要吸收生态学理论，深谙其发生原理、机制。火生态学作为一门交叉学科，专门研究火和自然生态系统之间的相互关系。20 世纪 80 年代初，郑焕能教授和居恩德教授编写出版了《林火管理》教材，成为许多农林院校森林防火教学的重要参考书。2005 年，胡海清教授主持编写了《林火生态与管理》，较为全面地介绍了林火管理的知识。随着时代的发展，以及森林草原火灾领域研究的不断深入，需要编著一本比较系统、全面、完整的森林火灾和生态管理的教材。

本书编委会由中国林业科学研究院、北京林业大学、东北林业大学、内蒙古农业大学、南京森林警察学院、中南林业科技大学和西南林业大学的科研和教学人员组成，均为长期从事相关工作的专家和学者。本书由舒立福、刘晓东、杨光主编。全书共分 8 章，具体编写分工如下：绪论及第 1 章由舒立福、杨光编写；第 2 章由刘晓东、李世友编写；第 3 章由赵凤君、何诚编写；第 4 章由何诚、张运生、刘冠宏编写；第 5 章由周梅、王秋华、单延龙编写；第 6 章由杨光、舒立福编写；第 7 章由刘晓东、李炳怡、刘昌勇编写；第 8 章由文东新、舒立福编写。全书由刘晓东、杨光统稿、修稿，最后由舒立福定稿。国家重点研发计划课题(2017YFD0600106)和国家自然基金项目(31570645)资助出版。

本书为林业、草业、森林保护专业本科生教材，同时可供研究生和其他相关专业学生参考，也可为从事森林草原防火教学、科研、管理和生产实践工作者提供参考。由于时间仓促，水平有限，本书的内容中难免存在一些错误和不足，恳请广大同行和读者批评指正。

编　者

2018 年 12 月

目 录

第1章 绪 论

【本章提要】长期以来，火与森林和人类都有着密切的关系。火对森林、草原、环境，以及人类的生存有许多影响。这种影响是多方面的，有时很明显，有时很隐蔽；有时是短暂的，有时是长期的；有时是有益的，有时是有害的。因此，只有弄清火的生态作用和影响，同时在理论和实践上对火有明确的认识，才能利用火，且对火进行管理，使火真正成为经营管理的工具和手段，服务于人类。

1.1 火的意义和作用

为了弄清火与森林及人类的关系，需从认识理论和实践等方面进行分析。俗话说“水火不留情”，林区常说“一点星星火，可毁万顷林”。人们知道森林火灾会给森林和林区居民带来灾难。许多从事森林保护工作的人，常把森林火灾引为森林诸灾之首。诚然，森林火灾不仅烧毁森林，还会破坏森林结构、森林环境。以低价值次生树种，取代珍贵的针叶、阔叶树种，并造成森林恶性循环。所以，有些林业工作者，常称森林火灾是森林最凶恶的敌人，这是森林火灾危害的一个方面，也是常被人们所重视的方面。尤其是多森林火灾地区大有“谈火色变”之势。然而，林火还有许多有益之处，如火在人类文明进步方面起到巨大作用。人类能在寒温带和温带得以生存繁衍，就是人类借助于火来实现的。此外，火能烧掉林内枯枝落叶，促进森林更新、改善野生动物栖息地和改善食物，甚至还能改良林地促进林木生长发育，这是火对森林和人类有益的方面。同时，有些人又称火是森林的朋友。火的有利方面逐渐被人们所接受。因此，应该正确认识火的两重性，充分研究如何化火害为火利，使火真正成为有利于森林、有利于人类的工具和手段。

过去，在生态学中，把火作为一个外来因子，只强调火对森林生态系统的干扰或破坏作用，没有强调火的有利方面。然而，按照系统科学的观点，以及自然界火的发展历史，不难看出，火不仅是森林生态系统中一个自然因子，而且是一个非常活跃的因素。火能影响到整个森林生态系统发展和演替，有时火竟成为推动生态系统演变的动力，所以，火是森林生态系统的一个重要生态因子。现在，许多森林生态学家都把火列为一个生态因子，因此，研究各地森林防火不能孤立地研究火，而且需要研究火与森林生态系统之间的关系，研究火在生态系统中的地位、作用和影响，才有可能把森林防火搞好。此外，为了更好地把防火、灭火和用火搞好，应把火生态列为林火管理的基础理论来加强森林防火的基础。

在实践中，应该有效控制或预防对森林生态系统有害的森林火灾，使其损失降到最小限度，同时，应该利用有益的火行为成为营林的工具和手段，使火不断改善森林环境，为人类经济服务，以维护生态平衡，不断改善人类居住的生态环境。因此，在森林防火方面应将火是有害的观点改为火具有两重性的观点，将林火管理转向预防和控制有害森林火灾并充分利用那些对人类有益的火，发挥火的生态效应。

1.2 林火生态学概念

林火生态（forest fire ecology）是研究火与生态系统的相互作用和相互影响的学科，也就是研究火与生物系统和环境系统相互作用、相互影响的科学称为火生态学。研究火与森林相互关系的学科，称林火生态学；还有研究火与草原相互关系的学科，称草原火生态学；研究火与草甸相互影响的学科，称草甸火生态学。火生态学的研究内容涉及生态学各个领域。在生物方面，火生态学的研究侧重于火对生物(动物、植物、人类)个体、种群、群落及生态系统的影响，同时也包括动物、植物、人类对火的反应和适应；在环境方面，则主要研究火对土壤、光、温度、水、大气等有关自然环境的影响。

火生态学基本由两部分组成，其一是理论部分，把火这一生态因子从生态系统中抽提出来，着重讨论火对环境、动物、植物和整个生态系统的影响以及对它的反作用；其二是在火生态学理论指导下进行防火和用火，也是火生态学的实践部分。

火生态是生态学发展中的一个新支，它是一门边缘学科，因此，火生态的发展与其他学科有关。数学、物理、化学和生物学是火生态的基础。各种生态学，如植物生态学、种群生态学、群落生态学、系统生态学、生态系统学、污染生态学等都与火生态密切相关，又是火生态的直接基础。电子计算机、遥感技术、气象都是火生态研究的手段和工具。此外，防火工程、林业、农业、野生动物以及环境学科等都与火生态密切相关。另外，系统科学、控制论、运筹学以及突变论、耗散结构和协同学等理论学科都对火生态的发展有指导作用。研究火生态方法有许多，其中主要有系统分析的方法、仿真模拟的方法等。

研究火生态学的主要目的是从火的角度解释一些生态学问题，更主要的是为防火和用火提供理论依据。其次，则是通过火生态学理论来指导防火、用火的实际行动。

1.3 火生态学形成与发展

1.3.1 火生态产生的历史背景

随着资本主义的出现，工业迅速发展，地球上大面积森林陆续被开发利用，林区的森林工业也随之兴起，因此，森林火灾也越来越频繁。到19世纪末20世纪初，森林火灾屡见不鲜。由于工业的迅速发展，环境污染也越来越重，直接威胁着人类的健康和生存，因此，引起了人们对生态系统的研究。火生态也是在这种历史背景下产生的，成为生态学的一个新的分支——火生态学。

1.3.2　生态学的发展简史

生态学(ecology)最早是由动物学家海格尔于1866年提出来的。当时他自己创造的名字为“okologie”是希腊语字根凑起来的，意思为家庭、住地、经济，后来英译为“ecology”。1885年，怀特(H. Reiter)在他的《外貌总论》一书中也用了生态学(ecology)这个名词。从1866年到1935年整整70年的时间，生态学基本上属于稳步发展阶段。而到1935年却出现了突变，即英国植物生态学家坦斯利(Tansley)提出了生态系统(ecosystem)概念。1942年，美国年青生态学家林德曼(Lendmn)以营养动态(trophic danamic)的观念提出了食物链(food chair)和营养级(trophic level)的概念，即从力能学观点来研究生态系统，丰富了生态系统的研究和内容，又把坦斯利的生态系统推向了一个新的阶段。与此同时，前苏联有名的林学家苏卡乔夫提出了生物地理群落的概念，使生物学的研究进入了第三高度。现在生态学集中研究的是生态系统，而生态系统又主要研究能量的转换，即生命系统和环境系统的相互作用规律及其机理，也可称之为“现代生态学”。

从1866年生态学这一名词的产生至今已有120多年的历史。但是，直到20世纪50年代才开始把火做为一个生态因子。最早见于道本迈尔(Doubenmire)的《植物与环境》一书。70年代美国斯波尔(Spurr)所著的《森林生态学》一书也把火作为一个重要的生态因子。从70年代开始，火生态这门学科得到了迅速发展。1970年，在美国召开了乔林火生态会议，并出版了论文集——《火与生态系统》，这本书的研究内容涉及火对土壤、鸟类以及火对温带森林生态系统的影响和火的应用等方面。1978年，美国农业部林务局组织一些科学家编写了火的影响系列丛书，涉及6个方面：火对土壤、水分、空气、植物区系、动物区系及可燃物等的影响和作用。这些专著精辟地论述了火的有害、有利两个方面的影响和作用，为计划火烧提供了理论依据。1982年，美国德克萨斯州立大学和加拿大阿尔伯塔大学两位教授合著的《火生态学》一书的出版发行标志着火生态学的诞生，可以说是火生态学发展的重要转折点。该书共分16章，前4章主要介绍了火对植物、动物、土壤及水分等的影响，第5~15章叙述了加拿大南部地区和美国不同森林植被中火的作用和影响，最后一章主要介绍了计划火烧的方法和技术。1983年，由美国、澳大利亚、英国、法国和加拿大5国林火生态学家合著的《林火》(*Fire in Forestry*)一书的内容涉及很多火生态的研究领域，并将火生态作为林火管理的理论基础。该书分上、下两册，上册主要论述火的影响和作用；下册主要介绍林火的组织和管理。

1992年，阿基(Agee)将火生态学研究历史分为3个阶段：1900—1960年，认为火是“坏”的，研究得较少而且分散；1960—1985年，对火的认识态度发生转变，认识到了火的两重性，研究成果报告大量增加，更好地理解了火在自然环境中的作用；1985年以后，火生态学成为干扰生态学的组成部分，成熟的火生态学理论和研究成果为干扰生态学的发展提供了坚实的基础和背景。

我国对林火进行研究始于20世纪50年代中期。其中，科学出版社1957年出版的《护林防火研究报告汇编》，在当时是我国森林防火科学技术方面仅有的参考资料。这本书(论文集)是由原中国科学院沈阳林业土壤研究所(现为中国科学院应用生态研究所)编写的。1962年由郑焕能等编写的《森林防火学》是我国森林防火方面第一本教学参考书。然而，火生态的研究在我国起步较晚，近些年才开始。在参考许多国外资料的基础上，郑焕能等于1992年编写出版了《林火生态》一书，为我国林火与环境研究奠定了基础。20世纪90年代以来，我国林火研究者在火对环境影响方面做了一些研究，并取得了成果。1998年，郑焕能教授主持编写了《应用火生态》一书，系统地论述了火在农业、林业、牧业、林副业、减灾防灾以及野生动物保护等方面的作用。2000年，舒立福教授编著了《防火林带理论与应用》一书，为生物防火在我国的应用提供了理论依据。同年，胡海清教授出版了《林火与环境》一书，阐述了火与环境各因子的相互作用与影响。

1.4 国内外火生态学研究现状

森林草原火灾是当今世界上破坏性最大、救助极为困难的自然灾害之一，扑救森林草原火灾有极高危险性，稍有不慎就会使救灾人员瞬间变成受害者。据统计，全世界每年发生草原火灾20万起以上，烧毁森林草原面积达几百万至上千万公顷。根据中华人民共和国国家统计局统计年鉴数据显示，2014年发生森林火灾次数为3703次，受害森林面积为19 110hm^2，而草原火灾受害面积高达$11.81\times10^4hm^2$。

森林草原火灾受气象、地形和可燃物三大自然因素影响，火场变化无常，给扑火人员带来极大的危险。

目前，因扑救草原火灾而导致人员伤亡的情况在国内外时有发生，在世界上森林草原火灾造成人员伤亡最多的一起高达1500余人。

1.4.1 国外研究概况

通常将由自然或人为原因引起的，在草原、草山、草地起火燃烧所造成的自然灾害称为草原火灾。

国外对草原火的研究比较兴盛。20世纪初，生态学家认为火是外部因子，随着植物生态学的发展，生态学家把火看成一个生态因素。自20世纪20年代，美国和澳大利亚等有广阔草场的国家，先后开展火烧对草原生态系统影响的研究。于20世纪80年代把火因子从生态学领域中分化出来，发展成为火生态学。经过半个多世纪的工作，充分理解火在生态系统中的作用，并出版《火与生态系统》《火生态学》等专著和系列学术报告。

世界某些地区，尤其是依赖火生态系统(fire-dependent ecosystem)的地方，控制下的燃烧已经成为森林管理的新手段，这样的方式可以促进植被更新，有些植被甚至依赖火灾的发生，否则难以发育和生长。从20世纪40年代起，开始通过计划或少对草原火进行综合管理。火烧作为一种有效工具，在草原管理和防火中有广泛的应用。

20世纪50年代开始，把火作为一个生态因子；1962年，美国塔拉哈西高大林木研究站(Tall Timbers Forest Research Station)开始系统地收集火生态资料，并召开了第一次火生态学研讨会，以后每年召开1次，并出版了会刊——*Proceeding of Tall Timbers Fire Ecology Conference*，每年一卷。1983年，由美国、澳大利亚、英国、加拿大和法国5位林火专家合著的*Fire in Forestry*涉及很多火生态的研究领域，并将火生态作为林火管理的理论基础。Agee于1992年将火生态学的研究历史分为3个阶段。美国哈罗德·F·黑迪以世界草原的实际管理情况为着眼点，著有草原管理(*Rangeland Management*)一书。

学科的交叉和渗透已成为科学研究的一个主要趋势，吸收生态学理论，研究火在生态系统中对生物、人类、社会的影响，并发表了大量学术论文，从而推动了火生态学理论和方法日臻完善和丰富。

1.4.2 国内火生态学发展和研究现状

我国对林火进行研究始于20世纪50年代中期。其中，科学出版社1957年出版的《护林防火研究报告汇编》，在当时是我国森林防火科学技术方面仅有的参考资料。这本论文集是由原中国科学院沈阳林业土壤研究所(现为中国科学院应用生态研究所)编写的。1962年由郑焕能等编写的《森林防火学》是我国森林防火方面第一本教学参考书。然而，火生态的研究在我国起步较晚，近些年才开始。在参考许多国外资料的基础上，郑焕能等于1992年编写出版了《林火生态》一书，为我国林火与环境研究奠定了基础。20世纪90年代以来，我国林火研究者在火对环境影响方面做了一些研究，并取得了成果。1995年，员旭江、郭建雄、张雄编著《草原防火》一书，比较系统地介绍了草原防火的基本知识，包括草原火基础理论、发生规律及其影响因素。1998年，郑焕能教授主持编写了《应用火生态》一书，系统地论述了火在农业、林业、牧业、林副业、减灾防灾以及野生动物保护等方面的作用。2000年，舒立福教授编著了《防火林带理论与应用》一书，为生物防火在我国的应用提供了理论依据。同年，胡海清教授出版了《林火与环境》一书，阐述了火与环境各因子的相互作用与影响。2015年，舒立福与赵凤君编著《森林草原火灾扑救安全学》一书，结合全球变暖和草原火灾发生趋势，在草原火灾扑救和安全方面提供了重要理论基础。

近些年，国内对林火生态的研究方向主要分为火烧迹地动植物的变化、生物防火、林火对森林演替动态的影响及其应用、林火对景观格局的影响及其应用、林火生态因子的时空动态。

本章小结

本章主要讲述了火的意义和作用，林火生态学的概念、火生态学形成与发展、国内外林火生态研究现状。重点在于让学生正式学习本书内容前，对火与森林和人类的关系有一个全面的认识。

思考题

1. 火的意义和作用都有哪些？
2. 简述火生态学的概念。
3. 简述火生态学的形成和发展历程。

推荐阅读书目

1. 林火生态与管理．胡海清．中国林业出版社，2005.
2. 森林生态学．李俊清．高等教育出版社，2010.
3. 应用火生态．郑焕能．东北林业大学出版社，1998.

林火与环境

【本章提要】本章主要阐述了火对土壤物理性质、化学性质、土壤微生物和土壤细根系的影响以及火在改善土壤环境中的作用。详细介绍了火对光、温度、水分、大气等环境因子的影响。

2.1 林火对土壤理化性质的影响

火对土壤物理性质的影响主要包括火烧(森林火灾和计划火烧)对土壤含水率、土壤温度、土壤结构和土壤侵蚀等几个主要方面的影响。

2.1.1 林火对土壤物理性质影响

(1)土壤含水率

土壤含水率直接影响土壤的比热和热导率，从而影响土壤热量传递的数量和速度。从表2-1可以看出，除了黏土以外，土壤含水量越大，吸收的热量越多，而且能迅速地把热量从土壤表层向下层传递，这样能防止土壤表面温度急剧上升。一般来说，土壤含水量大，水分蒸发所需的热量多。因此，在土壤水分全部蒸发或被排挤到土壤深层以前，土壤表层温度一般不会超过100℃。土壤表层的枯枝落叶层及腐殖质层的含水量更重要。如果

表2-1 几种土壤物质的比热容和导热系数

物质	比热容[J/(g·℃)]		导热系数[J/(cm^3·s)]	
	烘干状态	饱和状态	烘干状态	饱和状态
砂土	0.84	2.93	32.86	53.8
黏土	0.84	3.68	100.46	70.53
花岗岩	0.84	—	285.24	—
木炭	1.55	3.77	7.53	55.04
腐殖质	1.76	3.77	5.02	53.78
水	—	4.19	—	60.48

枯枝落叶层与腐殖层之间的水分梯度大，即使表层燃烧，下层也不会燃烧。表层土壤的温度如果在100℃以内，那么火烧而引起的增温对下层土壤的理化性质几乎没有什么影响。在生产实践中就是利用这种原理，采用低强度的火烧，在不改变土壤理化性质的条件下清除可燃物。

(2) 土壤温度

土壤温度的变化直接影响土壤的理化性质。林火对森林土壤热量状况的影响取决于土壤类型、土壤含水量、火烧强度、天气、可燃物种类、数量及火烧持续时间等。了解林火对土壤的影响可以化害为利。有时为了清理采伐迹地或清除林内可燃物以及准备造林地时，常常采用火烧的办法。人们总是想在不破坏土壤的前提下，又达到清理的目的。这就需要掌握可燃物的性质、数量、大小、含水率、土壤水分梯度及天气等因素的特点，控制火的强度，进而控制土壤表面温度以及热量向土壤下层传递。通过对几种森林类型的调查表明：腐殖质的含水率低于40%时能自由燃烧，而含水率大于120%时则不能燃烧。因此，当腐殖质层的含水率在40%~120%时，其燃烧程度完全取决于上层热量的传递。

在野外，可通过观察枯枝落叶层烧掉的程度和土壤裸露状况，来估测土壤温度。轻度火烧区，火烧后灰分呈黑色，有枯枝落叶及腐殖质残余。这样的火烧区，地表最高温度在100~200℃之间，土壤表层1~2cm处的温度不超过100℃。中度火烧区，枯枝落叶层及半腐层全部烧掉，大部分土壤裸露，地表温度在300~400℃，土壤表层下1cm处温度在200~300℃；3cm处温度在60~80℃；5cm深处温度在40~50℃。严重火烧区，火烧后灰分呈白色，大型可燃物全部烧掉，地表温度可达500~750℃（远高于有机物质的燃点温度），土壤表层下2cm处，土壤温度为350~450℃；3cm处温度为150~300℃；5 cm处温度≤100℃。即使强度很大的火烧对土壤表层下7~10cm处的温度影响不大。

另外，由于地表枯枝落地叶层、半腐层的烧掉，灌木及林冠层的破坏，直接太阳辐射增加，加之火烧后火烧迹地上残留有“黑色”物质（灰分、木炭等），大量吸收长波辐射，从而使土壤温度增加。有人研究表明，火烧后到夏季林分郁闭之前，土层10cm深处的土壤温度比对照区高出10℃，土壤表层的温度变化更大。在美国华盛顿中部地区的高山冷杉林中，火烧后土壤表面温度增加最高达20℃，甚至林内平均气温也比以前增加6℃。在冷湿生态条件下，土壤温度的增加，有利于加速腐殖质的分解，提高土壤的肥力，有利于早春植物的萌发，增加草食性动物的食源。

在我国北方林区，气温较低，有机质分解缓慢，积累大量的凋落物，若能对各种林型的凋落物数量、厚度、分布状况、林内水分梯度等因子进行系统的研究，采用计划火烧的方法，有计划地（定期地）清除林下的凋落物，这有利于加速寒冷地带的有机质的矿化速率，提高土壤养分的有效性，减少森林火灾危险性，消灭害虫及啮齿类动物危害，促进林下植被（固氮植物）生长。我国东北林区已对计划火烧进行了研究，并逐步在生产实践中得到广泛应用。

“炼山”长期以来为我国南方林农业生产所采用，但是水土流失问题一直没有得到很好解决。一般而言，南方山区炼山后到翌年2月底一般无侵蚀降雨，由于炼山后土温升高，迹地土壤微生物活动加剧，加速土壤速效性养分的释放，有利于植被恢复，若采取适当植被覆盖措施（豆科植物或冬季绿肥），则能有效地控制炼山后新造林地土壤侵蚀。因此，把炼山和植被覆盖结合起来，可能成为南方林区经营速生丰产林的营林新模式。

(3)土壤结构

一般来讲，森林土壤团粒结构较好，空气水分协调，土壤肥力较高。许多研究表明，中、低强度的火烧都不会直接影响土壤的结构，只有严重的火烧才会导致土壤板结。高强度火烧后，土壤有机质、根系、原生动物及微生物等烧毁或致死，使无机土壤裸露，再经雨水冲刷，使土壤团粒结构解体，土壤孔隙度下降，土壤板结。火烧越频繁，土壤板结现象越严重。

土壤结构的破坏，直接影响到土壤的通透性。阿伦斯(Arence)的研究表明，林地枯枝落叶层烧掉以后，整体林地的渗透率下降38%，火烧后林地的渗透率只是未烧前的1/4。除了土壤孔隙度降低外，对某些土壤来说抗水层(water-repellent layer)的产生也是土壤水分渗透率下降的重要原因之一。抗水层指土壤表面的枯枝落叶层下面有些不溶于水的物质(hydrophobic compounds)，火烧时在上层土壤形成很大的温度梯度，由于热的蒸馏作用而使得这些物质向土壤下层扩散，结果在不同的土壤深度，这些不溶于水的物质附着在土壤颗粒表面，当水分下渗时，形成水珠而不被土壤吸收，这样便形成一层不透水的“抗水层”(图2-1)。火烧强度越大，抗水层发生的深度越深，自身的厚度越厚。抗水层可以持续几年。由于抗水层的产生使土壤水分渗透率下降，从而增加了地表径流和土壤侵蚀。另外，由于抗水层的产生，也影响了植物对地下水资源的利用。在美国的加利福尼亚、亚利桑那及俄勒冈等州，火烧后产生抗水层这种现象已给当地的林业生产带来许多问题。

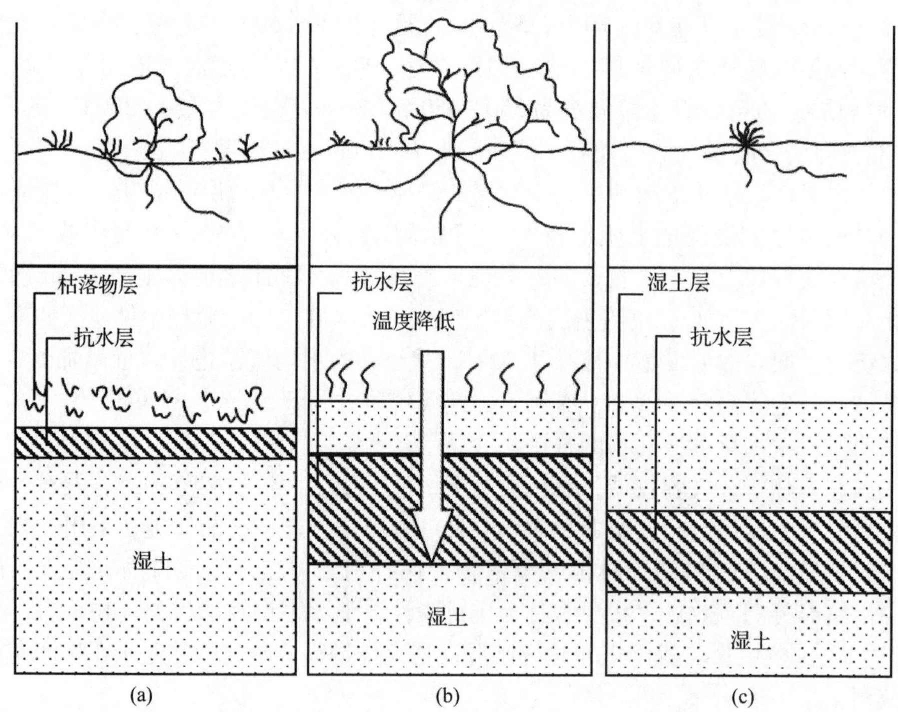

图2-1　火烧后土壤抗水层产生示意(引自 DeBaro *et al.* 2007)

(a)火烧前，畏水物质积聚在枯落物层下，紧接土壤表层　(b)火烧期间，随着土壤从上至下温度梯度下降，抗水层下移并加厚　(c)火烧后，抗水层在土壤深入形成

(4) 土壤侵蚀

植被、枯枝落叶及腐殖质对雨水均具有截留或吸收作用，这样会减少雨水对地表的冲击力和地表径流，从而减少了土壤侵蚀。火烧后，影响土壤侵蚀的因素有火烧强度、降水强度、土壤裸露状况、土壤类型、地形和植物盖度。其中在降水强度较大的情况下，植物盖度和坡度对土壤侵蚀的影响最大。火烧后随着植被盖度的减少，坡度对土壤侵蚀的作用尤为显著。据有人研究：植物盖度为 40%、坡度为 5% 的地段与植物盖度为 80%、坡度为 35% 的地段的土壤侵蚀量相等。当植物盖度小于 50%，坡度在 5%~35% 的条件下，坡度每增加 10%，土壤侵蚀量增加 1 倍。当坡度在 30%~60% 范围内，植物盖度必须在 60%~70% 才不致于使土壤发生侵蚀。但是，在一定坡度范围内，随着土壤裸露面积或坡的长度增加，地被盖度对土壤侵蚀的作用减少。另外，颗粒细小的土壤(如黏土)比颗粒粗大的土壤(如砂壤土)在相同的条件下土壤侵蚀要轻得多。

高强度的火烧会增加土壤侵蚀，而低强度火对土壤侵蚀影响很小，甚至没有影响。例如，在美国的亚利桑那州，森林或灌丛被高强度火烧后(坡度 40%~80%)，土壤侵蚀量达 72 ~ 272t/hm^2。而当坡度大于 80% 时，土壤滑坡现象常见，土壤侵蚀量高达 795t/hm^2。

降水是土壤侵蚀的源动力。降水量大的地区，火烧后土壤侵蚀严重。例如，在美国的得克萨斯州，年降水量为 660 ~ 710mm，火烧后土壤侵蚀明显增加。当地盖度(植物盖度 + 地被盖度)为 70%，坡度为 15%~20% 时，土壤侵蚀量达 13. 5 ~ 18. 0t/hm^2。而在美国的落基山脉，年降水量为 300 ~ 500mm，对其灌丛及松林进行火烧清理，除了罕见的暴雨及特殊情况外，没有发现土壤侵蚀现象。

史密斯和斯戴梅研究指出，地球陆地表面的土壤每年向海洋流入 0. 74 ~ 2. 24t/hm^2，这个数字远远超过了地球的年风化速率(0. 5t/hm^2)。因此，在研究火烧后是否有土壤侵蚀，应该以 0. 5t/hm^2 作为划分指标。

2. 1. 2　火对土壤化学性质的影响

火对土壤化学性质的影响主要表现为把复杂的有机物转化为简单的无机物，并重新与土壤发生化学反应，进而影响土壤的酸碱性和土壤肥力。

2. 1. 2. 1　土壤 pH 值

土壤有机质的分解、土壤营养元素存在的状态、释放、转化与有效性以及土壤发生过程中元素的迁移等，都与酸碱性有关；土壤的酸碱性对植物及土壤微生物有很大的影响，适宜的酸碱性有利于土壤微生物活动，加速枯落物分解，从而促进林木生长。植物及其死有机体的灰分中含有大量的钙、钾、镁等离子。这些物质都能使酸性土壤的 pH 值增加，特别是对缓冲能力差的沙质土的作用尤为明显。但是，这些物质的沉积并不使碱性土壤的碱度增加，因为碱性土壤中有大量游离的阳离子。在碱性土壤中，火烧后灰分中的阳离子趋向于淋溶，而不与土壤发生化学反应。

火烧后土壤 pH 值增加的幅度主要取决于火烧前可燃物的负荷量、火的强度、原来土壤的 pH 值和降水量。例如，北美针叶林采伐迹地可燃物负荷量较大，高强度火烧后，土壤 pH 值从 5 ~ 6 增加到 7 以上。严重的火烧地区，pH 值增加将维持数年，乔治(1963)和威格拉(1958)报道，在瑞士火烧地 pH 值比邻近未烧迹地 pH 值高将持续 25a。而在降水量丰富和相对集中的热带和亚热带区，由于火后林地裸露，雨滴直接击打林地造成严重水土流失，同时大量盐基离子随着径流而淋失，有机质矿化速率加大，火后 pH 值增加仅能维持几个月至 1 年。美国东部松林低强度火烧后土壤 pH 值增加幅度非常小。在美国南卡罗来州的火炬松林每年进行火烧，20a 后土壤的 pH 值变化为 4.2 ~ 4.6，而间隔期为 4 ~ 5 年的火烧对土壤 pH 值没有影响。低强度的计划火烧一般不会引起土壤 pH 值的大幅度增加。特拉巴得于 1980 年对法国南部各种计划火烧进行研究，没有发现土壤 pH 值有显著的变化。而反复多次火烧，营养元素淋失严重，会使土壤 pH 值降低。火烧对土壤 pH 值的影响一般只作用于土壤表层 15 ~ 20cm 的深度。一般来说，针叶树比阔叶树耐酸性强。大多数针叶树的土壤 pH 值的适宜范围是 3.7 ~ 4.5，而阔叶树的适宜范围是 5.5 ~ 6.9。从这个角度讲，火烧后阔叶树增加也基于土壤基础。

2.1.2.2 土壤有机质

土壤有机质是土壤的重要组成部分，是土壤形成的物质基础之一，土壤有机质在土壤肥力发展过程中起着极其重要的作用。土壤有机质有利于土壤团粒结构的形成，能改善土壤的水分状况和营养状况。土壤有机质是土壤养分的来源。火烧对有机质的影响依赖于火的强度。高强度火烧，土壤有机质几乎全部破坏，而引起土壤物理、化学及至生物过程的改变。有人研究发现，地表温度在 700℃，所有的枯枝落叶层被烧掉，在土层 25cm 处，温度达到 200℃，则腐殖质就会破坏。在灌木林中，若地上灌木 2/3 被烧掉，地表枯枝落叶烧掉 50%，则土层 1cm 处的腐殖质损失 20%；土层 2cm 处损失 10%。低强度的火烧虽然使土壤表层有机层减少，但下层土壤有机质含量将增加（图 2-2）。因此，低强度火烧后使土壤有机质发生了再分配，而不是单纯地减少。

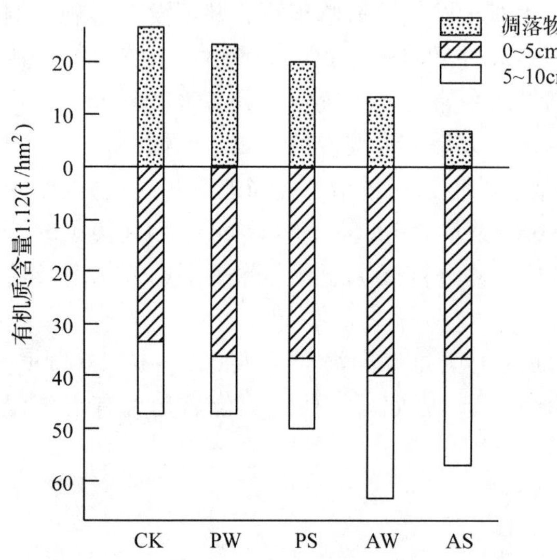

图 2-2 不同火烧间隔期 20a 后土壤有机质变化

（引自 Wells，1971）

CK：对照 PW：定期冬季火烧 PS：定期夏季火烧 AW：每年冬季火烧 AS：每年夏季火烧

2.1.2.3 养分循环

（1）氮

氮是土壤中重要的营养元素之一。火烧后氮最容易挥发。从表 2-2 中可以看出，当温度大于 500℃时，氮全部挥发。而火烧的温度一般在 800 ~ 1000℃，远远高于氮挥发的温度。氮的挥发除了与温度有关外，还与土壤湿度和可燃物含水率有关。据戴伯诺（1978）观测，高强度火烧后，干燥的立地条件下氮损失为 67%，而湿润条件下为 25%。通过大量的研究表明，低强度的计划火烧，土壤氮不但不减少，反而有增加的趋势。这是因为火烧后虽然地表枯枝落叶层被烧掉，有一些氮的损失，但是，火烧后改变了土壤环境，特别是土壤 pH 值的增加，使土壤固氮能力增加。美国爱达荷州北部松林，冷的春天火烧后有效氮 NO_3^- 和 NH^+ 比火烧前分别增加了 3 倍和 1.5 倍；而秋季火烧分别增加 20 倍和 3 倍。对

表 2-2　温度与氮的挥发

温度(℃)	氮挥发(%)	温度(℃)	氮挥发(%)
>500	100	200~300	<50
400~500	75~100	<200	0
300~400	50~75		

南卡罗来纳州沿岸的火炬松每年进行火烧，其氮的增加速率为 23kg/(hm^2·a)。

(2)磷

磷的循环也受火的影响。火烧后地被物等可燃物中的磷以细灰颗粒形式大量损失，美国南方松林区稀树草原火烧后，地上部分全磷的损失量达 46%。但是，火烧后土壤中的速效磷是增加的。美国西黄松林计划火烧后，土壤有效磷增加了 32 倍。一般来说土壤有效磷增加的最适温度 <200℃。

(3)钾

许多人对不同生态系统的研究表明，火烧后土壤的速效钾含量增加。北美矮灌林火烧后初期，钾的增加高达 43kg/hm^2，可交换钾增加 50%。但是，这种增加持续的时间较短，几个月后又恢复到火烧前的水平。也有些人的研究指出，火烧后全钾的含量稍有下降的趋势。这可能与钾的低挥发性有关。当土壤的温度大于 500℃时，钾就大量挥发。

(4)钙、镁

火烧后钙和镁的变化相似。大量的研究表明，火烧后土壤中钙和镁均有所增加。当然，也有些人的研究表明，火烧后土壤中这些阳离子含量变化不大或有下降的趋势。下降的原因可能是由于火烧后土壤有机质含量大幅度下降，阳离子交换能力降低所致。北美矮灌林火烧后灰分归还土壤的钙和镁分别为 45kg/hm^2 和 5. 3kg/hm^2；而火烧后由于地表径流和土壤侵蚀增加而损失的钙、镁达 67kg/hm^2 和 32kg/hm^2，远远高于归还量。

四川省林业科学研究院杨道贵等对云南松林计划火烧研究表明：每 100g 土壤火烧后 1a土壤中代换性钙含量在 1. 96mg，2a 钙含量为 2. 24mg，未烧林地土壤钙含量为 2. 48mg。火烧后第 1 年减少 0. 52mg，第 2 年减少 0. 24mg，递变率分别为 20. 97% 与 9. 68%。钙的减少主要在表层 10cm 以内，增加却在 10cm 以下土层。随着土层加深钙的含量随之增高。从镁的含量看，火烧后 1a 增加 0. 03mg，增加 4. 62%；火烧 2 年减少 0. 11mg，变率为 16. 92%。

一般来说，只有高强度火烧才会导致土壤团粒结构解体、土壤孔隙度下降、土壤板结，土壤有机质、根系、原生动物及微生物等烧毁或致死，使无机土壤裸露。土壤结构破坏会直接影响土壤通透性。而中低强度火烧一般不会直接影响土壤结构，反而会通过增加土壤温度，促进枯落物分解、土壤微生物活性等。林火具有两重性，随着人们对火的进一步研究，逐渐认识到林火对土壤的影响不仅局限于危害，同时具备有益作用。

①在湿冷条件下，由于温度过低，不利于土壤微生物活动，有很多有机质不能被分解利用，导致土壤肥力低。采用火烧能增加温度，促进土壤微生物活动，加速有机质的矿化过程，从而提高森林生产力。

②对于一些不易分解的枯枝落叶，也可采用定期火烧加速其无机化过程。

③在沼泽及高寒地区，如果定期火烧，可以改变土壤的泥炭环境，提高土壤肥力。

④在冻原地带，如果采用火烧会使永冻层下降，扩大森林的分布区。

2.2 林火对土壤微生物的影响

土壤微生物是土壤肥力的重要指标之一。土壤微生物数量的多少直接影响森林生产力。火对土壤微生物的影响主要表现在两个方面：一是火作为高温体直接作用于土壤微生物，使其致死；二是火烧改变土壤的理化性质，间接对其产生影响。火的强度、土壤的通透性、土壤的含水量、土壤的 pH 值、土壤温度以及土壤中可利用营养等的变化均影响土壤微生物的种类及种群数量。

高强度火烧会使上层土壤的微生物全部致死。美国明尼苏达州对北美短叶松林(*Pinus banksiana*)进行火烧后，大多数微生物种群数量及活动显著下降，经过一个雨季后又迅速恢复。火烧后土壤 pH 值增加，使某些细菌种群数量增加。花旗松林(*Pseudotsuga menziesii*)采伐地火烧后，土壤 pH 值增加了 0.3～1.2，细菌数量大增，并随季节变化而波动。有些人认为火烧后土壤中氮的硝化速率增加是由于土壤 pH 值上升后，硝化细菌和亚硝化细菌增加而引起的。但是，北美矮灌林火烧一年后，土壤中硝化细菌和亚硝化细菌的种群数量一直处于较低水平。因此，火烧后第 1 年异养硝化占主导地位。

在土壤中不同微生物种类其抗高温能力差异很大。一般来说，如果土壤含水量适中，细菌比真菌的抗高温能力强。在干燥土壤条件下，温度超过 150℃，异养细菌便大量死亡。最高忍耐温度可达 210℃。在湿润土壤条件下，温度超过 50℃时即大量死亡，当温度超过 110℃时全部死亡。硝化细菌和亚硝化细菌比异养细菌抗高温能力稍弱一些。其干燥土壤致死温度为 140℃，湿润土壤为 50～75℃。放线菌对高温的反应与细菌类似，或稍强于细菌。其干燥土壤致死温度为 125℃，湿润土壤为 110℃。真菌对高温比细菌和放线菌反应敏感。正常腐生性真菌在干燥土壤中 120℃即死亡。若温度达到 155℃，真菌全部死亡，而在湿润土壤中 60℃即全部死亡。火烧后不同种类的微生物其恢复的速度不同。澳大利亚桉树林采伐迹地火烧后观测，当土层 20cm 深处的温度达 100℃，持续 6h 以上时，25cm 范围内的土壤微生物全部致死。细菌则在很短时间内恢复，其数量常常超过未烧前的水平。而土壤真菌和放线菌则恢复较慢。有时，在土壤微生物恢复初期，有些细菌或真菌的种类是火烧前土壤中所没有的。

2.3 林火对水分的影响

水不仅是自然界的动力，而且是生命过程的介质和氢的来源。生物(包括植物、动物和人)都起源于水，生存于水。虽然俗语说“水火不兼容”，但是，在生态系统中二者有着密切的关系。火烧对水的影响是间接的。主要表现在火烧后植被、地被物、土壤以及生态环境的改变而影响水分循环过程，水质乃至水生生物等方面。

生态系统中水分对地表土壤和植被是最敏感的。水分不仅是森林可贵的资源，而且是土壤、植物、空气统一体的主要携带者。在野外，火烧通过 3 种途径来影响水源：①单位水域或流域降水量和时间的关系；②渗漏或径流区的问题；③张力渗漏问题。

2.3.1　火烧对水分循环过程的影响

(1) 火对雨水截留的影响

植被、枯枝落叶、土壤有机质是截留体。并减少降雨对土壤的冲击。因此，植被防止土壤溅出的侵蚀作用与覆盖层的总量成正比。截留作用可减少蒸腾作用的 20%。林地截留量占降水量的 2%~27%。暴风雨截留损失的百分比随着植被覆盖度增加而减少，也随着降水量和暴风雨时间而增加(图 2-3)。植被和下层地被物被火烧后截留量降低，径流增加。高强度的火烧使地面截留作用完全丧失，因为高强度的火不但烧毁植被，而且烧毁枯枝落叶，所以截留物被破坏，从而截留量丧失。低强度的火烧则不受影响或影响不大。

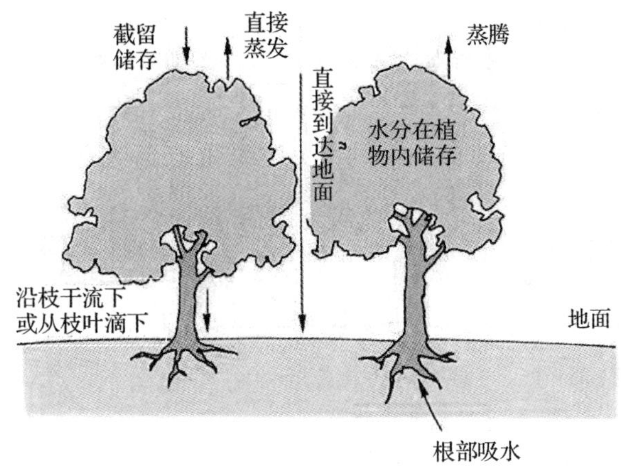

图 2-3　森林水分循环示意

(2) 火对土壤渗透性的影响

影响水分渗透的因子很多，大致有地面覆盖率、植被类型、土壤体积重量、死的有机物重量以及其他保护草本植被等。火导致渗透性降低，地表径流增加。曾经有人进行过这样一项测定，栎树林粉砂土壤火烧后渗透率减少了 3 倍。

前面讲过，火还能通过影响小气候来改变地表的最高最低温度。由于增强土壤结冻造成渗透性下降，在常绿阔叶灌木林中，火使土壤产生抗水层，它严重地阻止渗透，而且是增加土壤表面径流的主要原因。不过湿润能力也随着火烧强度增加而提高。

(3) 火对土壤保水性的影响

生长季节开始，土壤水分迅速蒸腾。从早春开始，土壤中储存的水分随着季节的变化而减少，到了秋季，土壤中出现水分亏缺。火烧后，枯枝落叶层和腐殖质层被破坏会严重影响土壤表层的持水量。但是有人持有相反的观点，指出：火烧后，因减少蒸腾使土壤中水分比原来多。据观测，华盛顿州火烧后，地面最低含水量与火烧前相比有了较多增加。由于土壤保水性能降低，遇上降雨，火烧区要比未烧区更容易产生径流，直到火烧后的 5 年，土壤才能恢复到火烧前的保水性能。

(4) 火对积雪和融雪的影响

植被和火烧以及蒸发都与积雪有关。许多研究认为，影响积雪的重要生境因子有：海拔、坡向、植被类型、树木大小和郁闭度。一般说来，积雪与植被总量成反比。火烧对积雪的影响主要取决于火的强度和火烧面积。

①高强度小面积的火烧可以增加积雪。因为小面积高强度火烧死林木呈块状，造成一定的积雪空间；

②低强度大面积火烧也可增加积雪。因为这种火可烧死部分林木，也可创造一些积雪空间；

③低强度小面积火烧对积雪没有影响；

④高强度大面积火烧会减少积雪。这是由于高强度大面积火烧后，林地空旷风速大，故不利于积雪。

密林融雪速度比疏林融雪速度慢 5%。小面积皆伐迹地融雪速度快。火烧后，树干和地面烧焦变黑，增加了辐射量，加速了融雪速度，并且比采伐迹地更快。

(5) 火对地表径流的影响

当水或融雪的速度超过土壤渗透率或者说超过土壤吸收速度时，容易出现地表径流。地表径流主要取决于土壤渗透率、植被、降雨时间、坡度和降雨强度等因素。未烧阔叶灌木林的地表径流很少超过降水量的1%，大部分不发生地表径流。火烧后第 1 年，径流量平均为10%~15%。据观测，采伐后火烧使土壤表土保护层从98%减少至50%以下。融雪造成的径流比夏季暴雨造成的径流还要大，直到第 3、4 年植被形成后才慢慢恢复正常。

2.3.2 火烧对河流淤积和河水流量的影响

火烧对河水流量的影响，主要涉及总流量、洪峰的出现、水质和小生境等方面的变化。

(1) 火烧对河流淤积的影响

美国华盛顿东部火烧一年后，三条河流的泥沙淤积量达 41 ~ 127m^3，而火烧前从来没有发现有任何的河流泥沙淤积现象。河流泥沙淤积与火烧面积呈指数形式增长，火烧面积100hm^2的河流泥沙淤积量是火烧面积 10hm^2的 10 000 倍。

(2) 火烧对河水总流量的影响

据观测，火烧后河水流量比对照区增加 50%。火烧后第 2 年积雪量比正常情况下多150%。在常绿阔叶灌木林火烧后第 1 年，雨季能使坡面径流增加 3 ~ 5 倍，产生洪峰流量大 4 倍，所以火烧后河水总流量、径流量和洪峰流量都会增加。

2.3.3 火烧对河流水质的影响

火烧荒地容易影响水质。首先，沉淀和混浊与火烧有关，这是影响水质最重要的反应。赖特认为，火烧后有 74% 的沉渣物来自河流上游，22% 来自溪流沟谷，少量来自风吹干裂和山崩的碎屑；加利福尼亚北部各类水域的年平均混浊度为 470 ~ 2000mg/L。采伐作业后火烧采伐剩余物可使河流混浊度增加 8 倍。

其次，火烧后会增加河水温度，曾经测量出美国俄勒冈州南部，火烧后河水温度最高可增加 6.7 ~ 7.8℃。

最后，火烧影响河流营养物质。火烧后河流中含氮化合物的增加，说明火烧区有大量氮损失，虽不会给火烧区的生产力造成严重威胁，但是总会有些影响。这也正说明了火烧过程中氮挥发的去向之一。火烧后对于森林植物群落的养分有很大的影响，这是由于植物和枯枝落叶层中营养元素挥发甚至从生态(条件)系统中散失所造成的。火烧后植被层减少，使营养侵蚀增加，植物与土壤循环截断，使营养吸收机会减少、淋失增加，从而增加了水生生境营养，而森林生境生产力降低。当然，影响的深度还取决于火烧强度。

火烧对下游河水中阳离子含量的影响，不同的研究者所得出的结果不同，发现火烧前后基本没有变化。但是也有些研究发现：河水中一些主要阳离子的含量与河水流量呈反比。他们的解释是，可能是由于火烧后径流增加，河水流量增加而使“河水溶液稀释”的结果。详见表 2-3。

表 2-3　火烧后不同时期河水中阳离子变化　(mg/L)

测定时期	阳离子含量		
	钙	镁	钠
火烧前	8. 80	1. 50	2. 90
火烧后 1a	7. 30	1. 30	—
火烧后 2a	5. 00	0. 90	2. 3

2. 3. 4　火对水生生境的影响

火烧能改变流水的化学组成，但不影响水生生境中生物的变化。火烧后，上下游藻类没有区别。大型水生无脊椎动物也是如此。但火烧后对大面积的沼泽地有明显的影响，并出现碱水侵入。河岸被火烧过的地段，造成护岸植物死亡，增加流水对河岸的冲刷，有时也促进耐盐的植物蔓延生长。

河流两岸植物被火烧掉后，河岸及水面直接受太阳辐射，河水温度上升。由于河水温度升高，河水生态环境改变，从而影响某些水生生物的生存，其中对鱼类的影响较大。洛茨皮奇等对阿拉斯加河流中大型无脊椎动物对火烧的反应作过研究。火烧后河流中大型无脊椎动物的数量和种类均未发生明显变化。霍夫曼对火烧区上下游附近植物藻类的研究结果表明，水质虽然发生了变化，但对藻类的生长没有显著影响。在一个生物群落中，不同生物对温度的敏感度会有所差异。耐热的生物，如蓝藻、绿藻优势生长，而喜冷的藻类则会受到比较严重的影响。

发生火烧之后水体温度上升，并逐渐产生物理、化学、生物学的影响。水生生物对温度的敏感性高于陆地生物。温度骤变导致水生生物病变或死亡，在孟博的研究中表明，虾在水温为 4℃时心率为 30 次/min，而水温达 22℃时心率则 125 次/min，如果温度继续升高，虾则无法生存。温度升高会造成水生生物活性降低，导致生物的应激机制受损，引起机体受损。

水温改变还会直接影响水生生物繁殖。海中鱼类一般在产卵期时洄游，如果水温异常增高，会引起鱼在冬季异常产卵，水生昆虫则会提前羽化，但是此时的陆地温度仍处于较低的水平，提前羽化的水生昆虫无法交配和产卵。

2. 4　林火对大气的影响

空气污染是当今世界威胁人类生存的重要问题之一。随着现代工业的发展，空气污染日趋严重，与人类生活水平的提高对空气质量要求增加对立。空气质量问题已经引起人类的普遍关注。许多国家都先后建立了环境保护法或环境保护条例。其中对一些能够引起空气污染的许多物质浓度制定了相应的指标。

火烧森林植物能否对空气产生污染？产生哪些有害气体？其危害程度有多大？还需要了解烧掉什么样的可燃物，在什么条件下燃烧以及不同的燃烧条件会产生什么气体等。为了科学地阐明火烧对空气质量的影响，有许多学者做了大量的研究工作。

2.4.1 森林可燃物燃烧时产生的气体

在正常情况下，空气的组成主要有氮气 N_2(78%)、氧气 O_2(21%)、氩气 Ar(0.93%)、CO_2(0.03%)、氢气 H_2、氖气 Ne、臭氧 O_3、氪 Kr、氙 Xe、灰尘等占 0.04%(表 2-4)。

表 2-4 正常空气组成成分表

组成	氮气 N_2	氧气 O_2	氩气 Ar	二氧化碳 CO_2	氢气 H_2	氖气 Ne	臭氧 O_3	氪 Kr	氙 Xe	灰尘
比例(%)	78	21	0.93	0.03				0.04		

森林火烧烟雾的成分主要为二氧化碳和水蒸气(90%~95%)，另外还有一氧化碳(CO)、碳氢化合物(HC)、硫化物(XS)、氮氧化物(NO_x)及微粒物质等，约占 5%~10%。森林可燃物燃烧时产生的很多气体都会严重污染周边地区的生态环境，火灾产生的大量烟雾和有害物质也会在很长时间内对该地区产生影响，导致能见度降低、空气污染指数升高、伴随一系列次生自然灾害。1997—1998 年印度尼西亚发生森林大火，造成东南亚严重的烟雾污染，此次火灾共计向大气层排放 10×10^8t CO_2；2010 年俄罗斯大火造成严重污染，空气中氧气含量低于正常标准的 27%，莫斯科空气中 CO 浓度和悬浊颗粒含量分别高于允许范围的 3 倍和 3.3 倍，此次严重空气污染期间造成莫斯科当地居民死亡率增长 1 倍。此外，在北半球上空制造一个巨大污染云层，烟雾影响范围扩散到芬兰，严重影响芬兰空气质量恶化。

可燃物类型、燃烧条件和其他外部环境因素的差异造成森林火灾排放物的差异。主要释放的空气污染物类型分为无机类(CO、CO_2、NO_x、HCl、HBV、H_2S、HN_3、HCN、P_2O_5、HF、SO_2、O_3、Ce)和有机类(CH_4、CH_3Cl、NMHC、光气、醛类气体、氰化氢等)以及悬浮颗粒物(炭黑粒子、灰分、PM2.5、PM10)等。

(1)二氧化碳(CO_2)

正常情况，空气中的二氧化碳占 0.03%。对植物来说，二氧化碳是绿色植物光合作用的主要原料之一，绿色植物通过光合作用把二氧化碳和水合成碳水化合物，构成各种复杂的有机物质。CO_2 通常情况下不能算作污染因子，二氧化碳是否构成污染主要看其在空气中的含量。但二氧化碳的增多有增温作用。1t 森林可燃物燃烧时能产生 1755kg 的 CO_2。但是，对于人类和某些动物来说，空气中 CO_2 的含量过高会影响其健康(表 2-5)。

表 2-5 空气中 CO_2 含量与人的反应关系表

空气中 CO_2 含量(%)	人的反应
达到 0.05	人的呼吸就感觉不舒服
达到 4	人就会发生头晕、耳鸣、呕吐等症状
超过 10	人就会因窒息死亡

(2)一氧化碳(CO)

它是森林燃烧时产生最多的污染物质，并直接危害人类健康。有人测定火焰上空含CO浓度为200mg/L，距离火场30m处CO浓度少于10mg/L。在实验室进行燃烧试验时，每吨废材燃烧后产生16~88kg的CO。有人发现在低强度火烧时，散发CO的量为225~360kg/t。

CO是林火产生的一种污染物质，它直接危害人体及某动植物的健康，其危害程度依暴露时间和CO浓度而定。当空气中一氧化碳浓度达到1000mg/L时，可使人致死。当空气中的CO浓度为0.002%~0.008%时，会使人的血红蛋白(红血球)失去携带氧气的功能，造成组织缺氧，当浓度达到0.2%时，可引起急性中毒，使人在几分钟内死亡。燃烧1t可燃物可产生13~73kg的CO，而在可燃物含水量大或若氧气不足时可产生1865kg。燃烧效率是衡量燃烧是否安全的标准。燃烧效率指燃烧时所产生的CO量与CO_2量之比。CO/CO_2的比率是一个重要指标。有人测定在烟团中这一比率数值为0.024~0.072，在燃烧的火焰中平均为0.034。实验室燃烧黄花松CO/CO_2比率为0.051。据测定，烟雾的燃烧效率为4.8%，有焰燃烧为3.4%，残火为5.2%。燃烧效率越小，燃烧完全，有毒的CO含量少。

在实验室火烧采伐剩余物等，每吨可燃物产生15.88~88.45kg的CO。故灭火指挥人员应每隔4h把灭火人员转移到含CO量较低的地区去，或从火场顺风处撤到逆风处。

(3)硫化物

硫化物是空气污染的主要成分之一。硫化物主要指二氧化硫、三氧化硫、硫酸及硫化氢等有毒物质，其中二氧化硫是主要的硫化物。当空气中二氧化硫含量为1~10mg/L时，对人就具有刺激作用；20mg/L时，人就会出现流泪、咳嗽等反应；100mg/L时，人就会有咽喉肿痛、呼吸困难、胸痛等症状；超过100mg/L时，人的生命会受到威胁。二氧化碳对植物的危害浓度要远低于这些数字。当空气中SO_2的浓度为0.3mg/L时，植物就会出现被害症状。其中，针叶树老叶出现褐色条斑，叶夹变黄，逐渐向叶基部扩散，最后叶枯凋落；阔叶树叶脉间首先出现褐斑，逐渐扩散，叶干枯凋落。空气中硫化物的存在还是产生酸雨的主要原因，如下式：

$$SO_2 + O_2 \text{——} SO_3 + H_2O + H_2SO_4$$

酸雨现象在欧洲已经成为公害，不仅森林大片死亡，而且对人类及建筑物的危害越来越严重。森林可燃物的二氧化硫含量约为2%，燃烧后所释放的量足以对动植物产生危害。但是，火烧后二氧化硫的浓度常常在风等作用下大大下降。二氧化硫虽然是有害气体，但是由于森林可燃物中的硫的含量在0.2%以下，因此森林火烧产生的氧化硫是微不足道。

(4)臭氧

一般空气中臭氧的含量为0.03mg/L，且主要分布在2025km高空的大气层，通常称为臭氧层。但在火烧采伐剩余物的烟雾中臭氧含量高达0.9mg/L，经45min扩散之后，仍达0.1mg/L。但是在大气中，特别是大气上界有一定的臭氧还是有必要的，因为它能够吸收对人有害的紫外线。虽然紫外线有杀毒的作用，但是过多的紫外线对人体是有害的。而臭氧能够吸收对人有害的紫外线，所以(臭氧空洞)的出现，对人类的生存和发展带来很大的威胁。臭氧是光气——光化学烟雾的主要成分，是城市污染的主要有害物质之一。对烟草来说，只要露在浓度是5~12mg/L的臭氧空气中，2~4h就会出现受害症状。

(5) 含氮化合物

大家都知道，空气中含有大量的氮气，无论对动物、植物还是对人类均没有危害。但是，当空气中的氮被转化为氮氧化物和氮氢化物，如 NO_2、NO、NH_3等，它们对人类的危害显著增加。如二氧化氮具有强烈的刺激性气味，能引起哮喘、支气管炎、肺水肿等多种疾病。如果空气中二氧化氮的浓度达到 0.05% 时，就会使人致死。二氧化氮一般在 1540℃的高温条件下产生，但是森林火灾很少能达到如此高的温度。有人测定过，木材充分燃烧的火焰温度为 1920℃。但是在自然条件下，森林燃烧的温度达不到这个温度，因为可燃物含有水分或者供氧不足，燃烧不完全。森林可燃物燃烧的一般温度大约在 800～1000℃左右。因此，NO_2在一般森林火灾的温度下是不会产生的，所以大气中的二氧化氮的形成主要是由于闪电而产生的。不过，如果空气中有游离氢基存在的时候，即使温度较低也可形成二氧化氮。

森林火灾直接排放的大量气体会造成土壤氮释放，影响地表反射率，改变土壤蒸发与地表径流，影响水分循环，成为全球变化的一个驱动力。燃烧产生的固体颗粒物也会引起空气污染和天气变化，火干扰排放的 NO 作为主要含氮活性气体之一，经过化学反应产生的 HNO_3是酸雨的成分，使温室效应加剧，推动全球气候变化，还能改变自然演替的过程，产生一系列的负面影响。

国外的研究发现，燃料氮的 0.35%～0.57% 以 N_2O 的形式被排放到大气中。森林火灾在 SO_2和 NO_x 等气体的释放量具有重要贡献。不同森林类型释放的含氮气体也大不相同。

通过对大量的火烧迹地的调查发现，火后林地乔木的净初级生产力(net primary productivity，NPP）随着火后恢复时间的增加而增大，并且与未发生火灾的林地乔木 NPP 之间的差值逐渐减小，火后 15a 内 NPP 随火后时间大致呈线性增加，火后 20a 达到生产力较为稳定水平，在火后大约 23～24a 的时候，火烧迹地内的 NPP 几乎与对照样地的乔木 NPP 相等，并且之后有继续上升的趋势。而对照样地的 NPP 数值随着未过火时间的增加而增加，之后又有下降趋势。

国外有研究表明 2007 年美国东南部气温升高和广泛的干旱导致的森林火灾，林火产生的排放物引起了氨的浓度异常升高。随着全球气候变化，在温暖的气候条件下，植被会向北扩展到以前冰雪覆盖的地区，林火排放物对氨浓度的贡献将进一步增大。

(6) 碳水化合物

所有有机物燃烧时都能产生碳氢化合物，它是烟通过光化学反应形成的产物，对人类健康非常有害。不完全燃烧容易产生碳氢化合物。森林可燃物燃烧时，测得每吨可燃物能产生碳氢化合物 5～10kg。在采伐剩余物火烧烟雾中，碳氢化合物占 30%，但在高强度的火烧时只占 15%。

碳水化合物种类很多，绝大多数是无毒的。据色谱分析结果表明，林火排放物中除了烃基物质外，至少还有 100 多种有机气体。其化学组成有氧饱和化合物，如有机酸、醛、呋喃等和高分子脂肪基、芳香基等碳氢化合物，针叶可燃物燃烧时能产生 60 多种碳氢化合物，碳原子的数目从 C4～C12，其中含碳原子较少的甲烷、乙烯等占所有碳氢化合物的 67%。对所有可燃物来说，火烧时碳氢化合物的挥发量只占烧掉可燃物干重的 0.5%～2%。许多芳香烃(多环芳香烃)是动物致癌物质。例如，美国科学院确定 α-苯并芘就是一种具有强烈致癌作用的物质。森林可燃物燃烧时能产生这些芳香烃物质，但是，产量很小，最多不过0.1mg/L，不致于产生严重影响。

(7)微粒物质

所谓微粒物质就是指烟雾、焦油和挥发性有机物质的混合物。烟尘颗粒大小在0.01～60μm之间，主要颗粒在0.1～1μm范围内。表2-6、表2-7中，烟尘的颗粒越小，作用越大。微粒的物质还是有害气体的吸附表面，它可使呼吸道病情加重。当氧化硫与之结合之后，情况尤其如此(表2-8)。

表2-6　颗粒类型及直径(或长度)大小对照表

形状	直径(或长度)(μm)
单球状	直径为0.5～0.6
多个球状颗粒聚集在一起形成链条状	长度为4～80
球型颗粒	0.5～20

表2-7　不同大小颗粒所占的比例

颗粒范围(μm)	比例(%)
颗粒小于0.3	68
颗粒小于1	82

表2-8　颗粒大小及对人体的危害

颗粒大小(μm)	危　害
直径在5～10	飘浮在空中，可被人呼吸吸入，但是一般只停留在呼吸道而不能进入肺部；在空气中可被植物叶子吸附或遇雨融水落地
直径小于2～3	可通过呼吸进入人的肺部，而且有50%的直径小于1μm的微粒在呼吸道深处组织聚集而引起呼吸道疾病，当空气中有SO_2存在时，其致病作用更强
直径为0.3～0.8	对可见光的分解作用最强，可使大气能见度显著下降

PM2.5(fine particulate matter)是指空气中直径小于2.5μm的颗粒物，是一个复杂的混合物质，如碳质组件、SO_4^{2-}、NO_3^-、NH_4^+和一些金属。作为大气中的凝结核，排放到大气中的颗粒物质不仅本身直接反射吸收散射太阳辐射，而且对云层的形成、改变地表的辐射平衡也起到重要作用。火干扰造成的颗粒物质浓度的升高，能够影响局部地区乃至全球范围内的气候系统。

NOAA/NESDIS开发了一种新的方法获取遥感火灾排放的PM2.5。对于PM2.5排放的建模，可以使用多个卫星仪器反演空间分布常数。森林可燃物燃烧是颗粒物质的主要来源，国外相关研究表明，美国北卡罗来纳州森林火灾的颗粒物残余对PM2.5质量的显著的影响；也有研究表明了美国东北部地表PM2.5浓度的变化。PM2.5的潜在来源被用MERRAero气溶胶光学深度污染的两个主要的组件分析：有机碳和硫酸铵。结果表明，导致该地区PM2.5浓度高的原因主要是北方森林大火浓烟的远距离运输和美国中西部工业排放。

森林可燃物燃烧过程中，排放的大气颗粒物(PM)影响气候，这些颗粒具有吸收、散射光线的能力，森林火灾燃烧造成的持续排放，使得PM间接影响气溶胶。通过研究表明，森林火灾中的地表凋落物和植物含有放射性污染，消防员通过吸入烟雾中悬浮放射性物质，增加了他们感染相应癌症的风险。而空气颗粒物能够在大气中漂浮多日甚至多年，漂浮范围变动很大，可达上千千米。

林火产生的烟尘对林火扑救人员的生命威胁极大，往往烟尘将人呛倒而被火烧死。

烟尘大大降低了空气中的能见度，给空中飞行和高速公路交通带来不便。在美国规定高速公路及飞机场附近严禁火烧，以防发生交通事故。

烟尘直接影响光照的数量和质量，直射光少，散射光多。特别是夏秋大面积火烧，往往造成农作物减产。1915 年，苏联西伯利亚的森林火灾，烟雾弥漫的地区超过了全欧洲的总面积，延续了数周。烟雾减弱了太阳的光照，不但延缓谷物收获 3 周，并且降低了产量。

烟对植被的影响程度取决于笼罩的时间长短，也取决于有害物质的含量多少。含量少，可降低植物光合作用的效率；含量大，可造成急性中毒，组织坏死。有证据表明，短暂地暴露于烟的污染之下，会使寄生的生命力降低，随之会导致抗病虫害能力的减弱。有人指出烟污染可能会影响到节肢动物的产卵能力，这种影响是直接产生的，还是通过寄主而间接产生的，目前不太清楚。火烧针叶和草类的烟，可抑制某些真菌病原体的生长，使孢子的发芽和病原体的传染受到影响。

林火烟尘的排放量取决于火的类型、火的强度和火烧的阶段。火的性质不同所产生的烟量也有差别。一般来说，顺风火排放量是逆风火的 3 倍。无焰燃烧是有焰燃烧的 11 倍。火烧强度与它的关系基本是成反比关系。

烟尘是包括了焦油以及挥发性有机物的混合体。烟的苯溶性有机成分占 40%~75%，而正常大气中只有 8%。

2.4.2　烟雾的产量

烟雾的主要来源是森林火灾和计划火烧，不同的火烧所产生烟雾的数量和质量不同。据统计，美国每年森林火灾产生的烟其微粒物质量高达 0.03×10^8t；而规定火烧所产生的烟其微粒物质量为 43×10^4t，说明森林火灾产生的烟占 88.6%，计划火烧所产生的烟占 11.4%，森林火灾产生的烟是计划火烧产生烟的 8 倍。因此，可以说森林火灾是烟雾的主要来源(表 2-9)。

表 2-9　美国各地区森林火灾和计划火烧烟量的具体分布情况表

地区	森林火灾(t/a)	计划火烧(t/a)	地区	森林火灾(t/a)	计划火烧(t/a)
阿拉斯加	647 000	0	南部山区	1 055 000	223 000
太平洋沿岸	580 000	99 000	东部山区	131 000	15 000
落基山	841 000	105 000	总计	3 447 000	429 000
中北部区	193 000	500			

2.4.3　空气质量和烟雾管理

林火及计划火烧对空气的主要污染是向空气中释放烟尘颗粒。据测定火烧所产生的颗粒有 23.7% 被释放到大气中去。这些颗粒最显著的影响是降低大气能见度。大颗粒可很快降落到地面，而小颗粒(特别是微粒)可在空气中悬浮几天或更长。这些颗粒对人类的影响不像人们所想象的那样无毒无害，但究竟有多大影响，现在还没有人完全说得清楚。但是，合理的布局可使这种影响减少些。

碳氢化合物是火烧时产生的第二类最重要的燃烧产物。据测定，火烧时有 6.9% 的碳氢化合物被释放到大气中。在森林可燃物燃烧时，所释放出的 CO 的量是可观的(25kg/t)，但它很快氧化，对人及动植物不会造成危害。木质可燃物燃烧时，硫的释放量很少，氮氧化物也很少见，因为形成 NO_x 化合物的温度要比木质可燃物的燃烧温度高。

烟雾最直观的影响是使空气能见度降低，另外烟雾本身使人看起来不舒服。为了减少这种影响，火烧可在早晨的逆温已经消失、晚间逆温层形成以前进行。大气的混合深度和风对烟雾的消散具有促进作用，寻找这样的点烧时机有时是不容易的。特别是在人烟密集的地方要十分慎重。火烧时间尽可能短些。因为人们可以忍耐几个小时的烟雾，但是几天恐怕是不行的。有时公民对烟雾反应强烈时，不得不对火烧做些限制。虽然这会限制火的应用，但是，点烧一定要选择有利时机和条件，不能超出污染控制标准。

2010 年 7 月，持续高温、大风和干旱天气导致俄罗斯中部、南部和西部发生严重森林火灾，莫斯科成为重灾区。境内有 554 个森林着火点和 26 个泥炭着火点，着火面积超过 $19 \times 10^4 hm^2$。火灾产生的浓烟笼罩整个莫斯科，为了应对浓烟对人体伤害，俄罗斯共计设立 123 个收容中心，供市民躲避烟雾。1997 年，印度尼西亚发生的森林大火，烟雾弥漫在印度尼西亚、马来西亚、新加坡等国上空，造成大面积空气污染。此次因烟霾造成的严重环境污染直接导致经济损失高达 90×10^8 美元。

火灾烟雾中的成分非常复杂，不同可燃物燃烧产生的烟雾，其成分也不相同。火灾产生的烟雾主要包括有害气体、烟尘、热量 3 类。有害气体包括窒息性、刺激性和具有毒性的气体 3 种。其中，窒息性气体包括 CO、CO_2 和 HCN。CO 是含碳物质燃烧不完全时的产物，容易造成火灾现场人员猝死和 CO 中毒；CO_2 通常与 CO 同时存在，大量 CO_2 可以导致人缺氧窒息；HCN 是含氮聚合物燃烧而形成，通常在火灾烟雾中 HCN 的释放量较小。大多情况是与 CO 和氰化物混合中毒。烟雾中有害物质可以在空气中滞留，并随风扩散，不仅对森林内的生物造成危害，同时也会影响到周边居民。此外，烟雾导致空气能见度降低，影响前来扑救的消防人员视线，并且导致消防人员被迫吸入大量有害物质，危害人体健康甚至造成伤亡，降低扑火效率。

2.5　林火与碳排放

中国领土面积广阔无垠，陆地面积是 $963 \times 10^4 km^2$，而森林面积还不到陆地面积的 1/5。根据第八次全国森林资源清查结果显示，中国的森林面积为 $2.08 \times 10^8 hm^2$，虽然比过去有所增长，但是与世界其他发达国家的森林面积相比，仍旧有很大的差距。

森林对生态系统和全球环境具有重大影响，面对近些年越发严重的全球变化，尤其是以温室气体浓度增多而导致的气候变暖问题。森林具有碳汇功能，通过光合作用、呼吸作用等方式吸收和固定碳量。

然而森林火灾的发生会向大气中排放大量的二氧化碳，干扰森林生态系统和全球碳平衡，深刻影响气候变化，森林的功能从碳汇转为碳源。一场大规模的火灾可能将森林生态系统中储存几十年甚至几百年的碳一次性释放到大气中，直接改变大气碳循环。赵风君等人通过研究表明，森林火灾每年向大气圈中释放的碳量相当于化石燃料燃烧的 70%。由此可见，森林火灾是影响陆地生态系统碳源的关键因子。估算森林火灾碳排放，对量化分析森林火灾对生态系统碳循环的影响提供理论依据。

森林火灾是大气微量气体和气溶胶的重要来源，它们是全球范围内最重要的干扰剂。此外，森林砍伐和热带泥炭区火灾以及频繁发生火灾的地区也会增加大气的二氧化碳积聚。

森林可燃物在燃烧过程中可能存在两种状况，燃料先热解为挥发分和固定碳，然后是挥发分和固定碳的燃烧；固定碳和挥发分的同时多相氧化燃烧产生响应的燃烧产物，如CO_2、CO、H_2O等。

全球火灾排放数据库(The Global Fire Emission Database，GFED)用于对森林火灾碳排放进行估算。提供全球每月的50km×50km的干物质排放数据，它们被分为不同来源和土地覆盖类型。

碳元素占森林可燃物中45%左右，是主要的可燃元素，通常与氢、氧等化合为各种可燃的有机物，部分以结晶状态碳的形式存在。1kg碳完全燃烧时，可以释放出34 045kJ热量。碳与氧的反应有如下几种情况：

①$C + O_2 —— CO_2$

②$2C + O_2 —— 2CO$

③$4C + 3O_2 —— 2CO_2 + 2CO$

④$3C + 2O_2 —— CO_2 + 2CO$

CO是可燃气体，遇氧原子和氢氧游离基生成CO_2，CO_2是燃烧的最终产物，但CO_2与炽热的碳粒子反应可以生成CO，进行二次燃烧。干燥条件和700℃以下，不与氧发生燃烧反应。但当有少量水蒸气和氢气共存时，则发生燃烧反应，并能加速此反应的进程，在有水蒸气存在的条件下，碳可以与其反应生成一氧化碳及甲烷(CH_4)，也是可燃性气体。

随着气候变暖，降水量减少，伴随高干扰增强。森林火灾强度和频率加剧。科学准确地计量森林火灾碳排放量，对进一步量化森林火灾对大气碳平衡的贡献，以及正确评价火干扰在森林生态系统碳循环和碳平衡中的作用有重要意义。

美国、加拿大和俄罗斯等国家通过室内控制环境实验和野外采样观测试验来估算森林火灾排放的温室气体含量；Amiro等人于2001年对1959—1999年加拿大森林火灾的直接碳排放量进行了估算；近年来，国内对森林火灾排放温室气体的研究日益重视，如王效科、田晓瑞、胡海清等人，在该领域进行大量研究。在得到森林火灾碳排放量后，进一步了解森林火灾对大气碳平衡的影响。以往的研究仅仅通过模型手段、遥感技术来推算大尺度森林火灾对大气碳排放的贡献，而没有经过实验分析，因此其结果存在着很大的不确定性。

计算森林火灾碳排放量需要可燃物属性、负荷量等信息的支持。森林可燃物模型是根据可燃物的负荷量和理化性质，估测不同可燃物类型的潜在能量分布及火强度大小。各种类型可燃物负荷量不是固定不变的，而是随着各种相关因素的变化而变化。植物群落中可燃物负荷量的动态信息，对于林火管理者及火生态研究者具有重要意义。在确定气象和环境条件下，可燃物负荷量大小明显影响林火发生的行为特征。因而，建立森林可燃物量化模型，确定可燃物负荷量，对于森林火险预报、林火发生规律预报、林火行为预报和地表可燃物管理具有极为重要的意义。建立森林可燃物模型具有以下作用：

① 有助于确定任一时期可燃物现存量和稳定状态时可燃物的最大积累量。

② 有助于评估计划烧除的效率，这在可燃物管理中极为重要。

③ 有助于研究林火对森林生态系统物质循环和能量转移的干扰。

④ 有助于研究火烧前后可燃物消耗量，可燃物积累及积累方式。

森林可燃物负荷量机理化性质是估计林火行为的主要参数。目前森林可燃物模型主要表现为以下几个方面：可燃物负荷量模型、可燃物含水量模型、可燃物烧损量模型和可燃物动态模型等。森林火灾碳排放的具体模型计算法请参见本书第 5 章内容。

本章小结

本章主要讲述了林火对土壤理化性质的影响以及林火对水分、大气以及碳排放的影响。其中火对土壤物理性质的影响主要包括火烧(森林火灾和计划火烧)对土壤含水率、土壤温度、土壤结构和土壤侵蚀等几个主要方面的影响。火对土壤化学性质的影响主要表现为把复杂的有机物转化为简单的无机物，并重新与土壤发生化学反应，进而影响土壤的酸碱性和土壤肥力。火对土壤微生物的影响从直接作用和间接作用两方面进行介绍。林火对水分的影响从水循环、河水流量、河流水质、水生生境 4 个方面进行介绍。通过对本章的学习，可以让学生从各个方面更深入地了解林火和环境的关系。

思考题

1. 林火对土壤理化性质会产生怎样的影响?
2. 简述林火对土壤微生物的影响。
3. 林火对水分有哪些影响?
4. 简述林火对大气的影响。

推荐阅读书目

1. 森林环境．毛芳芳．中国林业出版社，2015.
2. 林火生态与管理．胡海清．中国林业出版社，2005.
3. 林火原理．秦富仓，王玉霞．机械工业出版社，2014.

林火与野生动物

【本章提要】本章讨论了林火与野生动物的相互关系以及林火在野生动物保护中的应用。林火对野生动物的直接影响是致死和烧伤，间接影响表现在对野生动物栖息地、食源及种间关系的改变。野生动物对火烧有一系列适应行为，其活动也影响林火的发生。

3.1 林火对野生动物的影响

“城门失火，殃及池鱼”。森林失火自然会殃及野生动物。然而，林火并不总是对野生动物有害，许多野生动物需要火维持其栖息环境和食物来源。森林、野生动物、林火在森林生态系统中是相互依存的，它们只有协同进化，这个生态系统才能实现可持续发展。Temple(1977)报导，在巴西的渡渡鸟(*Raphus cucullatus*)灭绝300多年后，人们才发现渡渡鸟对大颅榄树(*Caluaria major*)更新的重要性。该树种的种子只有通过渡渡鸟食道的消磨之后才能发芽。渡渡鸟灭绝了，这种树也逐渐消失，因为没有任何其他动物具有此功能。因此，我们要重视林火生态因子与野生动物在森林生态系统中的地位和作用。

林火对野生动物的影响主要包括直接影响和间接影响2个方面，其伤害的程度和影响的大小主要取决于林火行为和野生动物的种类及生活习性。

3.1.1 林火对野生动物的直接影响

林火对野生动物的直接影响主要表现在烧伤和致死2个方面。

林火对野生动物的烧伤和致死的途径有很多，主要表现在：

① 火焰能直接烧伤或烧死动物。特别是对幼兽、小动物的威胁更大。幼兽由于行动不灵活，往往被火烧死或烧伤；小动物对森林的依赖性大，也容易遭到火的袭击。

② 高温辐射使野生动物致死、致伤。

③ 高温气流和高温烟尘使野生动物致死、致伤。

④ 有毒气体如一氧化碳等使野生动物致死、致伤。

⑤ 烟雾影响野生动物的行动，造成死伤。

不同种类的野生动物因其避火能力不同，受火烧直接影响的程度会有很大的差异。高强度大面积的森林火灾，能使大部分动物烧伤致死，大型哺乳动物也不例外，包括大象。俄罗斯曾发生过一次森林火灾，燃烧面积超过 $20\times10^4 hm^2$。这次大火使林中兽类和鸟类几乎都被烧死。野鸭本想从被烧着的林子所包围的水池中飞走，但由于烟雾笼罩，大多数都掉到火里。有很多琴鸡，当发现它们的时候，头还在苔藓里藏着，一旦触动它们，立即成了灰烬。在火灾区池塘内和小河内，鱼(小种鲟、白鲈等)也都由于水中缺氧而死亡，漂浮于水面上。我国四川阿坝地区若尔盖县阿卓乡，1972年森林火灾后，在寻找肇事者的过程中，发现烧焦3头棕熊、9头林麝、30余只三马鸡。另外也有报道，火烧迹地上发现动物死尸的情况很少见，即使有，也微不足道。1987年我国大兴安岭"5·6"特大森林火灾中就很少发现被火烧死的野生动物尸体。

对于某些昆虫，火烧对它们的致死主要取决于林火行为和它们所在的位置，在同一火场中，越接近植物顶端，其死亡数量越多。非洲稀树草原的调查结果表明：接近地表分布的昆虫(代表种类蟑螂)火烧死亡率为20%，植物中间分布的(代表种类螳螂)死亡率为60%，植物顶端分布的(代表种类蝗虫)死亡率为90%。主要原因是森林燃烧过程中，火焰总是向上，林木上、中、下层受火烧的强度有差异，昆虫的隐蔽条件也不同，所以它们的死亡率有很大的差异。

对于地面爬行动物来讲，火烧对它们的致死主要取决于土壤湿度和透气状况。如鼠类的致死温度为62℃。这一温度不算很高，且火烧土壤下层的温度很少能达到50~60℃。因此，多数情况下火烧对这些小的爬行动物的致死不是由于高温，而是由于窒息。这一点可以从完好无损的动物尸体得到证实。

对于鸟类，一般来说逃离火场的能力较强。但不同种类的鸟飞翔能力不同，同一种群在不同生长时期，其避火能力不同，受火烧的直接影响也不一样。例如，鸡形目因其飞翔能力弱，而不善飞的鸟类更难脱离危险。有些鸟类在产卵季节如果遇上大火，则产下的蛋和孵出的幼雏很容易被火直接烧死。

对于绝大多数大型哺乳动物，火烧很少能使其致死。因为大型哺乳动物(如鹿、狍子)具有很强的逃跑能力，能及时逃离火烧。大火来临时，野生动物能寻找林中空地避火，一般火烧很少致其死亡。

对于水生动物，火烧的直接影响力较小，一般火烧不会直接造成伤害，主要是间接影响。

栖息地，又称生境，是围绕一个或多个物种种群栖息的自然环境。通常分为陆地动物栖息地、水生动物栖息地、鸟类栖息地。野生动物(wildlife)是独立于人类，在野外生长和繁殖的动物。国际定义为"所有非经人饲养而生活于自然环境下的各种动物"。对生态系统平衡、全球物种多样性有着重要意义。森林作为野生动物的主要活动环境，为它们提供栖息地和食物。而森林火灾的发生则会使它们赖以生存的环境遭到破坏。火的间接影响，如对植被、土壤理化性质等方面的影响，改变了野生动物的栖息环境、食物来源，从而影响野生动物种类及种群数量分布，也会对生物多样性造成影响。另外，火灾之后的病虫害严重干扰森林生态系统结构，火烧对病虫害的作用包括直接和间接影响。森林火灾特别是大面积、高强度的火烧能杀死大量昆虫的天敌，如食虫鸟、食虫蜘蛛等，间接影响则是通过改变树种组成和森林结构影响病虫害的发生。

但是合理的使用火可以改善栖息地环境，通过计划火烧的方式，有助于缓解生物多样性逐年减少的压力，增加野生动物食物来源，同时也可以防止和降低森林大火发生的可能性。在郭贤明等人的研究中，发现计划火烧之后野芭蕉数量增加，为亚洲象提供了有效食源。但是在进行计划火烧时一定要注意控制好强度、频度和范围。大范围计划火烧将会影响野生动物的正常生存和安全。在计划火烧时要给野生动物留下充足的安全区域。对野生动物活动频繁的区域，可以采用逐年、逐片火烧的方式进行；较高频度不利于栖息地改造，根据火周期，对栖息地改造和林下植物更新才会具有更好的效果。既可以防止林下植物老化，降低野生动物食物质量和数量，又可以有效防止可燃物大量堆积，降低森林大火发生的可能性。

野生动物生活在天然自由状态下，没有经过驯养，也没有产生进化变异。自然和人为因素的影响，野生动物的数量在大量下降。通常会将野生动物和濒危物种联系在一起。濒危野生动物是指物种受自身原因、人类活动、自然灾害影响而有灭绝危险的野生动物物种。灭绝的物种已多达百种，印度渡渡鸟于1681年灭绝，南非蓝马羚于1799年灭绝，非洲黑犀牛于2011年灭绝等。全世界有很多野生动物，由于缺少合适的环境生存和保护而濒临灭绝。中国是濒危物种分布的主要国家之一，列入《濒危野生动植物种国际贸易公约》附录的原产于中国的濒危动物有120多种。地球上的所有物种都不可能单独生存，如果某一个物种灭绝，将会影响与之相关的整个食物网的联系，进而影响其他物种生存状况，最后对全球带来严峻影响。因此，对野生动物的保护尤为重要。

为了更好保护和拯救珍贵、濒危野生动物，《中华人民共和国野生动物保护法》已由中华人民共和国第十二届全国人民代表大会常务委员会第二十一次会议于2016年7月2日修订通过，新修订的《中华人民共和国野生动物保护法》自2017年1月1日施行。

3.1.2 林火对野生动物的间接影响

林火对野生动物的间接影响一般大于直接影响，间接影响主要包括3个方面：①改变野生动物的栖息环境；②改变野生动物的食源；③影响野生动物的种间关系。

3.1.2.1 改变栖息环境

栖息环境是野生动物赖以生存的场所，其处于不断变化之中，并需要某些形式的维护，以适宜于更多的动物种群。历史上的自然火一直影响并长期维持着多样化的野生动物栖息环境。火烧通过改变野生动物的栖息环境，从而影响野生动物种类、种群数量及分布规律。森林中野生动物依赖森林提供隐蔽，一旦发生森林火灾，改变了这些野生动物的栖息环境，林中野生动物就得迁徙，否则它们要遭到天敌的危害。一般来说，火烧后个体大的动物种群数量显著减少，个体小的动物种群数量减少相对较少。这是因为大型动物遇到火烧时逃跑能力强，火烧后演替起来的植物矮小不利藏身。而小的动物不易逃跑，但容易找到隐藏的地方躲藏起来不致烧死。

林地过火后，土地变黑，增加了土壤的吸热能力；植被被烧掉，增加了土地的光照，土壤温度增加，土壤变得较干燥，风速增大，冬季积雪增加，火烧迹地灰烬很厚，空旷或者留下大量倒木、站杆，这些直接或间接地影响野生动物的种类、种群数量分布。火烧迹地阳光充足，使一些喜阴的物种离开火烧迹地，而一些喜阳种被吸引过来。如火烧一个月后，半数以上的蛛形纲、蟑螂、蓑蝗、蟋蟀、步行虫这些喜阴的节肢动物不见了。相反，火中逃生飞走的喜阳蝗虫类返回火烧迹地。火烧迹地较干燥，使喜干燥的蚂蚁数量增加，而喜潮湿的蚯蚓数量减少。火烧迹地光照和温度的增加，为鹌鹑提供了有利条件，而鸡禽却不喜欢这样的生境。火烧迹地风速较大，冬季阵阵冷风会大大增加鸟类和哺乳动物的热量消耗，不利于生存；夏季风则会使火烧迹地更凉爽、更适于鸟类栖息。火烧迹地被烧除的部分，有利于鸟类寻食。冬季火烧迹地积雪较厚不利于野生动物活动；夏季火烧迹地开阔，有利于野生动物休闲。火烧迹地灰烬很厚，妨碍麻雀和芦雀活动，而某些鸟类却喜欢在灰烬中沐浴，以除去身上的虱子、螨虫。而火烧迹地留下的大量倒木、站杆，可能妨碍大型野生动物的活动，却会吸引某些小型动物种类。枯木、站杆为啄木鸟提供了筑巢的场所。

喜欢由火烧或采伐造成的空旷地的鸟类有：杜鹃类、鹞、榭鸡、红尾鹰、黄腹吸汗啄木鸟、红尾鹰、长毛啄木鸟、卡西恩极乐鸟、湾嘴鸫、褐雀、赤褐体雀、鹌鹑、紫岩燕、绿紫燕、鸫、西部蓝知更鸟、东部蓝知更鸟、墨西哥灯心草雀、考司食虫鸟、橄榄体食虫鸟、西部森林山鹬、岸鹪鹩和家鹪鹩等。喜欢丛林地和密林的鸟类有：灰食虫鸟、灰喉食虫鸟、棕啄木鸟、矮五十雀、白胸五十雀、灰绿捕蝇鸟、黑喉灰苔莺、黄尾苔莺、红面苔莺、苏格兰黄鹂、孤栖维丽俄鸟、西部莺和北美隐居鸫等。火是维持某些野生动物栖息地的一个重要因素，如山齿鹑和加利福尼亚兀鹫等(见后述)。

总之，火能改变许多野生动物的生存环境，对某些动物来说，火的作用是有利的，而对另一些动物可能不利。

3.1.2.2 改变食源

火烧后食物种类、数量和质量的改变都会影响野生动物种类变化及种群数量分布。任何一种动物都以取食某种或某些种类的食物为主，即动物取食具有一定的专一性和局限性，即使杂食动物也只食某几种食物。例如，熊猫只食箭竹和嫩枝，松鼠只食松籽等。在加拿大大不列颠哥伦比亚的海湾公园，成熟针叶林火烧后，麋鹿(四不像)的数量显著增加，而驯鹿的数量显著减少。其原因是火烧后演替起来的灌木和草本植物是麋鹿的很好食物，而破坏了驯鹿的冬季食物——生长在树上或地上的地衣。

(1)可食植物种类组成和数量的变化

火烧的直接结果是烧除了地表的易燃可燃物，使生物量在短期内明显降低。但火烧的另一重要结果是增加了植物的生产力，也就增加了野生动物的食源，这对草食动物是至关重要的。同时，对调节动物种内和种间关系也有重要意义。可食植物数量的增加可从不同植物种群生产力和生物量的变化中得到体现。

对草本植物来说，如果火烧不是太频繁、太严重或火烧时间不长，其生产力一般会增加，在荒漠的草本——灌丛地区，如果过度放牧而缺少火烧，则会由草本为优势而迅速变为以灌木为优势。有研究指出，某些地区火烧能减少多年生植物生产力，而提高一年生植物生产力。火烧后草本的生产力主要受火烧强度、火烧频度、火烈度等火行为因素及火烧后气象条件、火烧地区温度、火烧时间等因素的影响。火烧后的植被恢复一般会有一个高峰生产力时期，有的在火烧后一年，有的是两年或多年后，峰值出现的时间随各种因素(气象、位置、火烧前植被状况、火烧时间)的变化而变化。

对于某些木本植物来说，火烧会引起一些植物的死亡，特别是树冠火。但是火烧后对某些野生动物的生存条件会有很大改善。火烧的季节是值得研究的，对萌芽力不强的植物种类，火烧可在春天或秋天进行，因为此时土壤潮湿，火烧温度对根的破坏较小。火烧后木本植物生产力常常有大幅度提高。

火烧对植物种子的影响也关系到植被生产力的提高，植物种子对温度具有较强忍耐力，如果植物种子埋藏在土壤深层，即使强度火烧后，种子也不会失去生命力。对于地表火，因其强度小，土壤浅层的种子萌芽率常常增高。有时种子萌芽的幼苗因缺少光照，易受真菌侵害等原因，幼苗死亡率高，而在火烧后，林地光照充足，养分丰富，幼苗存活率高，提高了植被的生产力，对食草动物特别有利。有些植物的种子(乔木或灌木)成熟后不迅速下落，而在植物上寄存 2～3a 或更长时间，成为食种子动物的食物。火烧可以加速种子下落，减少动物的取食，使更多种子能够萌芽。

Ohmann 和 Grigal(1979)对美国明尼苏达州东北部小苏福尔斯一场大火后植物的生物量作了连续几年的测定。他们将植被分为树木、高灌木、低矮灌木、草本 4 层，分别研究了火烧后 4 层的生物量变化，结果发现，除草本层生物量经上升后又有所下降外(呈二次曲线)，其余各层生物量均保持上升趋势(呈一次线性)。总的生物量保持上升趋势，可见在火烧后植被生物量在 4a 内一直保持上升趋势，当然，这种上升随时间推移会趋于平衡，也可能上升一直持续到下一次发生火灾。

(2)食物质量的改变

火烧不仅改变食物的种类、改变食物的数量，而且能改变食物的质量，从而影响野生动物的生长。植物质量主要指单位面积上植被的营养价值，它决定于植被的生产力和单位植被的营养成分变化。火烧后植物的蛋白质、脂肪、纤维素及自由氮质都很丰富，尤其是火烧后食物的营养水平第 1 年最高。据测定，火烧后植物新萌发的枝条中蛋白质的含量比火烧前增加 37%(5%～42%)，磷酸含量增加 7.8%。通过研究发现 6a 内食草动物数量呈上升趋势，而后又下降。

美国 Leege(1969)在北爱尔兰对 2 种形式火烧两年后的嫩枝蛋白质含量进行了测定，并与控制情况下的进行比较。结果表明，人为控制火烧使蛋白质含量偏低，而自然火烧后的蛋白质含量较高。因此火烧能使重新发育的枝条营养成分增加。但也是有些学者研究指出大多数灌木和乔木在火烧 5a 后蛋白质含量下降，而 P、K、Ca、Mg 等元素含量增加。当然，除不同年份(火烧后时间长短)具差异外，不同的植物种类营养成分也会有不同的变化。

3.1.2.3 改变种间关系

火烧改变了野生动物的生存环境，食源的种类、数量和质量。因此，动物的适应行为也随之发生变化，从而间接地影响野生动物种群之间的竞争、捕食和寄生关系。

首先，火烧能改变野生动物种间竞争关系。火烧前食物充足，栖息地适宜，某些种类的野生动物可同时生活在一起。但是火烧后食源减少，适宜的栖息地减少，生态位相近的动物为了取食和争夺有限的栖息地而发生竞争。

其次，火烧还能影响野生动物之间的捕食关系。据 Bendell(1974)报导，在加拿大温哥华岛上有一种兰松鸡生活在高山或亚高山的森林里，其捕食天敌是貂，而火烧或采伐以后，有些兰松鸡就迁移到山下火烧迹地来生存，这时捕食它的是沼泽鹰、狐和浣熊，而这些天敌在高山和亚高山上却很少见。

第三，火烧能改变寄生关系，减少寄生生物对寄主的侵染，有利于某些动物的生存。Fowel(1946)对蓝松鸡种群火烧后 5a 内寄生生物进行了调查；12a 后，Bendell(1955)对同一地点进行了复查，发现寄生生物的种类和侵染频率均有所增加。其中两种新出现的寄生生物对蓝松鸡的危害严重。寄生生物的增加与火烧后随时间的推移而出现的湿润环境，有利于寄主的生存有关。

3.1.2.4　不同林火行为对动物的间接影响程度

不同的生境条件，火烧程度不同。不同火烧程度对生境以及动物的影响也不一样。火烧程度一般用火烧频度、火烧强度、火场面积等林火行为来描述。

(1)火烧频度

通常火烧频繁的地区，火烧强度较小、火灾面积少。火烧频度较低的地区，火烧强度大、火场面积大。火烧频繁的地区动物对火的适应性较强，如草地火比森林火发生频繁，草地动物对火适应性比森林动物强。

强烈反复火烧会降低牧草、草本植物和灌木的产量，因而必然会导致野生动物的数量受到影响。然而有一些野生动物的生境需要靠周期性的火烧来维持。例如，美洲的山齿鹑，这种鸟不能穿过密集的灌丛，随着灌丛密集，这种鹑逐渐消失。周期性地烧除密集灌丛，这种鹑才能持续繁殖。美国的黑背牧林莺，这种鸟只能在处于早期演替阶段的斑克松林中筑巢繁殖，没有火烧则会缺少早期演替阶段的斑克松，这种鸟就会消失。澳洲的鬣喜欢藏身于麻黄灌木丛中，这些木麻黄灌丛需要每隔7a火烧一次才能维持。

有些动物则喜欢成熟林。如驯鹿喜欢50a以上的成熟林，冬季驯鹿的食物构成大部分是青苔，频繁的林火或大范围林火，使青苔丧失，驯鹿的种群数量下降。美国的北部斑纹猫头鹰的种群可能受到成熟森林生境丧失的威胁(Forsman *et al.*，1980)，1990年依据美国濒危物种法案，北部斑纹猫头鹰列为“受胁迫”种。

(2)火烧强度

低强度的林火(75～750kW/m)和中强度的火(750～3500kW/m)，对小型野生动物影响较大，但火烧后恢复很快，对大型动物影响不大，通常还有利大型动物的生长繁殖。只有高强度的火(＞3500kW/m)才对野生动物产生较大影响。

(3)火烧面积

火烧迹地大小对野生动物的影响很重要。在澳大利亚，Mount(1969)观察到，也许是被火烧除的灌木林地面积太大，以致一些野生动物不愿迁入，而一些动物喜欢在小面积火烧迹地及边缘活动，这是因为火将一些小型动物驱赶到火烧迹地边缘，也引来了它们的捕食者，在小面积火场活动的野生动物可以轻易退回未烧的森林中去。

在一定面积内若干个小规模的火烧迹地，比一场大规模的火烧迹地的边缘长度和密度要大。因此，小规模的火烧迹地要比大规模的火烧迹地对野生动物有利。在温哥华岛上，Robinson(1958)观察到小面积林火(80～120hm^2)曾造成大量火烧迹地和未烧地带，鹿、蓝松鸡和驼鹿的数量比大面积的火烧迹地(＞500hm^2)数量多得多。南非的鹧鸪需要栖息由小块火烧迹地镶嵌构成的地区，火烧迹地太大，鹧鸪的密度会下降。

3.1.3　火烧后各种动物的变化

不同种类的野生动物受林火的影响程度不同。火烧后，不同野生动物的种群数量、年龄结构和生活习性等都会发生不同程度的改变。

3.1.3.1 无脊椎动物

火烧对无脊椎动物的影响取决于林火类型、植物群落以及火烧迹地的特点。在火烧不是非常严重的地区，火的直接影响要比火烧后环境改变的影响小。

(1)土壤动物

在火烧迹地，大量生活在枯枝落叶层中的土壤动物被火烧死或烤死，但并未改变物理状况的半分解层和腐殖质层中，仍有大量土壤动物生存。据中国科学院沈阳应用生态研究所杨发柱调查，在杜香落叶树及其火烧迹地土壤动物每 $1m^2$ 面积上的数量，未烧地为5万~15万头，火烧迹地上只有几万头，多的达20万头，变化无明显规律。土壤动物组成以土壤线虫占绝对优势，达89%以上。此外，还有轮虫、熊虫、跳虫、螨类和双翅目幼虫。捕食性线虫体较大者，在火烧迹地上数量少；植物寄生线虫，在火烧迹地上数量也较少。火烧迹地土壤动物群落单纯，多样性指数降低。在美国南卡罗来那州的火炬松林，火烧后土壤动物减少1/3。

火烧后蚯蚓种群数量显著减少。有调查发现针叶(火炬松)枯落层烧掉后土壤蚯蚓的数量减少50%。这使本来在 A_0 层数量不多的蚯蚓种群迅速减少。火烧对蚯蚓种群数量的影响主要取决于土壤的含水量。在美国的伊利诺斯草原，在春季，火烧过后和未烧过的土壤湿度差不多，土壤中蚯蚓数量几乎相同。但是4月中旬至5月，未烧地段的含水量增加，而火烧迹地的含水量下降，而蚯蚓对湿度反应敏感。因此，在火烧后干燥的条件下，蚯蚓数量锐减。

火烧后蜗牛种群数量减少，美国明尼苏达州短叶松林火烧后至少3a内见不到蜗牛分布。在法国南部及在非洲曾经发现火烧后蜗牛和蛞蝓的种类锐减。

蜈蚣的种群火烧后也有下降趋势，有时减少高过80%。蜘蛛，特别是生活在地下的种类，火烧后也明显减少，其下降幅度在9%~31%。虽然，不同土壤使螨类动物数量变化很大，但是它在土壤动物中数量最多。北美短叶松林土壤中，未烧林地螨类数量占所有土壤无脊椎动物的71%~93%。火烧林地占30%~72%，火烧后24h，7cm以内土层的土壤动物减少70%以上，要恢复到火烧前的水平大约需要3a以上的时间。

(2)昆虫类

火烧对蚁类的影响很小，因为蚁类有较强的抗高温和适应火烧后干燥环境的能力。另外，蚁类群居生活习性也是它们在火烧后迅速恢复的一个原因。

火烧后的草原蝗虫数量增加，除了大量的迁回者以外，火烧后日温高，新萌发的草鲜嫩等均为蝗虫大量繁殖创造了良好环境。在西双版那杨效东等(2001)报道过刀耕火种火烧前后土壤节肢动物的变化：①火烧使森林土壤节肢动物类群和个体数量显著减少，与林地相比，火烧后样地土壤节肢动物类群数量降低28.57%，个体数量下降72.7%，其中小型类群蜱螨虫目、弹尾目、缨翅目、半翅目、双翅目下降幅度较高，约在80%；大中型类群膜翅目、鞘翅类数量减少相对较低，减幅在30%左右。表明刀耕火种火烧方式对不同生物类群的土壤节肢动物影响不同，大中型类群活动性强，在刀耕火种过程中通过迁移活动以躲避环境恶化，而小型类群活动相对较弱，火烧过程中可能大部分死亡。②火烧前次生林中主要优势类群的蜱螨目和膜翅目。次要优势种群为弹尾目和鞘翅目，火烧后短期内(1d)土壤节肢动物群落优势类群的组成无明显变化，但绝对数量减少；这些生物类群所栖息的小生境发生较大变化。烧前优势类群主要集中在地表凋落物层，烧后主要分布在土壤层。

膜翅目蚂蚁在火烧迹地地表残留物层中占有极高的数量比例，蜱螨目、原尾目和鞘翅目则在0~15cm土壤层中占较高比例。少数火烧迹地的缨翅目、半翅目、啮虫目、拟蝎目在火烧后消失。③火烧前，次生林土壤节肢动物类群及个体数的分布表现为凋落物层>A层>C层>B层。火烧后则呈现B层>A层>C层>地表残留物层的分布现象。④火烧前土壤节肢动物群落多样性指数为1.983，火烧后为1.716；火烧前凋落物层土壤节肢动物群落多样性指数为1.385，而土壤层为0.598；火烧后地表残留土壤节肢动物群落多样性指数为0.128，而土壤层为1.588。说明火烧过程中，由于动物类群从表层向土壤深层迁移，导致火烧后土壤层多样性指数增高。

在非洲草原，火烧对半翅目昆虫的影响主要取决于火烧的季节。冬季火烧后蜻虫减少的数量比春季火烧要多。火烧后蜻虫种群数量的恢复与时间成正相关。火烧没有使昆虫的种类减少，但是优势种发生了改变。火烧前占优势的喜阴昆虫，火烧后被喜光昆虫(蜻虫)所取代。因此，可以说火烧维持了非洲稀树草原上蜻虫种群平衡。

森林火烧后鞘翅目昆虫减少的数量比草原火要多，这是由于林火温度高于草原火所致。赖斯发现火烧后即刻调查鞘翅目昆虫，数量减少15%，而火烧后不久恢复到火烧前水平。而美国南部森林火烧后鞘翅目昆虫减少60%。明尼苏达州短叶松林火烧后3个月很少见鞘翅目昆虫分布。在平原，火烧后鞘翅目昆虫却有增加。频繁的火烧会加剧小蠹虫(Scolytidae)对林木的危害。火烧伤的林木常遭到山松大小蠹(*Dendroctonus ponderosae*)、花旗松毒蛾、西方松小蠹及红松脂小蠹等害虫的危害。朱健(1985)在陕西渭南地区调查，松林发生速进地表火，树干烧灼高度达1~2m，木质部被烧伤占28.7%的林分，受小蠹虫感染的立木达79.3%，靠近火烧迹地的林分立木受害率为38.3%。1987年5月6日大兴安岭特大森林火灾后，当年10月对塔河调查，蛀干害虫已侵入过火立木，其中有云杉小黑天牛(*Monochamus sutor*)、云杉大黑天牛(*M. urussovi*)、落叶松八齿小蠹(*Ips subelongatus*)，平均被害株率为11.87%。针叶树重于阔叶树，阔叶树重于樟叶松，桦树上几乎没有，虫口密度为0.54头/100cm^2(邵景文，1989)。1987年大兴安岭特大火灾后，1988年出现了大量的狼夜蛾(*Ochroplcura* sp.)，它们取食被火烧的林木上刚刚发出的嫩芽，其数量之多惊人，爬满林区公路，最多时每平方米达150多头，几乎使路人寸步难移。然而，火烧能够减少这些害虫的数量或限制其种群的大发生。例如，波缝重齿小蠹常喜欢生活在采伐剩余物中，并在那里过冬。若对采伐迹地进行火烧可显著减少小蠹虫种群数量。美国西部各州采用火烧使花旗松毒蛾大发生的可能性下降了53%，俄勒冈州中部下降85%，在大湖区各州采用火烧来控制槭叶蛾比杀虫剂效果要好，因为槭虫蛾的蛹可以在土壤中发育。米勒(Miller，1978)也曾建议采用火烧控制脂松果球小蠹。采用火烧来控制鞘翅目害虫种群数量已取得成功。

澳大利亚辐射松(*Pinus radiata*)林火烧后步甲和金龟子种群数量也明显减少，但是火烧后最先定居的仍然是这两种害虫。采用火烧来控制和减少害虫要选择好火烧时机，除此之外还要掌握害虫的发生规律，这样才能在其成虫之前消灭之。

3.1.3.2　爬行动物

火烧对爬行动物的影响研究较多的是蜥蜴和蛇。有研究表明，春季火烧后无论在火烧迹地还是在对照区，均有蜥蜴重新繁殖。蜥蜴逃避火的方法是钻进地下或躲藏在石头下面。火烧后蜥蜴的数量呈增加趋势。这可能是火烧后植物种类增多，食源丰富，环境更有利于蜥蜴生存。

蛇逃避火的方式与蜥蜴相似，在东南亚发现有 3 种蛇(腹链蛇属、乌梢蛇属、眼镜蛇属)和一种蜥蜴常钻进白蚁的洞穴以逃避火的袭击。虽然蔓延速度较快的火能使部分蛇烧死或烧伤，但是，大部分蛇都能通过爬进各种洞穴而逃生。

3.1.3.3 鸟类

火烧通过改变生境而间接影响鸟类。由于灌丛或树木消失，对某些鸟类的生存会产生不利影响，然而，也有些鸟类却喜欢在火烧迹地生存。对于鸟类种群的直接火烧效应很大程度上依赖火烧季节和火强度，在休眠季节，一次相对轻度的火烧能够为地面觅食和灌丛觅食的鸟类大大增加食物资源并留下丰富的筑巢场地(Lowe 等，1978)。中度火烧可能对地面觅食和灌丛中觅食的鸟类有相似的效果。但也将为啄木鸟、食虫鸟和猛禽产生更多的开放区，重度火烧将大大减少林栖鸟的多样性和数量(Lynch，1970)。森林群落如果没有火或其他干扰力量，将会使鸟类生态位的多样性和负载能力降低(Marshall，1963；Wood 和 Niles，1978)。

Emlen(1970)在佛罗里达州的火烧和未烧的湿地松林对鸟的种类组成或种群进行了研究，他发现在火烧后 5 个月内被烧地和未烧地鸟类数量没有什么不同，这说明火对鸟没有直接影响。该地区火的频率高，林层因火烧的变化不大，主要的变化是下层裸地的剧烈增加。因此，火烧频率高的地区，鸟类的种类组成和数量变化不明显。

Rock 和 Lyndh(1970)用图表示了树冠火对繁殖鸟类的影响，他们从取食类型对鸟进行了划分(图 3-1)。

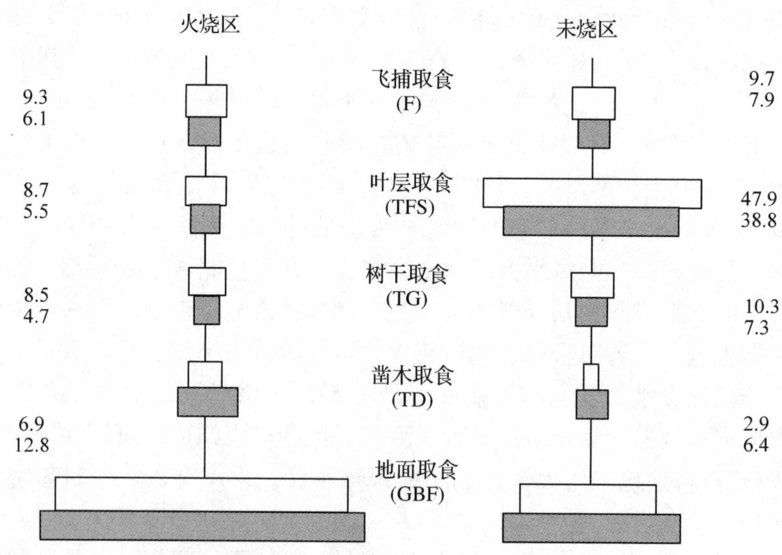

图 3-1 火对不同取食鸟型的数量影响(%)(改编自 Bock 和 lynch，1970)

空白表示可消耗生物量的分布；阴影表示鸟个体数(%)

在松针和枝条上取食的鸟类，火烧后数量减少，火烧 5a 后在低枝和开阔地上取食者占优势。啄木鸟在火烧后更加常见，这与在死树上取食的昆虫增加有关，植被高度和组成变化对鸟类群落的影响是显著的，研究地区的 32 种规则的繁殖鸟中，28% 只在火烧区可见，19% 只在附近的成熟林中可见。火烧区的鸟类生物量较大，由一些体重较重的种类如金翼啄木鸟、山蓝鸟等组成，未烧区的大部分食物由依赖活松针的昆虫组成，体形小的种类在未烧区常见。

在一些火烧迹地，猛禽数量增多，这可能与猎物易于暴露(缺少隐蔽所)有关，火烧后的一些昆虫更容易被食虫鸟发现。

Bendell(1974)指出，火能导致较大型鸟的稍微增多，80%的鸟对火无反应，对火反应程度最大的是草地和灌丛里生活的种类。他还认为在变动较大的环境下种群的稳定性表明许多鸟类能控制其种群而不受火的干扰。

以下是一些鸟类与火相关的研究成果：

(1)鸣禽类

McAdoo和Klebenow(1978)年发现，黄喉地莺(*Geothlypis trichas*)、黄胸鹟莺(*Seicercus montis*)和黄嘴杜鹃(*Coccyzus americanus*)等鸟类需要彼此联结的密灌丛作为理想的栖息地，夜莺在地面筑巢，需要相对少的灌丛掩盖，布鲁尔雀需要一些大的山艾植物筑巢，但不需要太浓密，丛山雀、灰绿捕蝇鸟、松鸟要求有林木。其易被火烧死，应该确保在一块火烧斑块内留有为筑巢和掩蔽用的足够灌丛和树木，这对在山艾禾草和松柏群落中保证鸟类的最大多样性是重要的。

在草地，灌丛的覆盖是有限的，而且火经常破坏鸣禽的筑巢生境。例如，在得克萨斯州中部的低草普列利（prairie)，由于阿布露西枣(*Ziziphus obrusifolia*)的抑制，在6~7a内将大大减少鸣禽的筑巢区，主要被影响的种类是北美红雀、沙漠鶇鹩、模仿鸟、云雀和棕雀。幼龄牧豆树对北美红雀、沙漠鶇鹩以及模仿鸟的筑巢是次要的，但在罗林平原，对布郎黄鹂、灰喉食虫鸟和铁尾食虫鸟则是关键的种类。

在得克萨斯东部，Michaelt和Thornburgh(1971)发现针阔叶林斑块状火烧后知更鸟剧烈增加。

科特蓝德苔莺（*Kenolroica kirtlandii*）是一种需要火烧才能生存的濒危鸣禽，它只在密歇根州南部的北半部分的一个宽135km、长160km的区域内繁殖。筑巢生境限于均质的短叶松(*Pinus banksiana*)纯林，易燃的短叶松需超过130hm^2，厚且贴地面的短叶松松枝，为不被察觉地进出提供了掩蔽，只有出现在密集的星散斑块上且高为1.5~5m的树才能提供这种巢贴地面的树枝掩蔽。科特蓝德苔莺的其他要求似乎是干燥，多孔的沙土和地面掩盖，因此，其鸟巢低于排水不良的地面将是致命的。地面覆盖必须是草本植物，地衣不能满足其要求。现代伐木作业和植树造林不能为科特蓝德苔莺创造理想的筑巢生境，因为采伐后的松树林参差不齐，而人工林区通常面积太小又不能满足苔莺的要求。密歇根保护局和美国林务局已经设法留出为科特蓝德苔莺提供合适筑巢生境的森林区和利用生产商业性木材的林地。

(2)水禽类

当水鸟被密集的湿地植物或延伸进沼泽的陆生植物所阻碍时，会离开沼泽地。Millert认为，火消灭了湿地杂草和不需要的植物，使可食用植物更易得到，为水鸟提供了更易接近食物的环境。火烧湿地减慢了柳属和桤木属植物向湿地侵入，使鸭类增加了巢窝。Ward(1968)观察到紧随火烧芦苇属的湿地之后，鸭类巢居的频率增加了。Buckley(1958)在阿拉斯加也做了同样的调查，在那里，鸭类的密度从8.1只/km^{2}提高到12.8只/km^2。

早春火可以烧毁绿头鸭和丘鹬的窝和蛋，计划烧除开始的时间不应晚于4月20日，那时野鸭和长尾凫正开始筑巢，琵嘴鸭(*Anas clypeata*)、蓝翅鸭(*Anas discors*)还有赤膀鸭(*Anas strepera*)的巢筑在火烧后生长起来的植物上。Vogl(1967)提到，一次火烧后5d，从7个烧焦的蛋里孵出4只小野鸭，当火彻底烧毁鸟类的巢时，它会筑新巢。巢的毁坏和后来的孵化明显地导致了鸟类总数量的增长，因为火烧迹地幼雏被冻死和捕食的可能性更小。有报道，加拿大鹅从沼泽地野火中得益，蓝鹅从9月到翌年1月之间也被各种火造成的新火烧迹地吸引。因此，消灭一切湿地的火烧是不妥的。

(3)加利福尼亚秃鹰

Cowells(1958)认为，加利福尼亚秃鹰是西半球最大的秃鹰之一，也是一种由于其生境中缺少火烧而处于濒临灭绝的鸟类，由于人类干扰，目前它只限于落斯帕斯国家公园的加利福尼亚沿海山地一个很小的区域，植被主要是小槲树丛林。火烧似乎是这种巨大秃鹰生存的重要因素。原因如①取食之后，这种鸟类需要一条很长的跑道以便在平静的气流中飞行，如果在小槲树丛林中没有火烧的开阔地，该鸟不得不在低地取食。Miller等(1965)观察显示，秃鹰常常在吃饱之后，不能够飞行，只好在树上过夜而不能够飞到它们雏鸟身边，如果该鸟在强大上升气流的山中飞行，它们吃完后完成飞行可能没有困难，并能够飞到雏鸟身边。②很重要的理由是，它们的腐肉食物营养充足(Cowells，1967)，正常情况下，比起大型家畜(牛、马和羊)来这些鸟更愿意吃死的兔、松鼠和其他小型哺乳动物及鹿等。但目前家畜腐肉比例大大增加，这可能减少了加利福尼亚秃鹰所需要的计划食物钙的摄取量。理论上，这种秃鹰能够咽下所有的小骨骼。因此，可从小型哺乳动物身上得到充足的钙，但是从大型动物那里，由于不可能吃下大骨骼而造成钙缺乏症，但对于这一论述没有观察和实验证据。

尽管如此，加利福尼亚秃鹰残存者的衰退至今还是一个谜，而且有可能是种群低于30只个体的原因(Verner，1978)。繁殖能力低于正常水平，而且父母有效喂养雏鸟的筑巢区附近缺乏足够的食物资源，在小槲树林偶尔利用火烧会产生最大的边缘和草地。这将为啮齿动物和鹿增加几倍的生境。事实上，在人类活动相对自由的区域内，利用火烧能够解决相对的食物供应、潜在的食物钙需求和较长的起飞区要求等问题。

加利福尼亚秃鹰只有到8岁才能繁殖，它们的平均寿命是15a，假设理想繁殖能力是隔年孵化1只雏鸟，仅仅30只个体在没有自然的历史火烧作用下，使该种群稳定几乎是不可能的。

(4)啄木鸟

一般情况下，啄木鸟在其栖息地范围内(80～400hm^2)散布有10%老树成分的开阔森林中最繁盛(Jackson等，1979)。反复发生的自然火烧和小规模有控制的火烧是创造理想生境的因素。在蒙大拿州，胸径大于50cm的老龄西部落叶松是弱冠啄木鸟优选的筑巢树，反复的自然火烧不仅为西部落叶松的更新创造了理想的条件，而且也促进了该树种耐火能力的提高，并能够生活700多年。事实上，对生活在西部的落叶松森林的啄木鸟来说，火烧能够很容易地维持理想的生境。

恩格曼云杉—亚高山冷杉森林火烧后，啄木鸟可能增加50倍，在烧死的树木中寻找昆虫。北方三趾啄木鸟的密度增加最为显著，长绒毛啄木鸟增加最少，并且在3a内离开火烧区。Blankford(1955)发现，多毛啄木鸟，北方三趾啄木鸟和黑背三趾啄木鸟在库特内国家森林公园的花旗松林采伐或火烧后非常活跃，三趾啄木鸟在这个地区通常较稀少。

在东南部，Jackson(1979)发现，红顶啄木鸟筑巢树的平均年龄为火炬松 76a，加利比松 95a，筑巢树的年龄范围是从 34～131a，所有这些树都被火烧优选，因此，对于维护红顶啄木鸟的生境，计划火烧是很重要的管理方法，优选的食物包括昆虫幼体、蟑螂、蜈蚣和千足虫及蜘蛛。Ligon (1970)用真菌来限制这些食物资源，最后结论是树种和年龄的多样性在确保鸟类食物资源的多样性方面可能是重要的。

在加利福尼亚州中部海岸山脉，橡树啄木鸟(*Melanerpes formicivorus*)主要以橡树叶片为食，它的饲料中平均 23% 为动物，77% 为植物，在一次研究中，它的全部食物组成中橡树的叶片占 53%。事实上，它们不仅依靠几种活橡树作为食物，而且也需要死树作为储藏橡树叶子的粮仓。这些粮仓通常是各种栎树及加利福尼亚梧桐和柳树，但是，防护林如松、红树和桉树也已被用作粮仓。这表明，这些植被中为了给啄木鸟提供死树偶尔进行几次火烧是有利的，而且还能留下更多的活橡树作为食物资源。

(5)山齿鹑

Stoddard(1931)研究了火烧对山齿鹑生境的影响。他认识到控制每年的火烧是保持掩蔽所的必要条件，未采伐区生境对山齿鹑不利，需要冬天火烧以刺激豆荚(山齿鹑的主要食物)的生长。但如果在春天火烧则会减少食物。火烧作为控制隐蔽所和食物的便利工具，并且他建议在山齿鹑食物生产力丰富的地区选择冬天进行火烧。Rosene(1969)指出最好的山齿鹑营巢生境应包括上一年的死草以用于掩蔽巢和筑巢，他建议以 5～8m/h 风速的逆风燃烧，可用来保持山齿鹑的生境。在多灌木的区域顺风火烧可用来重建山齿鹑生境，Dimmick(1971)报道火烧生境里孵化日期比未烧地区要晚。总之，应用于山齿鹑生境管理的火烧采用方式及火烧频度，依赖于生境的类型。对山齿鹑的研究是人工种群生境火烧的经典例子。

(6)鹌鹑

北美东南部地区对北美鹑做了广泛的研究，并认为它是北美东南部地区的“火烧鸟”。鹌鹑在余烬未息之前就占据火烧边缘，并在几分钟内填满过去需要几小时才能充满的嗉囊，原因是死昆虫和种子非常丰富。但对于鹌鹑来说，这段时间取食是一个危险的时刻。

北美鹑很少离开其隐蔽所 180m 以外的地方取食。事实上，在东南部地区，每年的新烧区与 2～4a 的旧烧区(大约占整个地区的 10%～20%)相间分布，能够为鹌鹑创造最适宜的生境。旧烧区和新烧区之间的平衡能提供昆虫和果实做夏季食物，并提供优良的筑巢生境和逃遁隐蔽物。

尽管鹌鹑数量能够通过种植隐蔽植物、栽培饲用植物以及农场形式的人工种群等手段使其增加，但就每只鸟的成本来说，控制火烧是最经济的方法。在东南部地区，火烧能够产生一种由裸地、豆科植物和孤立草丛组成的生境。草丛为鹌鹑提供了丰富的活动通道和 3a 后才消失的筑巢屏障。旧烧区太密，对筑巢没用。几乎所有的巢穴都设于须芒草(*Andropogon yunnanensis*)草丛中。然而，灌木可能是一个限制因子，巢穴大多数在灌木覆盖不超过 40% 的地区，其平均覆盖率是 14%。

豆科植物是鹌鹑的主要食物，在新烧区覆盖率可达 20%，而在未烧区仅占少量，稗草(*Echinochloa crusgalli*)和雀稗(*Paspalum thunbergii*)也是火烧能促进生长的植物。这些种子生产者为鹌鹑提供了良好的冬季食物。然而鹌鹑的食物种类很多，在佛罗里达塔拉哈西(Tallahassee)高大林木研究站(Tall Timbers Research Station)，北美鹑嗉囊内记录多达 650

种食物。

在无林群落或没有密集栖息木的灌木群落，上述结果不能运用到鹌鹑经营中，因为鹌鹑需要一些掩蔽物以便逃遁、越冬和游荡。所以很多火烧实例表明，火烧对其种群是有害的。在灌木稀少的普列利草原群落，鹌鹑种群数量将随着火烧而下降，5～6a 后才能最终恢复到正常水平。在普列利内火烧留下 15% 的灌丛，且如果这些灌丛分布合适的话，将会创造一个理想的饲养地。

3.1.3.4 鱼类

火对鱼类的影响是间接的，它通过改变鱼类的生存环境来影响鱼类的种类种群消长。

火烧对鱼类生境的破坏主要是火烧后土壤侵蚀增加，从而引起河流淤积，导致河水中养分的变化。河水中细小沉积物质会使鱼卵窒息，抑制鱼苗发育，减少蜉蝣、毛翅目昆虫及石蝇等鱼类最适宜的食物。

河水流量的增加，流速加大会使鱼卵遭到破坏。火烧后土壤侵蚀增加，使河流中滚动的小砾石增多，河水温度上升，在增加鱼类所需要的生物氧的同时也使河水中的有效氧显著减少。河水温度增加也会使鱼类容易染病，特别是喜欢在冷水中生存的鱼，其对温度的适应范围较窄，火烧后的夏季常常大量死亡。

在灭火时所用的化学阻火剂常常与水一起使用，有些化学物质能溶解在水中。如果这些阻火剂直接喷洒在水中会杀伤或杀死水生生物。化学阻火剂对水生生态系统的影响比陆地生态系统的影响要严重得多。氨(NH_3)对鱼类来讲是毒性最大的化学物质。表 3-1 给出了不同条件下水生生物(主要为鱼类)的分布。某些水生生物对重铬酸钠、氨及硫酸钠等化学物质非常敏感。当水中氨的浓度为 75μg/g 时，鲑鱼苗就会中毒死亡。一般来讲，鱼类对硫酸氨污染的忍耐力比磷酸铵要强。

在化学阻火剂某些添加剂中含有大量的氨、磷等营养物质，使水中海藻大量繁殖。虽然生产力增加，但是，由于大量氧气被消耗，使某些不能在低氧条件下生存的鱼类大量死亡(如鲑鱼)，只有某些能耐低氧的得以生存(如鲴鱼)。

表 3-1 化学阻火剂污染浓度与水生生物的关系

污染物质浓度(mg/L)	持续时间(h)	生物种类
氨(NH_3)		
90(软水，20℃)	96	*Phya heterostorpha* (snail)
134(硬水，30%)	96	*Phya heterostorpha*
320(软水，28℃)	120	*Havicula seminulum* (diatom)
350(硬水，30℃)	120	*Havicula seminulum*
0.3～0.4	—	Trout fry
0.7	65	Rainbow trout
75.7	<4(min)	Trout
硫酸铵	—	—
66(蒸馏水)	408	Bluegills
420～500	1	Orange-spotted sunfish
1290	96	Mosquito fish

（续）

污染物质浓度(mg/L)	持续时间(h)	生物种类
重铬酸钠	—	—
0.016	中毒浓度	Daphnia magna
0.05	死亡浓度	Daphnia magna
硫酸钠	—	—
8400	中毒浓度	Polycelis nigra
520	固定浓度	Daphnia magna
硅酸钠	—	—
5	120	Minnows
2400	96	Mosquito fish

3.1.3.5　哺乳动物

林火对哺乳动物的影响决定于生境的改变。美国黄石国家公园火烧后 25a 内哺乳动物的种类呈逐渐增多趋势，随着林分成熟，种类减少。

(1)啮齿类动物

啮齿动物在火烧中得以生存完全取决于对火烧的均匀性、火烧强度、火烈度和火烧持续时间以及火烧时动物在土壤表面的位置和运动能力。啮齿动物对火烧的反应还与植物有关，林鼠(Pack rat)怕光，火烧后消失，而生活在地面的松鼠非常喜欢在全光下生存。因此，采伐后火烧，林鼠数量显著增多，但是，生活在树上的松鼠由于缺少筑巢的树木而数量减少。

由于绝大多数啮齿动物生活在土表以下的洞穴中，火所释放的热量被很好地隔绝。但少数个体可能窒息。如林鼠那样运动缓慢，碰巧处在地面的动物可能被直接烧死。如果相对湿度小于 22%，鼠类短期可耐受的温度高达 63℃，但如果相对湿度高于 65%，则当暴露于 49℃的温度时会迅速死亡。鼠类在可燃物密度低和水分含量高的燃烧不完全地方存活量最大。

庄凯勋(2001)报道，1987 年大兴安岭“5 · 6”特大森林火灾后，鼠类种群数量骤减，使迹地鼠类达到较低密度。1987—1990 年过火林地鼠密度低于未过火林地，1992—1995 年过火林地鼠类密度高于未过火林地。火烧迹地鼠类优势种已由红背䶄转变为棕背䶄。这是由于原始针叶林向次生杨桦林及沼泽过渡的结果。

火烧后小气候的改变能影响某些动物的分布，调查结果表明，火烧后红背䶄消失，其原因是火烧后土温增加，因为这种田鼠喜欢在阴凉环境中生存。

①鼷鼠　鼷鼠是非常能适应火的、散布于旱生环境中的物种，火后其数量会立即下降 50%~84%，但在草原，火烧后经过一个生长季它们即恢复正常，在灌丛和老森林中，火烧后经过一个生长季它们甚至有所增加。Gashwiler(1970)发现，在华盛顿中西部皆伐和火烧过的地区，原始林火烧后 2a 鼷鼠数量增加了 8 倍。

②松鼠　浩劫的火烧对松鼠不利，在皆伐区和火烧区没有发现道格拉斯松鼠或北方飞松鼠。同样，在阿拉斯加，森林皆伐使红松鼠减少，而且防护林的砍伐处理使松鼠从 1.4 只/hm^2减少到 0.5 只/hm^2，但是地表火对美国黄松林中的树松鼠影响极小。因为美国黄松

是松鼠的主要食物资源，所以保护它可能非常有效。例如，Patton(1975)发现阿博替松鼠在树龄为 51～100a 的美国黄松中数量最多，而且其鼠窝一般是在由一些大小相似、互相交织的一组树中发现。地松鼠火烧后其密度增加，Lowe 在一场大火后的两年随访中发现，金色地松鼠在中度火烧区增加了 18 倍，在重度火烧区内增加了 8 倍，Beck 和 Vogl 发现，北方针阔叶林火烧后 13a，地松鼠增加，哥伦比亚地松鼠在 Selway-Bitterroor 荒原的开阔草甸和火烧区数量非常多。

③澳大利亚的负鼠　在澳大利亚有两种负鼠种群是靠火来维持的。它们通常把巢穴建在火烧死的树木中，并以新萌发的枝条为其主要食物，因此，如果没有火的作用，这两种负鼠就会消失。

(2)*鹿属动物*

鹿属动物喜欢生活在火烧后 6a 内的火烧迹地，特别是火烧和未火烧林镶嵌的地段，因此 1～2hm^2 小面积火烧斑块作为鹿的栖息地最适宜。在加利福尼亚小面积火烧迹地上黑尾鹿的数量比大面积火烧迹地或密林里都多，而且雌鹿多，常发现许多幼鹿跟在其后，黑尾鹿种群数量显著增多，是由于火烧后食物增加，食物质量提高所至。根据海瑞格斯(Hendticks，1968)测定，成熟灌丛中有效食物含量为 56kg/hm^2，蛋白质含量为 6%，营养物质增加了 240 倍。因此，黑尾鹿在演替初期的火烧迹地的数量比火烧前增加了 20 倍，白尾鹿、马鹿有类似情况，驼鹿种群火烧后 10a 内呈增加趋势，驼鹿的最好食物是火烧后萌发出来的柳、桦和杨等的抽条。幼树叶子的抗坏血酸、蛋白质及碳水化合物的含量都高。

3.2 野生动物对林火的影响和反应

动物对火的反应非常灵敏，火来时或火到来之前就采取逃跑等方式进行躲避，不同的动物对火反应的敏感程度差异很大。因此，森林火灾对不同的动物危害程度是不一样的。

野生动物对火有不同的反应，有些野生动物有避火行为，有些野生动物有吸引反应；反过来，不同野生动物的生活习性对火的不同反应对林火行为又有不同的影响，有些生活习性和反应行为会增加林火的强度和蔓延速度，增加林分的燃烧性能，有些野生动物的生活习性和对火的反应又对防火或控制林火起到一定的帮助作用。因此，研究林火对野生动物的影响时，需要进一步研究野生动物对火的反应以及野生动物对火行为的影响。

3.2.1 野生动物对火的反应

野生动物对火有不同的反应，主要表现在逃避行为和吸引反应。

3.2.1.1 逃避行为

对动物来讲，在发生火灾时采取什么方式进行逃避，主要取决于林火的强度、蔓延速度及动物对火的熟悉程度等，逃跑是大多数动物逃避火灾的最佳方式。例如，1915 年，西伯利亚发生的大火持续了两个多月，发现松鼠、熊、麋鹿等动物横渡大江逃跑。有些动物不仅自己逃跑，而且还能带领同类逃跑，科麦克观察到美国有一种鼠具有很强的避火能力，一次火烧时，他发现一群鼠在火场前方时跑时停，停留时东张西望，其中还有只大鼠不停的发出叫声，他认为这群老鼠一定会被烧死，但是后来发现它们并没有死。因此，他推断老鼠时跑时停，东张西望可能是大鼠在辨别火蔓延的方向，大鼠叫是在通知小鼠跟随其后，原来认为大鼠叫是因为害怕才发出的，其实它在给同类传递信息。科麦克对这一现象非常感兴趣。他作了一个试验，在要进行火烧的地方设一定大小的围栏，然后在栏内下套捕鼠。火烧后再去栏内下套捕鼠。结果两次捕到的鼠的数量相同，因此他认为火烧没有使鼠致死，而且指出鼠的逃避方式是进入洞穴或石隙。

由于绝大多数野生动物有逃避行为，所以在大火中很少有野生动物被火烧死，它们主要从火烧间隙逃跑，免遭森林火灾的危害。如大兴安岭的“5·6”大火，当火烧进马林林场时，林场许多老年人、小孩和成人，还有一只狍子也与人同在一个水泡子避火，火过后狍子逃跑。此外，有些天鹅、大型水鸟，大火来临时，在浅水、沙滩散步，待大火过后，再飞离火场，这样来逃避火的袭击。

3.2.1.2 吸引行为

火和烟雾不仅能烧死或窒息某些动物，而且有些动物会被火焰和烟雾所吸引，夜间火光能吸引蛾子的现象早为人们所熟悉，除了蛾子外，还有许多动物具有被火吸引的现象。

(1)火焰吸引

美国发现有两种蜻蜓(蓝蜻蜓、棕蜻蜓)火烧时常常扑向火焰而死。

(2)烟雾吸引

有些昆虫如烟蝇，当嗅到烟的气味时就顺着烟的气味飞去。在美国、加拿大、新西兰、澳大利亚、阿根廷、英国等地发现了9种具有这种特性的烟蝇。有人认为昆虫所具有的这种特性与它们交配行为有关，烟雾流可以作为昆虫交配群移动的信号。

(3)热吸引

某些昆虫具有受热吸引的行为。例如，火甲虫、火球蚜常常受热的吸引而奔向火场，除了为火的热量吸引外，这些昆虫身上还具有感受红外线的器官，它们能感受到100~160km以外的森林火灾。科麦克认为昆虫的这种特性仍然与它们的交配行为有关，因为雌虫常把卵产在炭化木上。另外，还发现这种昆虫常常飞落在正在燃烧的树桩或树干上。

(4)食物吸引

许多鸟类特别是猛禽类具有不怕火和烟的特性，常常飞到正在着火的火场周围取食，其取食对象是那些由于怕火而逃避的小动物。这类猛禽在北美有83种，非洲有34种，澳大利亚有22种，其中有鹰、秃鹫、鸢、隼等种类。另外，有些动物如雪兔、佛吉利白尾鹿和我国海南的坡鹿等，具有喜欢吃炭木灰的特性，它们常常寻找最近或刚刚烧过的火烧迹地，取食灰分或被火烧过的枝干等。有些食肉动物，如狮子、豺、猎豹等也常常在火场周围“狩猎”，等待捕食逃跑的动物(鹿、狍子等)。某些灵长目动物如猩猩、长臂猿等也常常来到刚刚烧过的迹地上寻找一些熟食(烧死的动物)。但是，它们从来不靠近营火，这说明它们具有一定的思维能力，营火周围常常有人类活动，它们认为不安全。有些野生动物喜欢在火烧后的热灰上打滚，杀死身上的吸血昆虫。

3.2.2 野生动物对火行为的影响

林火影响野生动物种类及种群数量变化，然而野生动物是森林的重要部分，它们的存在对森林的生存发展有明显作用，野生动物的活动对林火发生以及火行为都具有一定的影响。

(1)昆虫活动与林火的发生

害虫能使很多林木或大片森林死亡，因此，在虫害侵染过的地方留有大量的病腐木和枯立木，干燥后很容易燃烧，从而使森林可燃性增加。这种现象在加拿大东部的冷杉林和英格兰云杉林均发生过。20 世纪 80 年代初期，在美国俄勒冈南部松林地也发生过。虫害的侵染有时与病害有关，在美国成熟松林(80~160a)，当林木遭受真菌侵染后，山松大小蠹种群数量显著增加，由于小蠹虫的大发生使林木大量死亡，容易导致火灾发生。

(2)食草动物与森林燃烧性

有些食草动物像麋鹿、驼鹿等，在林中只取食某种植物，而不食其他植物，这样能改变森林的植物组成，从而间接影响林分的易燃性。如果林中的草食动物多，大量啃食草本植物，使易燃可燃性植物数量显著减少，降低了林分的可燃性。另外，林区放牧所形成的牧道可作为防火线。在林区，有些野生动物的行走小路，可以作为火烧防火线的依托条件，也可以作为灭火时点迎面火和火烧法的根据地。经常发现野生动物啃食植物的根系，形成较宽的自然生土带，能够起到阻火的效果。

(3)啮齿类动物活动与雷击火

树木(包括果树)的结实有个特点，即树木顶端结实最多。例如，人们熟悉的红松不是整个树冠到处结实，而是果实分布在树的顶端。这样使那些以其球果为食的啮齿类动物(如松鼠)在取食时，不得不爬上树冠顶端。在取食过程中常使顶端枝条受伤或死亡，这样树冠顶端干枯的枝条容易导致雷击火的发生。据调查，在美国西部地区及加拿大的大部分地区均发现有由于啮齿类动物啃食后引起的火灾。

(4)啮齿类动物活动与冲冠火

小兴安岭和长白山的阔叶红松林，秋后大量红松球果脱落在树干的 28d，这些球果被松鼠啃食，留下大量球果鳞片，堆积在树干 28d。一旦发生森林火灾，将会大大增加火的强度。如果 28d 有幼林，则容易形成冲冠火。

综上所述，了解野生动物对火的反应和对火行为影响的特点，有利于进一步用火保护野生动物。同时，也有利于防火、灭火和用火，以及对野生动物的经营和管理。

3.3　林火与野生动物保护

随着人口的骤增、工业的发展、环境污染、水土流失、气候变化，世界上几乎每天都有物种灭绝，使人类感到危机。人们逐渐意识到，要想生存，必须保护自然，保护濒临灭绝的物种，从而纷纷建立了自然保护区，以保护人类赖以生存的环境条件，保护人类的朋友——野生动物和森林。世界只有一个地球，需要大家来维持，任何对环境的破坏、对野生动物的破坏，都是对人类赖以生存的地球的破坏，全人类都应行动起来保护地球、保护野生动植物资源。

3.3.1　国内林火与野生动物保护概况

中国幅员辽阔，地形复杂，气候多样，是世界野生动植物种类最丰富的国家之一。野生动物种类繁多，但是由于捕猎多，培养少，使许多野生动物濒临灭绝，特别是一二级野生动物因偷捕严重而日益减少。因此，保护我国野生动物资源已得到政府的高度重视，先后颁布了《森林法》和《野生动物保护法》，签署了《生物多样性公约》《濒危野生动物国际贸易公约》和《关于特别是作为水禽栖息地的国际重要湿地公约》。

为了更好地保护野生动物资源，我国广大林区已开始大力繁殖和培养野生动物；为确保不同的植被和野生动物得以生存和发展，国家在全国范围内设立了许多自然保护区；同时，部分地区已开始借鉴国外经验，利用计划火烧培养野生动物。

3.3.1.1　森林生物多样性和野生动植物保护

中国已建立 230 处野生动物繁殖场，14 处野生动物保护中心，10 处濒危物种进出口管理办事处或检查站，3 处大熊猫繁殖基地。以及东北虎、麋鹿、野马、高鼻羚羊、朱鹮、扬子鹗等濒危动物繁殖中心，10 余种濒危动物开始恢复种群数量，60 种野生珍稀动物人工繁殖成功，中国已建立了 400 余处珍稀动物迁地保护繁殖基地和优良种质基因库，100 余处植物园及逾 $1.3\times10^{4}hm^{2}$ 种子园。国家第一批重点保护的珍稀濒危植物已有 80% 被迁地保护。

现在主要行动是建立中国森林生物多样性和野生动植物调查与监测体系，建立和完善野生动植物，特别是珍稀濒危种的保护体系，加强森林生物多样性和野生动植物保护和管理工作，加强森林生物多样性和野生动植物保护与可持续利用的科学研究，加强技术培训，通过广泛宣传，提高公民意识。

3.3.1.2　野生动物保护

火作为一个活跃的生态因子，对某些野生动物的保护也有很大影响。火的作用具有两重性：一是高强度林火能破坏野生动物的栖息环境，对野生动物的保护产生不利影响；另一是火烧能维持某些珍稀动物的生存环境，从而维持少数珍稀野生动物。

(1) 东北虎

东北虎是我国一类保护动物，现存量少，据调查全国也不过几十只。温带红松阔叶林区是东北虎生存的适宜环境，人烟稀少的地方最适宜。但是，随着林区的开发建设，森林砍伐量大，火灾日趋严重，使东北虎适宜生存的原始森林所剩无几，现在东北虎已到濒临灭绝的边缘。因此，严格控制红松阔叶林内发生火灾，减少砍伐等其他形式的破坏是保护东北虎的先决条件。

(2) 紫貂

紫貂是东北三宝(人参、貂皮、鹿茸角)之一，紫貂在马尾松林下栖息，马尾松种子是其主要食物，马尾松主要分布在大兴安岭的高山树木线下，与红松性质相类似，但不能直立。呈匍匐状。由于马尾松分布在海拔较高、湿度大、火源少的地区，一般不易发生火灾。但是，遇到特别干旱的年份，马尾松林不仅能够着火，而且常能形成地下火(因为马尾松林下常有厚厚的苔藓层)。这时火的作用可直接威胁到紫貂的生存。

(3) 大熊猫

大熊猫是我国特有的珍稀动物，有国宝之称。大熊猫主要分布在我国的西南地区海拔较高的竹林。箭竹叶子和嫩小枝是其主要的食物，如果竹林遭到火灾将影响大熊猫的生存。有关火烧能够威胁珍稀野生动物生存的实例还有很多，如丹顶鹤。

(4) 坡鹿

坡鹿是我国海南岛的特有种，但数量不多，需要很好地保护。坡鹿以稀树蒿草地为栖息地，为了改善它们的生存环境，进一步采用计划火烧，提高草原草质，以达到培养繁殖坡鹿的目的。

3.3.2 国外林火与野生动物保护概况

为了使物种免于灭绝，各国建立了大量的自然保护区和天然公园，其面积日益扩大，有些国家自然保护区和天然公园的面积已超过10%。

有些野生动物依赖火得以生存和发展，国外许多国家利用火维护濒于灭绝的野生动物有很多成功的经验。主要表现在以下几个方面：①利用雷击火烧，改善环境，确保野生动物繁衍生息；②利用人工火烧，确保野生动物的生存；③加拿大利用中等强度火维护鸣禽类栖息环境；④用火维护黑貂的生存和发展；⑤大角羊种群管理与火烧。

美国黄石公园是由美国国家公园管理局负责管理，于1978年被列入世界自然遗产名录，是世界上最大的国家公园。黄石国家公园是美国最大的野生动物庇护所和著名野生动物园，是美国本土48州巨型动物群的野生生物栖息地，涉及的4种类型包括哺乳动物、鸟类、鱼类和爬行动物。公园总面积的85%为森林，美国黑松(*Pinus contorta*)为主要树种。1988年，黄石公园发生有史以来最大的异常火灾，造成大约$30\times10^4hm^2$面积受到影响，导致$6\times10^4hm^2$公园被烧毁。据统计，有345只美洲大角鹿、36只骡鹿、12只驼鹿、6只美洲黑熊和9只美洲野牛死亡，比预计损失要高。在所有哺乳动物中，啮齿目动物死亡率最高，主要是因为森林火灾伴随高温和浓雾，它们无法轻易逃脱，而且火烧之后森林覆盖面积下降，其他食肉动物可以轻易地发现它们，成为食肉动物食物。

Peek(1984)等人对大角羊和火的相互关系进行了研究。他们总结了英国哥伦比亚，美国爱达荷、蒙大拿等地区7个大角羊种群在历史上对火烧(包括野火和人为火)的反应情况及相关的植被情况。在这些研究区域里火烧后的植物演替变化不同，有的能迅速恢复火烧前的条件，如草地或灌丛；有的可能慢慢地使针叶树消失，森林变为灌丛—草地生境。

大角羊的主要食物竞争者是家畜(后人为禁放)，主要的死亡病因是肺线虫传染，如果在大角羊分布区有过度放牧家畜的现象，则额外进行火烧对大角羊没有益处。如果肺线虫病流行，大角羊对火烧后食物量增加的反应能力可能会受到限制。火烧频繁的地区，植物量的变化是短暂的，对大角羊没什么影响。火烧区域的积极作用在于使种群增加，当然在所有例子中，没有充分证据证明大角羊种群变化仅是对火的反应，因为火烧因子和其他限制因子的作用无法清楚划分。至少有4个重要因子限制了大角羊种群，包括肺线虫，家畜过度利用导致分布区条件恶劣，分布区的低生产力(由于干旱、缺少放牧和土壤贫瘠)和其他大型狩猎动物的竞争，所有这些因子可能都受到恶劣气候的影响。另外，捕食者也可能是重要的限制因子。

7个种群的研究表明人为控制火不一定会使大角羊的种群增加，而且可能有负效果，其他限制因素的作用可能超过了火烧对食物生产量增加带来的益处，不过仍有证据表明，火烧能够减少肺线虫的感染，也有证据表明人为控制火配合有限制的放牧，可能会对大角羊有利，在火烧频繁的地区，管理用火对大角羊作用会很小。

如果能制订适当的计划并且考虑到火烧的承受者和其他限制因子，人为控制火在大角羊的管理中会成为有用的工具。若火烧范围太大或火烧不充分，则对食物资源的影响不大。而生境条件恶劣，重要的食物消失等会起负作用。同时，若火烧对别的动物如北美马鹿有利，也会对大角羊起负作用。火烧起负作用时，大角羊对其他限制因子的反应会更脆弱。因此，对大角羊进行人为控制必须制订完善的计划。

综上所述，利用火来维护物种的生存是可能的，但需要研究清楚这些物种所需要的环境及其他条件，确保用火安全，又不会过度破坏森林。在利用火维护物种生存的同时，还需要生物学家、林学家、野生动物学家和自然保护者共同努力，深入研究，以维护森林生态系统的平衡与发展。总之，在野生动物的保护中，人们更多的是利用人为控制火烧(prescribed fire)或称为人为控制火。这种应用有相当长的历史，尤其是在北美，计划火烧能使植物群落始终处于某种演替阶段，保持野生动物的生境，如食物资源、隐蔽所、筑巢地点和巢材等。

本章小结

本章主要介绍了林火与野生动物的关系，包括林火对野生动物的影响、野生动物对林火的响应以及野生动物的保护。其中林火对野生动物的影响从直接影响和间接影响两方面进行介绍，野生动物的保护则主要介绍了国内外的保护概况。通过对本章的学习，可以让学生深刻的理解林火与野生动物的关系。

思考题

1. 从直接和间接 2 个方面阐述林火对野生动物的影响。
2. 简述野生动物对林火的影响和反应。
3. 简述国内外野生动物的保护现状。

推荐阅读书目

1. 森林生态学．李俊清．高等教育出版社，2010.
2. 野生动物生态与保护研究选．金崑，高中信，马建章．中国林业出版社，2009.

第4章 林火与植物

【本章提要】火对植物、植物种群和植物群落的影响是多方面的。其影响程度取决于火的行为(火蔓延速度、火强度、火周期等)，也取决于植物和植物种群对火的适应能力以及植物群落的结构特点。本章主要讨论火与植物、植物种群和植物群落间的相互作用和相互关系。

4.1 林火对植物的影响及植物对林火的适应

植物对火的适应性主要表现在促进球果开裂、种子萌发、萌芽能力、植物枝叶含油脂和水分的多少及树皮的特性等方面。火一直是塑造有机体适应属性的主要进化力，同时，植物的某些特征可能也从属于多种能力，而对火的适应性仅是其中之一。因此，尽管植物火后抽条可使某一立地得以维持，并进一步使抽条个体繁殖(但该特性可能也适应于干旱、寒冷和放牧)。因此，频繁火烧生境中的植物的很多特性可能具有多种功能，而且可能是源于对火以外的其他选择因子的反应。

在0.6×10^8a以前，地球是恐龙的世界，之后地球上的恐龙突然消失了。这引起了人们的普遍关注和推测。有人估计是由于当时一颗小星星撞击地球产生大量尘埃遮盖地球，阻挡了太阳辐射，致使植物生长受到影响。恐龙也由于缺乏赖以生存的食物而消亡。地质学家们认为，地球是经过不断灾变、不断发展而来的。所以灾变后，幸存者被保存，同时有很多物种在灾变后适应了变化的环境。以灾变引起物种突变保存下来的种，地质学家依据化石认为各物种间存在一定的联系。据此，我们提出了植物对火的适应理论。

4.1.1 林火对植物的影响

森林火灾是随时随地可能发生的，且以高温体出现。植物遇火烧伤被保存，烧死被淘汰，所以森林火灾也是一个灾变，它不断地作用于森林生态系统，推动着植物种的不断发展。

森林火灾是间断地出现，从而对不同植物有一定选择，适应种被保留，不适应种被淘汰。地球上自然火的发生是与干、湿气候交替进行的，有其周期性。有时多，有时少；有时猛烈，有时轻微，这样使得各种植物产生一定适应能力。另外，火只有随植物不断增加累积到一定程度才能发生。累积过程中，火灾的出现是间断的，而不是连续的。通过累积过程使火灾周期性发生。植物对火产生的适应，不断推动植物的变化和发展。灾变和适应起着相辅相承的作用而不是对立的关系。实质上，当今世界有很多植物受灾后保存下来，这就充分地说明了这些植物对火灾有一定的适应能力。总之，火是作为灾变和适应的动力，共同推动森林生态系统不断演变的。

4.1.2　植物对火的适应

灾变后，植物产生某些变异，这些变异特性对火产生适应被保留，而其他则被烧死。被保留的巩固迟开球果的特性。如美国黑松有部分迟开，有部分不迟开。在火灾发生频繁地区，迟开性球果增多，非迟开性球果减少；相反，在火灾发生少的地区，非迟开性球果比例明显增多。所以，迟开性多少与火灾发生多少密切相关。

树种对火的适应取决于树木本身的生物学特性(形态、解剖、生长发育)。自然界中有很多树种是由于本身的生物学特性，在森林火灾中被保存下来。如东北山区的阔叶红松林，在山脊一般为蒙古栎—红松林，由于该地区经常遭受火灾的连续破坏，蒙古栎—红松林逐渐被蒙古栎阔叶林所取代，因为红松含油脂多，不具萌发能力，幼苗易被火烧死，而蒙古栎深根系、树皮厚、萌发能力强，更重要的是蒙古栎能忍耐干旱、瘠薄环境，所以被保存下来。由于火灾的长期作用，形成了相对稳定较耐干旱的蒙古栎林。

另外，不同树种其生态学特性不一样，即使是同一种植物由于所处立地条件不同，所表现出的对火的适应能力也不一样，这主要表现在地形对火灾的影响上。不同的地形构成不同的小气候，引起生态因子的重新分配。地形起伏变化，不仅影响林火的发生发展，而且会直接影响林火行为，即火的蔓延和火的强度。生长在水湿处的植物，如大兴安岭河流两岸的甜杨林和朝鲜柳林，火灾后被保存下来。同一树种在不同立地条件下，其适应能力、方式不一样，如大兴安岭草类—落叶松林，经常发现有基部膨大的落叶松。因为杂草易发生火灾，但由于可燃物数量少，火强度低，作用时间短，落叶松被烧部位增生，树皮加厚以抵抗火的不断刺激。据测算有的根基部一侧树皮厚达 20cm；有的树皮孔隙度大，有的密，说明火烧加速了落叶松的发展。相反，在阴缓坡地带的杜香—落叶松林，较水湿不易发生火灾，所以，可燃物累积数量大到一定程度时，遇到干旱年份，发生强度大、火焰高的火灾，烧伤比例大，伤疤高，使树木破肚子，其胸径与基径之比比草类—落叶松林小，见表 4-1。所以同一树种在不同立地条件下对火的适应方式也不一样，久而久之会引起物种分化和变异。

表 4-1　不同类型兴安落叶松林火烧后胸径与基径的变化

类型	正常树木(%)	受伤树木(%)	胸径/基径
草类—落叶松林	88	12	0. 599
杜鹃—兴安落叶松林	93	7	0. 552
越橘—兴安落叶松林	25	75	0. 606
杜香—兴安落叶松林	19	81	0. 625

注：受伤树木指树干被烧死破裂的林木。

4.1.2.1 种子对火的适应

(1)种子萌发与温度

通常情况下，植物种子对温度具有一定的忍耐力。一些草本植物的种子在 82 ~ 116℃(5min)的高温处理后仍具有萌发能力，且部分植物种子能耐 116 ~ 127℃的高温，经这种处理后的种子，甚至会增加其萌发能力。例如，北美艾灌的种子具有厚而坚硬的种皮，甚至能忍受 140 ~ 150℃的高温。所以，若植物种子被轻埋于土壤，则它在遭遇强度较大的火烧后，仍能保持生命力。因此，不同植物种子的萌发对温度的反映也是不同的。

从表 4-2(a)中可发现，加热处理使盐肤木和野葛种子萌发率提高，但在 70℃时种子的萌发率显著下降 。表 4-2(b)中可发现，未经储藏的胡枝子经 50℃、70℃萌发率显著提高。而表 4-2(c)中珍珠梅、笃斯越橘、绣线菊种子经 120℃处理萌发率明显提高；但兴安落叶松、樟子松种子不能忍受 120℃高温。

表 4-2 植物种子的萌发(%)与温度的关系

植物种子	处理时间 30s(经过贮藏)(a)					
	50℃	70℃	90℃	100℃	120℃	对照
盐肤木		63.5	49.5			37.0
野葛		45.5	57.2			34.0
胡枝子		0.9	0.5			88.4
小钩树	88.0	17.3	0			85.6
野草	33.0	3.5	0			36.3
黏毛蓼	16.0	4.0	0.2			12.8
植物种子	处理时间 30s(未经过贮藏)(b)					
	50℃	70℃	90℃	100℃	120℃	对照
盐肤木	56.0	54.0	86.0			2.0
野葛	9.0	12.0	78.0			6.0
胡枝子	27.0	34.0	0			4.0
植物种子	处理时间 5min(未经过贮藏)(c)					
	50℃	70℃	90℃	100℃	120℃	对照
兴安落叶松	44.7	36.3	23.7	27.6	6.5	29.6
樟子松	64.7	66.3	65.0	62.7	6.9	56.7
白桦	87.5	87.0	82.5	89.6	82.0	82.9
黑桦	68.7	51.0	52.0		32.0	73.7
笃斯越橘	3.8	2.1	5.5		15.5	2.9
珍珠梅	67.7	74.4	55.7		66.7	57.0
绣线菊	24.3	22.7	18.3		34.3	21.7
赤杨	30.0	25.0	47.0		15.0	25.0
毛赤杨	36.0	38.0	48.0		60.0	52.0

注：引自郑焕能、胡海清主编《森林防火》，1994。

(2)火烧对植物下种的影响

对许多灌木和乔木来说，植株上保存种子是其生活史上的一个重要方面。对火敏感的植物尤其如此，因为保存种子是它们具有抗性的途径。澳大利亚的王桉(*Eucalyptus regnans*)就是这样的种类之一。它在遭受毁灭性的灌木火烧后，只要存在成熟的植株就可进行更新。桉树的种子成熟后在两年内下落，其所产生的种子大约有30%在树上被鹦鹉吃掉。自由落下的仅有10%能够萌发。然而，火烧使王桉成熟种子一次性100%释放，即使有10%被动物取食，仍有90%的种子可以萌发。如图4-1所示。火烧后，林地阳光充分，养分丰富，受真菌和动物的影响减少，因此，幼苗的存活率明显增高。

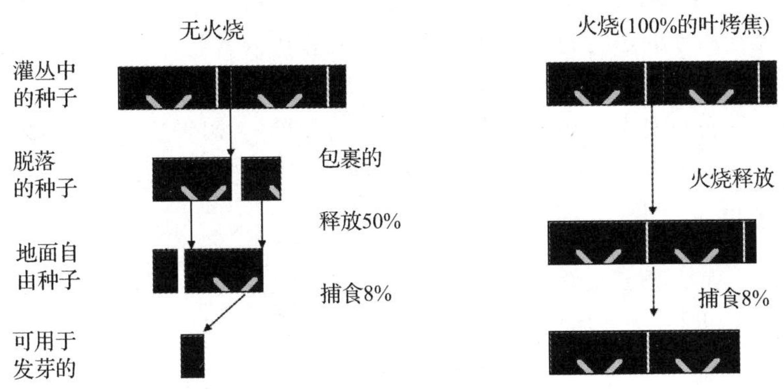

图4-1 种子命运的可能释放

(引自gill, 1981)

(3)火频度对种子萌发的作用

一些树种火烧后种子大量萌发，火烧越频繁，萌发越多。例如含羞草科的金合欢属的巨相思树(*Acacia cyclops*)，它是澳大利亚西部沙丘上的一种灌木，被引种到南非以固定沙丘。该树种在好望角(阿扎尼亚)已成为公害；它的引进直接威胁到本土树种的生存。这是由于该树种的产种量巨大，其数量可达2.5×10^8粒/hm^2(或2.5×10^4粒/m^2)。火烧后种子迅速萌发且快速生长，不断的侵入本地种的分布区。有学者认为南非和澳大利亚巨相思树生境上的主要差别在于燃烧的频度，Taylor(1977)注意到其所生长的南非植被经常被烧，而在澳大利亚Christensen和Kimber(1975)注意到其生境很少受到火烧。

(4)火烧促进果球开裂

一些树种具有迟开的特性，火烧可促进其开裂。王桉(*Eucalyptus regnans*)、扭叶松(*Pinus contorta*)、北美短叶松(*Pinus banksiana*)等树种均具有果实成熟、球果不及时开裂的特点。扭叶松树龄小时，球果易开裂。随着年龄的增加，球果开裂的持续时间延长。甚至一些北美短叶松的球果能在树上停留75a，其种子仍具生命力。同一林分中，因分布的海拔高度不同，其球果的开裂性差异很大。扭叶松和北美短叶松树皮越厚，球果迟开性越低。高强度火会增加迟开性的基因，低频度和低强度火会降低迟开性。除了球果迟开性外，还有的树种因种皮坚硬(核桃)、种子外层有油质(漆树)、蜡质(乌桕树)等，而不利于种子萌发。可是经过火烧后，蜡质、油脂挥发，种皮开裂，使得种子开放、萌发。

4.1.2.2　叶子对火的适应

(1)叶子的特点与抗火能力

由于大部分植物组织的可挥发物是以高能的萜类、脂类、油类等形式存在，因此尽管可燃物的热含量不大，但单个组织的燃烧性能差异很大，因为它们普遍在相对较低温度下开始燃烧，它们常沉积在植物的表面上，尤其是叶子上。某些可燃物极易燃烧，是因其叶组织中具有高浓度的高能化合物。相对于多数阔叶树而言，针叶树易燃，是因其挥发性油脂和树脂成分含量高；而阔叶树自身的含水量高，因此不易燃或难燃。如樟子松油脂含量为 12.48%，但阔叶树白榆为 2.1%。可是某些阔叶树的叶子中挥发性油脂含量高，像我国南方的桉树、香樟等。桉树的挥发性油含量为 13.7mg/kg，要比马尾松的 2.15mg/kg 高 5 倍多。叶子抗火性的强弱还与自身的灰分含量有关。灰分含量越高越不易燃，且蔓延迟缓。通过分析树种的灰分含量可以确定树种的易燃性。如图 4-2 所示，云杉、杜松的灰分含量较高达 8.5%。而一些南方树种的灰分含量超过 10%，如青皮竹(15.32%)、观光木(12.54%)、石楠(10.46%)。所以南方的抗火树种比北方多。此外，叶子的灰分含量随其含水率增加而降低。

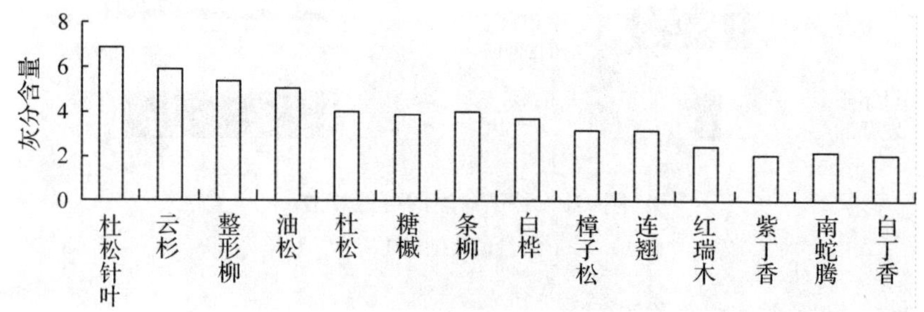

图 4-2　不同树种叶子的灰分含量

(参考郑焕能《森林防火》，1994)

芽和叶子的着生位置和状态不同其抗火性也有差异。具有丛生的树冠是桫椤和苏铁，以及单子叶植物保护顶芽的对策。树皮厚度是针叶乔木和双子叶植物保护芽的一个重要对策。东北的樟子松芽朝上生长，不仅靠侧芽保护，还有针叶保护；即使大火烧掉针叶，而顶芽仍可受到保护。美国的长叶松，叶子长，能将芽包在里面，达到保护芽的目的。

立地条件是影响枯枝落叶分解的一个因素，而树叶的理化性是影响枯枝落叶分解的另一个因素。多种针叶树不易分解(如油松、红松等)，枯落物积累较多，增加了林分的燃烧性。可是也有例外的树种，例如，落叶松枯落的针叶排列紧密，难分解，林地上枯落物较多，但其针叶难燃，因此落叶松可作为北方的防火树种。阔叶树的叶子含油脂低、较柔软、易分解。然而，蒙古栎树叶革质，枯落后卷曲，水分不易存留而容易着火，属易燃树种。

(2)叶子对火的适应

植物的叶子对火十分敏感。我国北方，在防火季节只有一些针叶林是四季常绿，例如，红松、油松、樟子松、云杉、冷杉等。由于这些树种叶子的致死温度远远低于火的温度；因此，当树叶遇到火后，将难以生存。研究表明：温度 49 ℃作用 1h 针叶便会死亡；60℃时作用 30s 死亡；62℃叶子立刻死亡。林火的温度是在 800℃(低度火)到 1500℃(高度火)，树叶直接对火的抵抗力是很小的。

在一些情况下，火后重新抽条增加的养分浓度，可能只是组织年龄变化的一个产物。火后生长出来的幼叶和茎，有典型的相对较少的结构组织，具有与代谢相关的较高的养分浓度(氮、鳞、钾)和低浓度的结构性元素(钙等)。

火烧后，叶的高养分浓度持续时间比高水平土壤有效养分或组织年龄影响的时间更长。火后最初的养分吸收高潮过后，较高的叶养分浓度可能为快速生长和早期活跃的代谢机制所必需，这是中期演替的特点。代谢活跃的叶子，一般具有较高的无机养分浓度，因它们有少量的碳，在光合作用中有相当数量的氮，并在膜磷脂和磷酸化代介质中有高水平的磷。火后植被叶养分浓度的经常性变化与种的组成变化有关。如在加拿大的布朗斯威克(Brunswick)，快速生长的灌木统制了北美短叶松林分下木并占有植物地上部分养分的25%~65%，演替后期，灌木被养分浓度低、生长慢的松树所代替，所以灌木作为养分储存库的作用减小。

4.1.2.3 树皮对火的适应

树皮有一定的耐火能力，树皮是不良导体，可以保护树干不被烧伤。但树皮的厚薄、结构、光滑程度，对树皮的耐火性能有一定影响。树皮厚、结构紧密，抗火性能强。树皮随着树木年龄的增加而增厚。所以，幼树的抗火性能弱，大树、老树抗火性能强。有些树种在受到火刺激后，致使树皮增厚；作用越多树皮越厚。例如，兴安落叶松、樟子松等。因此，具有这样特性的树种，其耐火性也会增强。

4.1.2.4 芽的保护方式对火的适应

芽是植物火烧后进行无性繁殖的一种重要方式。所以保护芽，对于火烧后植物的恢复具有重要意义。树皮对芽的保护作用的例子：澳大利亚桉树和欧洲的一种栎树在遭遇毁掉树冠的火烧后，枝条可能会死而在较厚树皮内的芽能存活，树木还能生存并产生新芽。研究表明，5~7m 高的桉树被烧去树冠，在一年内即恢复火烧前的叶面积，三年内恢复正常的分枝格局。需要注意的是，树木的大小和种类不同，恢复的时间也不同。具丛生的灌丛是桫椤和苏铁及单子叶植物保护顶芽的对策。夏威夷的露兜树等树种均有这种特性。当树冠的叶子被烧后，在丛生叶的基部基本上未遭破坏，这样夹层中的芽还可萌发。樟子松也有上述特点。

土壤是不良导体，火烧输入到土中的热量很少(地表火所释放热量的 5% 进入土壤)。因此，在土壤中有繁殖体(根芽、干基芽)的植物火烧后能很快恢复。如蒙古栎、山杨、白桦等的萌芽力均很强。

4.1.2.5 根的无性繁殖对火的适应

根的无性繁殖对火的适应有重要意义。火烧后林地光照强度增加，使得土壤温度增强，有利于根的萌发和生长。根的萌芽能力越强，则它对火的适应性越强。蒙古栎无论在哪个年龄阶段均有较强的萌发能力；而兴安落叶松只有在幼龄时期才具有萌发能力。菌根对决定植物养分吸收率是极为重要的。在火后演替过程中，真菌种类组成和生物量的变化说明了菌根活性变化。火烧使花旗松幼苗在至少烧后 2a 内减少受菌根侵染程度。一般在低养分生境中菌根发育最好，并在火后中后期演替中尤为重要。有些树种火烧后能从根部的不定芽产生萌条(根蘖)，杨树和椴树能在土层较深、土壤肥沃的地方产生根蘖。而桉树则是靠底下块茎(有时长达 1m)，因它储存养分，使得块茎上的不定芽迅速萌发，产生新的植株。

4.1.2.6 火对植物开花的影响

火烧导致草地大量开花已在北美有报道，与此相反，在澳大利亚草地上的调查却没有结果。Mark(1965)认为新西兰草地与北美草原的相似性程度并不高。有研究发现伊利诺斯草原火烧促使开花数增加十倍。在美国草地，覆盖物减少了开花数量，而在新西兰却没有影响。对于火烧促进开花这一现象，在单子叶植物中发现较多，双子叶植物则报道较少。常见的有禾本科、蓝科、石蒜科、丁香花科等。

Erickson (1965)认为使用木材灰可以促进澳洲兰花开花，Naveh(1974)认为火烧后增加的发光强度是增加开花的因素。火烧可改变芦苇(*Phragmites australias*)的花序时间。如Mitchell(1922)发现芦笋属(*Asparagus*)植物经过火烧后开花时间提前。这说明植物经受火烧的时间会影响其花序出现的时间。

4.1.2.7 火烧迹地上植物的变化

(1)喜光树种增加，阴性树种减少

近期火烧迹地的所有植物都比未烧地提前2～3周而在4～6月初，生长都快一些且成熟早。这是因为火烧迹地上有较高的土壤温度使植物提前返青生长，也能加快植物的生长速度(部分原因是火烧迹地上有效磷的增加)。火烧影响土壤温度，是因为火烧掉了吸收太阳辐射和阻止土壤热辐射的活枝条和枯落物层，这些都影响土壤表面及邻近空气的热辐射状况。北美东南部松林下禾草被烧后，短期内土壤7.6cm深处温度升高0.3～3.6℃。中国东北地区的阔叶红松林，受到较大面积的火烧后，最先入侵和演替起来的是一些阔叶喜光树种，如白桦、山杨等。在美国东南部火灾过后，植被发生明显变化，尤其是东南部的松林区、得克萨斯灌丛和阿肯色松林。重复的火烧使许多硬杂木树种生长区只适合松树(树皮很厚，适应性强)生存。火烧去除枯落物，利于植物生长，否则，由于它们的积累(较好的生长地点，枯落物数量大)，产生一层覆盖物抑制植物生长，或通过剥夺植物的空间和光来削弱植物的生长活力。如我国小兴安岭生长着一种叫柳兰的植物，在林下不能开花，靠无性繁殖来维持生存。当火灾过后，光照充足，柳兰大量增加，能够开花结实和进行有性繁殖。

因火烧迹地阳光充分，适合阳性浆果类灌木生长。中国学者在小兴安岭调查发现：悬钩子、草莓、刺玫果等数量大增(几倍或更多)。火烧迹地上的鸟类变化是其增加的另一原因。由于火烧迹地空间开阔，天敌减少，鸟类种类和数量增加，它们在林内、林缘等地吞食大量的浆果，然后飞到火烧迹地来栖息，随着代谢将种子(多数种子具生命力)排泄到迹地上。使得浆果类植物大量萌发。

(2) 含氮植物减少，固氮植物增加

火烧除了氮、硫有挥发外，其他养分基本没有直接损失。氮素的流失通过降水、固氮植物，尤其是豆科植物、赤杨、杨梅、藻、细菌和某些真菌活动增强而得到恢复。这些有机体在火烧迹地的活动同未烧地相比经常导致较多可利用的氮素产生。在我国大兴安岭较干燥的地区豆科植物大量产生，如胡枝子增加50%。美国赤杨每年固氮量达300kg/hm^2。美国西部，火烧后10～15a的时间，毡毛美洲茶(*Ceancthus velutinus*)在两个不同植物群落中，固定的氮素分别为715kg/hm^2、1081kg/hm^2。此外，通过闪电的高温、高压作用使空气中的氮气与氧气直接化合生成二氧化氮，最后生成硝态氮；通过这种方式转化的氮的数量较少，每年产生大约 5kg/hm^{2}的氮，甚至更少。

4.1.3　火对策种

火对策种，通常是指能够应对或对火具有一定抗性的树种，具有相应的造林学特性、生物学特性。有些树种虽然具有阻火性，但是不耐火；有些树种虽然耐火，但是不抗火；有些树种虽然同时具备抗火性和耐火性，但是生长缓慢，适应性差，不易栽培。本部分内容以澳大利亚和国内几类火对策种的特性进行简要介绍。

4.1.3.1　澳大利亚火对策种

这里讨论澳大利亚 4 种植物对不同火状况的适应，权作概貌，难以代表 1.5×10^4 种澳大利亚高等植物。主要侧重物种对火状况和地理分布的适应及伴随生长特性的变化。

(1) 王桉 (*Eucalyptus regnans*)

这个种生于澳大利亚东南最好的立地条件下，生长速度快，形成同龄林，下层群落高而密。这个种对火的反应由下列特点决定：①树皮对火作用敏感；②抽条能力弱；③种子在树上存贮时间短(2a)；④土壤中的种子寿命不长；⑤成株每 4a 一个种子丰年，每 2a 一个平年；⑥幼苗不耐阴；⑦初级幼年阶段 15 ~ 20a；⑧最大寿命约 400a；⑨理想条件下生长快速。

火烧在其林分中很少，一旦发生强度就很高，该树常被杀死，更新取决于树上的种子。在稀疏、光线充足的火后环境中，幼苗生长非常快，形成同龄林，超出下层木。如果种子开始产生之前再一次火烧，这个种可能消失。如果 400a 没有火烧，由于缺少更新，这个种可能灭绝。

这个种没有特别的对火适应的性状，但它的大面积繁殖明显决定于火。30 ~ 300a 的火间隔期对于繁殖可能最合适，显然需考虑火强度，但其变化太大。强调一点：在某些地区，如易受霜害的沟谷，该种植物能无火更新。

(2) 象鼻藤 (*Daviesia mimosoides*)

这种灌木广泛分布在澳大利亚东南部森林和灌丛林中，能形成浓密的高达 2m 的林分，增加灌丛火的危险性。在某些火状况下，它具有许多能使之繁殖的特点。这个种对火的反应特点由下列性质决定：①地下芽；②硬皮种子和土壤中的高贮藏量；③成熟林分种子产量高；④种子生产始于火后第 2 个生长季；⑤寿命约 15a(变化较大)。

高强度火烧后可能通过埋藏芽进行营养繁殖。较强的火也能刺激土壤中的种子提高发芽率，增加群落密度，较轻的火可能无此效果。在生命周期的衰退阶段，火可能杀死营养株(比拟于近缘种 *D. latifolia*)。如果 15a 不发生火烧，更新取决于土壤种子库中软化的硬皮种子，种子库中的种子寿命不清，但可能超过个体产生种子的周期。

5 ~ 10a 周期性高强度的火烧可能有利于这个种的发展。在这个间隔期内，营养恢复明显，可燃物积累足够多，种子产量达到高峰，植株自然死亡，并对火敏感，土壤种子库中的种子量丰富。高强度火烧能促进发芽。由于这些有利于繁殖再生，认为对火适应。

(3) 毛刺槐 (*Acaia aneura*)

这种灌木或称小乔木广泛分布，是澳大利亚干旱半干旱区的有价值饲料。这个种更新不受到较大重视，但在无火情况下，可零星繁殖。诸如修剪等干扰以后，不同地区这个种的恢复途径有很大变化，某些地区营养恢复可能明显。所以，在考虑对火的适应时，该种的分布区非常重要。在澳大利亚南部，Lessup 于 1951 年做了许多观察以揭示干旱条件下火的适应。他发现白人定居前，火多发生，这个种对火非常敏感。相对湿润年份种子零星生产，大多数种子坚硬，但火烧能刺激发芽。这个种寿命长，死亡不由火烧引起，而多因干旱和昆虫袭击等。

从对火状况适应的观点看，这个物种似乎适应偶然的火烧(以破坏坚硬的种皮)。轻微的火烧能杀残营养体，但不能调节发芽，湿润条件也能刺激发芽。由于火烧等其他原因，某一地区可能无营养体，但土壤中可能有这个种的种子。

(4)黄茅 (*Heteropogon contortus*)

多年生禾草，广泛分布在热带和亚热带地区，在澳大利亚昆士兰北部尤普遍，占据小土丘 50~150cm 范围。群落中伴生种常有孔颖草属(*Bothriochloa*)、三芒草属(*Aristida*)、画眉草属(*Eragrostis*)、虎尾草属(*Chloris*)和金须茅属(*Chrysopogon*)，共同形成密禾草林(grassy forest)和疏林。每年干旱季节的火烧有利于 *Heteropogon* 占优势，轻度放牧，至少在 *Themeda* 伴生的群落中，这种作用被加强。黄茅的耐火特点有：植物已有的抗火能力，火对发芽的促进作用，遇湿吸涨变形行为(埋藏)，火烧后种类的组成变少，火后湿润季节产生种子。黄茅明显是一个适应每年干旱季节火烧的种类，但低频次火烧和非干旱季节火烧后其变化行为不清楚。有关该种产量和活力资料不足。

除了上述澳大利亚的几个物种外，像北美的班克松留在树上的迟开球果内的种子经过 75a 仍具生命力。火烧后球果开裂，释放种子，利于森林的更新。美国黑松、杰克松、中国的樟子松都具这种迟开性。

4.1.3.2 中国主要树种对火的适应

东北林区仅乔木树种就有 100 余种。但是，分布最广、占比例较大的仅 10 余种。从表 4-3 可以看出落叶松等前 5 个树种的蓄积量占全区总蓄积量的 81.6%。从表 4-4 可以看出不同树种的燃烧性等信息。因此，研究这些树种对火的适应特性，对于该区的林火管理具有重要意义。

表 4-3 东北林区几种主要树种所占的比例(蓄积)(20 世纪 70 年代)

树 种	所占比例(蓄积)(%)	树 种	所占比例(蓄积)(%)
兴安落叶松	24.4	榆树	3.5
红松	20.1	冷杉	3.2
白桦	19.2	山杨	2.9
蒙古栎	9.9	其他树种	7.7
云杉	8.2		

注：引自胡海清《森林防火》，1991。

表 4-4 树种对火的适应

可燃物类型	易燃可燃物负荷量	可燃物总负荷量	燃烧性	蔓延程度	林火强度	林火种类	主要组成树种
柞椴树红松林	10.5	213.5	易燃	快	强	地表火、树冠火	红松、蒙古栎、椴树
枫桦红松林	6.3	109.6	难燃	慢	中	地表火、冲冠火	红松、枫桦、云冷杉、榆树

（续）

可燃物类型	易燃可燃物负荷量	可燃物总负荷量	燃烧性	蔓延程度	林火强度	林火种类	主要组成树种
云冷杉林	5.8	118.0	较难燃	较慢	中	地表火、冲冠火	云冷杉、落叶松、白桦、枫桦
樟子松林	10.5	120.0	较易燃	较快	强	地表火、林冠火	樟子松、落叶松、白桦
马尾松林	—	—	难燃	快	中	林冠火	马尾松、落叶松、岳桦
坡地落叶松林	14.1	133.3	较易燃	较快	中	地表火	兴安落叶松、长白落叶松、白桦
谷底落叶松林	7.9	138.3	难燃	慢	中	地表火	兴安落叶松、长白落叶松、白桦
人工落叶松林	15.7	60.0	最难燃	最慢	弱	地表火	兴安落叶松、长白落叶松
蒙古栎林	6.9	62.3	最易燃	最快	中	地表火、冲冠火	蒙古栎、黑桦、山杨
杨桦林	8.9	87.0	较易燃	较快	中	地表火	白桦、山杨、蒙古栎、枫桦
硬阔叶林	4.7	87.7	较难燃	较慢	弱	地表火	水曲柳、核桃楸、黄波罗、山楂
灌丛	10.2	10.2	易燃	快	中	林冠火	榛子、胡枝子
草甸、草地	5.4	5.4	最易燃	最快	弱	地表火	草本植物
采伐迹地	10.6	36.4	较易燃	快	强	地表火	采伐迹地

注：引自胡海清《森林防火》，1991。

（1）红松

红松是东北东部山地针阔混交林中主要代表种和优势种，其立木蓄积占其分布区总立木蓄积的26.8%，近1/3。红松油脂含量丰富，其针叶、小枝、球果等均是极易燃的高挥发性可燃物。红松对火特别敏感，尤其是幼苗、幼树极怕火烧。但是，在其分布区火灾较多，它还能够长期存在，说明红松对火有一定的适应性。红松的个体大，一般高达20～30m以上，一般的地表火很难烧至树冠。红松常与阔叶树混生，而且阔叶树占比例较大，这样会大大降低红松林分的易燃性，很难发生连续性的树冠火。红松的种子有坚硬的种皮，而且常常保护在枯枝落叶层下面，或被松鼠储藏在土壤中，即使高强度火过后，种子皮不容易破坏，仍有红松幼苗出现。因此，红松的这些对火的适应特性，一定程度上说明红松得以维持的原因。

（2）樟子松

樟子松仅在大兴安岭北部的阳坡呈不连续岛状分布，由于樟子松分布的坡度较陡，火灾常常蔓延很快，并容易烧至树冠，引起树冠火。火的影响可能是樟子松没有大面积分布的原因之一，樟子松的易燃性与红松非常相似，但是樟子松在低强度地表火过后，会刺激树皮增生，这样使其抗火性加强。另外，樟子松球果具有迟开的特性。低强度火能促进其球果开裂，种子释放而萌发，这对于该种的火后更新很有利。

(3)云杉和冷杉

云杉和冷杉对火非常敏感，最怕火烧，其枝叶乃至树干都很容易燃烧，特别是臭冷杉，树皮下产生较多油包非常易燃。云杉和冷杉的小枝、球果等均是极易燃的高挥发性可燃物。它对火的适应是逃避到立地条件较湿的亚高山或沟谷，有人认为大兴安岭林区云杉和冷杉之所以不能取代落叶松是因为火的作用。

(4)兴安落叶松

兴安落叶松在东北林区，是最抗火的树种之一。落叶松的种子小(4.3mm×3.0mm)而轻(3.2~3.9g/1000 粒)，且具翅(9.2~4.5mm)，易风播(风播距离 60~80m，最远达 200m)，为落叶松创造了更多的更新机会；叶子细小[(15~20)mm×(2~3)mm]，枯枝落叶排列紧密、潮湿。树皮厚是落叶松抗火性强的又一特征。而低强度火刺激次数越多则树皮越厚，有的树皮单侧厚达 20cm 以上。有的树干火疤高达 4~5m，估测当时火的强度可达 4800~7500kW/m，如此高强度的火烧后落叶松未能致死，说明落叶松具有较强的抗火性。另外，在落叶松林有许多易燃可燃物多分布在地表，所以，一般只发生强度较低的地表火，较少发生高强度的树冠火。

(5)山杨和白桦

桦林是原始林火烧或砍伐后最先演替起来的次生林，其分布面积最大。干燥、疏松的枯枝落叶及易燃性杂草灌木较多，使杨桦林非常易燃。尤其是白桦的纸状树皮，含油量较多，非常易燃。但是种源丰富，种子小，传播距离远，易更新，以及具有较强的无性繁殖能力，是这两个树种对火适应的有效方式。

(6)蒙古栎

蒙古栎也是次生林的主要树种之一。其分布面积仅次于杨桦林。蒙古栎主要分布在次生林区的低山丘陵的阳坡或岗顶，立地条件干燥。干燥、疏松、卷曲的枯枝落叶非常易燃，林分常常被火烧毁。但是，该树种的无性繁殖能力极强，甚至树干被火烧掉，干基仍能大量萌发、抽条。

4.1.3.3　火对策种特征

抗火树种又称防火树种，主要是指对林火的燃烧和蔓延有较强抵抗能力的树种。抗火树种是营造防火林带的组成树种。这种树种除树皮抗火外，主要是其枝叶的油脂含量低，而含水量大，因而抗火能力很强。耐火树种是指树木遭火烧后仍具有生存能力的树种。这种生存能力指火烧后的萌芽能力和树皮的保护性能，一般耐火树种具有较强的萌芽更新能力。

防火树种一般选择当地生长的落叶较齐的阔叶树或常绿阔叶树。东北林区可选用的防火树种有：水曲柳、黄波罗、杨树、柳树、稠李、椴树、槭树、榆树等。中部和南方林区可选用的树种有：木荷、海南蒲桃、山白果、栓皮栎、桤木、漆树、苦槠、木棉树、红锥、红花油茶、茴香树、珊瑚树、交让木等。南方防火林带多营造在山脊，土壤瘠薄，多选用木荷作为防火树种。

枝叶含油脂较多的树种容易燃烧，易燃性树种，主要是其枝叶的油脂含量高，而含水量低、灰分含量低，因而抗火能力弱(易燃性高)。多数的针叶林，如油松、红松、侧柏、云南松、云冷杉。虽然有的树种火烧后生存能力很强，但不具有抵抗火的能力，不能作为防火树种，如樟树、檫木、油茶、桉树(它虽是阔叶树，但其枝叶含油脂高，且树皮因更新脱落，林下枯落物多，属易燃树种）等。

过火木是指森林火灾后残留在林分内的立木或倒木。中低强度火灾一般不会直接烧死大树，具有厚皮的大径级林木多数会留下火烧疤痕（fire scar）。在火烧后，树木被烧伤的部位会形成愈伤组织，促进伤口愈合，进而利于林木再生长。树木的火疤部位由于养分供给方向和数量改变，使该部位呈现异常生长释放，即在靠近火烧点未烧伤的部位，其生长会出现异常增加，促进树木对碳的固定。

树木火疤状况可以反映森林以往火灾发生状况。通过观察树木年轮的火疤可以了解火历史，用于探讨区域到全球尺度气候变异和活在格局响应的关系。关于树轮火灾频度研究，主要是利用火疤年表分析火灾的轮回期、间隔期，探讨火灾频度与环境因子及人为活动之间的关系。王晓春等人通过树轮历史研究概况对未来火历史研究进行展望。

王晓春的研究中表明，树木在受到火烧伤害后，形成的年轮宽度值具有明显变化特征。火烧后一段时间，年轮生长有一个明显释放的过程，比火烧前年轮明显变宽。这个变化反映气候因子的变化，说明树木生长的环境发生明显改变。

4.2　林火对植物种群的影响

林火对植物种群的影响是多方面的。前面已叙述了火对植物组织、器官和个体的影响。本节着重介绍物种对火的适应能力，植物种的生态对策，以及不同种群的更新对策及火评价。

4.2.1　物种对火的适应

物种生活在不断变化的环境中，其生存发展要不断地适应多变的环境，还要战胜竞争者。在漫长的历史进化过程中，火是自然界中的一个重要生态因子。火在物种漫长的发展过程中，不断地对其发生作用，进而引起物种的进化。同时，物种由于火的不断作用，也逐渐产生了对火的适应能力。从它们的生活力属性来看可分为：

4.2.1.1　抵抗机制

（1）以有性繁殖为基础的抵抗机制

D 种：随时可利用的、高散布率的繁殖体，如山杨等。

S 种：在土壤中贮存有长生命力的繁殖体，在新的种子补充进来之前，可忍受若干次火烧，如刺樱桃等。

G 种：在土壤中贮有长生命力的繁殖体，但在每次火烧之后，需要补充新的繁殖体。

C 种：在成年大树的树冠上贮存繁殖体，种子散布后的可利用周期短，如北美短叶松。

（2）以无性繁殖为基础的抵抗机制

V 种：在顶部被杀死后的任何阶段内，都能抽条或产生根出条。

U 种：如果顶部被杀死，以萌条或根出条形式可产生新幼体，但是作为具繁殖力的成熟个体的大树，却有能力在火烧后存活，如金合欢。

W 种：成年个体可抵抗火烧或在火烧后存活，但幼体不能，如红松。

然而，由于长期对火的适应结果，有些种的发生对火有一定的依赖性。

4. 2. 1. 2 建成机制

某些种在建成过程中需要火来维持。这些种可归纳为 3 类：

T 种：阴性种，火烧后能迅速发展起来，并且以后能抵抗不定期的火烧。

K 种：阴性种，火烧后不能很快恢复，而必须等待一些条件要求满足之后才能恢复，即要求庇荫，如红皮云杉。

I 种：喜光种，只有在火烧后才能迅速发展起来，是生长迅速的开拓者。如果没有重复发生的火烧，它将逐渐绝灭，如班克松。

4. 2. 2 树种的生态对策

物种对火的适应主要表现在促进球果开裂、种子发芽、萌芽能力、植物叶含油脂量和水分的多少及树皮的特性方面。树种的生物学特性影响树种燃烧性，如树木的形态、结构、生长发育特性、树种萌发能力等性质直接影响树种的燃烧性。此外，树种的生态学特性也是确定树种是易燃或是难燃的重要因素。一般情况下耐干旱，生长在干燥立地条件下的树种易燃；相反生长在潮湿立地条件下的树种难燃。因为这些树种体内含水量较高。一般情况下喜光树种易燃，耐阴树种难燃；在贫瘠立地条件下生长的树种易燃性高，在肥沃立地条件下的树种易燃性低。

物种对火适应不是指一次火烧，而是一套火状况，包括火频次、火烧发生季节和火强度。

火灾轮回期(fire cycle)或称火频次(fire frequency)。一般火灾轮回期长的物种属于难燃，短的属于易燃，居中者为中等。

火烧发生季节即时间(season time of occurrence)。一年长期发生火灾者为长火灾季节，属于易燃；相反火灾季节短者为难燃；介于两者之间为中等。

雨后复燃期。下大雨后可燃物类型复燃期越短者属易燃；相反雨后复燃期越长者为难燃。

火强度(fire intensity)。一般火灾发生频繁，其火强度越弱；火灾发生不频繁者，火强度大。

火格局(fire pattern)。火灾种类和火灾分布特点主要有 2 层：①火灾发生所间隔的年限。②火灾发生的种类。例如：不发生火灾，少发生低强度地表火，频繁发生地表火，间隔几十年发生较严重地表火，间隔百年发生严重地表火，间隔百年发生严重树冠火，间隔数百年发生严重地表火或树冠火，间隔更长时间(千年)发生严重的地表火或树冠火。

一些物种休眠芽的存在也是对火的适应。这些芽长期存在并能像茎一样进行增粗生长，澳大利亚东南部森林区系中的许多物种行为如此。在许多小桉树植物的基部膨大处，芽长的极特别。Kerr(1925)称那些基部膨大的茎为木质块茎。在北美，相似的器官被称为基芽轮(base bud burls)和根冠(root cap)。在澳大利亚，木质块茎被认为是对火的适应，这种适应不仅发现于桉属植物，也在 Mytactae，Proteaceae，Epacridaceae 和 Compositae 及其他科属中发现。在北美，基芽轮被发现于桦木属、壳斗科栎属。

乔、灌木适火能力取决于树皮的抗火能力。许多具有商业价值的成年桉树属于此类，这类树以前地下木质块茎上的芽在生长过程中失活。如果这些树木树皮上的休眠芽基死亡，并且干基上的形成层死亡，这些树木死亡。火后树木是否存活决定于茎和根连接处的芽是否存活，而这些芽是否存活决定于树皮特性和火行为，桉树的抗热能力是对火的一种适应。

4.2.3 树种更新对策

树种更新对策一般可归纳为 5 类：

(1)大量繁殖型

这类树种采用大量的繁殖后代去“占领阵地”。这些种类属于风播型的小粒种子，其飞散能力强，如山杨、桦木的种子有翅、絮，可以飞散至 2km 以外。在火灾发生后，很快飞过去繁殖，占领阵地。这些小粒种子可以年年结实，又能忍耐极端的生态条件，一旦落到迹地上，很易与土壤接触，在湿度等条件许可下，很快萌发生长。所以，大兴安岭以白桦为主，小兴安岭以山杨、桦木为主，这些是先锋树种。相反，有些种因为种粒大，靠重力、动物传播，且有种子年，需稳定的生态条件。一般在先锋树种占领后，在一定稳定的生态条件下才繁殖。对中粒种子的树种来说，有时同样可以适应，如在谷地的云杉和落叶松，有时可当做先锋树种进入火烧迹地，但传播距离较短。

(2)逃避型

逃避型也称躲避型。通过在树冠上腐殖质或矿质土壤中贮存种子，逃避火烧对这个种群的毁灭性破坏，火烧后迅速萌发。它们是主要树种或大、中粒种子树种。小粒种子生命力短，不能贮存。而大、中粒种子有胚，能较长期保持发芽能力。根据适应方式不同分 2 类：

①空中逃避型　主要为迟开球果。着火时，外有一层果鳞保护。火过后，果鳞开裂，散出种子，得到更新，如樟子松在大兴安岭火灾频繁的情况下能被保存，这与其迟开性有一定关联。

②地下逃避型　在土壤腐殖质中躲避火灾。因为，土壤湿度较大，水分不完全被蒸发，温度不超过 100℃的情况下，这些种子就可以避免遭受火袭击。如美国西北部火山爆发，火山灰覆盖林地的厚度达 0.3m，过一段时间，下几场雨，萌发出很多树苗。这种方式主要取决于种子库内种子的数量和种子的质量，同时，还取决于火的行为。

(3)忍耐型(V_1和V_2种)

植物有能力在火烧后抽条或根出条。这些具有更新能力的器官，在有机质和矿质土壤中的不同深度发生，这个过程以植物种、立地条件及有机物积累的不同为转移。因此，燃烧的厚度影响生活力。该类型包括针阔叶树，又可分 5 种类型：

①干、枝间的芽被保留萌发。

②根蘖型　有些板根、地下茎被土壤保护，不定芽被保存，如山杨、椴树；还有鞭根，如竹类。但经常性发生火灾，土壤腐殖质层会被破坏，土壤板结，不易使根蘖萌发。

③干基部不定芽　发生地表火，由于强度弱，火焰高度低，干基部不定芽没烧死，能萌发，如桦树、槭树。

④地下块茎，如桉树的块茎有很多芽眼。

⑤木瘤或木疙瘩里有芽眼，火烧时受到保护，过后会萌发。

(4)抵抗型

喜光树种，它的成年(成熟)体阶段能在低度或适当强度的火烧中存活。抵抗型可归纳为 3 个类型：

①火烧不进去，如美国红杉。

②树皮厚，火能烧进去，但能忍受，如松树、加勒比松和兴安落叶松等。

③树皮虽被烧坏，但不死，能生长发育，如许多松类。

(5) 回避型

这些种通常对火烧不适应，并且能在潮湿的避难带或者在火烧残存的植被中幸存而维持它们的生存，如大兴安岭沿溪云杉林，燃烧时火从其边缘过去。其原因是云杉树冠深厚，阳光不易射入，林下有较厚的腐殖质层和泥炭层，加上地面有较厚的苔藓层覆盖，形成了良好的隔热层，导致在春季火灾季节，森林化冻晚，火不容易烧入，使云杉林免遭火灾危害。植物群落在本身的形成过程中也有一定的影响，如密植的山杨火烧不进去。在大兴安岭 1987 年“5 · 6”大火中，就有白桦密集的中幼龄林因火烧不进去而幸存了下来。

4.2.4 种群对火的适应能力

种群对火的适应能力取决于 3 方面。①取决于该种群对火的抵抗能力及火行为的特点；②取决于种群的繁殖能力；③取决于种群对火灾后环境变化的适应能力。

不同树种其生物学、生态学特性有明显差异。因此，不同种群对火的抵抗能力强弱不一，抵抗力大的，在火烧迹地上被保留得多；相反，抵抗力弱的则被保留得少。抗火强的种群更有利于繁殖，并得以扩展；相反，抗火弱的则受抑制。此外还受火行为的影响。

种群对火的适应还取决于种群的繁殖能力，如大量的高散播、风播型小粒种子能够远距离传播，占领火烧迹地。而大粒种子只能依靠重力或依赖动物传播。许多阔叶树具有较强的无性繁殖力，针叶树则缺乏无性繁殖能力，在火烧迹地，往往是针叶树被火淘汰。此外，具有无性繁殖能力的树种在火烧后，借助无性繁殖先占领迹地，然后再萌发枝条，这样能够大大缩短结实时间，继续扩大种群范围。这种无性、有性繁殖交替进行，不断扩大种群的分布范围，也是种群对火适应的另一种方式。

种群对火适应还取决于火灾后迹地环境变化。因为火灾后，迹地的生态因子重新分配，火烧迹地温度增高，光照增强，林地变干，特别是遭受频繁火灾的林地，环境越来越恶劣，使原有的许多种群不能适应，如小兴安岭林区，原来的火烧迹地上阳光充足，腐殖质土深厚，有利于山杨有性更新和大量根蘖繁殖。如果遭受频繁火灾，土壤变得板结，不利于山杨更新，而只好让位于耐干旱、瘠薄、萌发性强的蒙古栎。在该林区，多火灾地区出现大面积多代萌芽蒙古栎林就是一个例证。因此，评价种群对火的适应能力，不能只考虑单一因素，而应该考虑多方面因素的综合影响，只有这样更具有理论和实践意义。

4.3 林火对植物群落的影响

林火对植物的影响通常表现为烧伤、致死，不同植物的燃烧性和对火的适应不同，植物群落的成层性、年龄结构、树种组成、更新方式等因素的差异，使它们在森林火灾发生时的表现也不尽相同。

4.3.1 火对群落不同性质影响

(1)群落的成层性与燃烧性的关系

群落的成层性指植物群落在垂直和水平方向上的不同配置。成层性是植物与植物之间、植物与环境之间的协调组合。群落成层性主要表现在垂直结构和水平结构2个方面。通常人们所讲的群落层次结构多指前者。在一个完整的森林群落中主要有乔木层、灌木层、草本层和地被物层4个层次。群落的成层性除了群落自身外，还与气候、土壤等环境条件密切相关。在气候寒冷、土壤瘠薄的环境条件下，群落层次简单，而在温暖湿润肥沃的立地条件下，群落层次结构复杂。

群落的成层性与其燃烧性有着密切关系。一方面层次多的群落阳光利用充分，光和作用加强，群落的生产力高，因此，可燃物的积累亦多。从这个意义上讲可燃物连续分布，如果是针叶林，一旦发生火灾容易形成树冠火。另一方面群落的成层性能影响群落内小气候的变化。层次多的群落透光性差，群落内湿度大，温度低，因而形成了不利于林火发生的环境条件。复杂的森林群落发生火灾的可能性较小，即使发生也不会形成较强烈的火灾。可是，如果火灾多次连续发生，将会使林内层次不断遭到破坏。然而不同森林群落的成层性对其燃烧性具有不同的作用。因此，多层异龄针叶林发生树冠火的可能性大；而成层性较好的针阔混交林和阔叶林则不易发生树冠火。所以，可根据森林群落的成层性与燃烧性的关系来开展生物防火。层间植物的存在与火的发生有着密切关系。层间植物也有易燃和不易燃两类。在我国北方层间植物对林火行为有很大影响。长节松罗和小白赤藓(树毛)附生在云杉、冷杉的枝干上。使针叶缺少光照脱落，枝条形成枯枝，使林分发生树冠火的可能性增大。这些层间植物在阴湿的云冷杉林中一般不易燃烧，只有在特别干旱的条件下才容易着火，并且使地表火上升为树冠火。

(2)火对群落年龄结构的影响

天然森林群落多为异龄结构。但是高强度火烧后能导致同龄林(人工林多为同龄林)。这是因为，火烧后的迹地上最先侵入的是一些喜光树种，其种子小，易传播，而且生长快，竞争力强，常形成同龄或近似同龄的林分。这种同龄林在幼龄期，因与杂草混生在一起，所以非常容易着火。但是十几年生的幼龄密林具有较强的抗火性。如大兴安岭1987年的大火灾区调查发现，大火未能烧进密闭的白桦幼林。研究群落的年龄结构、郁闭度与群落抗火性的关系，是开展生物防火的重要前提条件。

(3)火对树种组成的影响

任何一个森林群落都具有一定的植物种类组成。每种植物均要求一定的生态条件，并在群落中处于一定的位置和起着不同的作用。植物种类的多少很大程度上受环境条件的影响。环境的多样性能满足具有不同生态要求的树种的生存。高强度火烧或火的多次作用，将使群落的物种组成发生根本性的改变。例如，根据东北林业大学的学者调查发现：大兴安岭落叶松林反复火烧后形成蒙古栎黑桦林；小兴安岭阔叶林强度火烧后形成蒙古栎林或软阔叶林等均使群落主要种发生了改变。林下灌木有时发生种类改变，有时保持不变。又如，小兴安岭的榛子红松林火烧后形成榛子蒙古栎林；而陡坡绣线菊红松林反复火烧后常形成胡枝子丛或草原性植被。

(4) 火对群落更新方式的影响

对于稳定的森林群落更新，都是通过有性繁殖(种子)来完成的，绝大多数不具备无性繁殖的特性。因此，这样的群落火烧后常被一些具有无性(多为喜光树种)更新能力的树种取代，形成能通过有性繁殖，又能进行无性更新的群落类型。如果火烧频率大，常形成只靠无性更新的萌生林。例如：榛子椴树红松林—反复火烧—榛子丛—自然恢复榛子蒙古栎林—反复火烧—萌生蒙古栎林。因此，有些群落反复火烧后由实生林变成了萌生林。

(5) 火对森林群落高度的影响

通常来讲，阴性树种或耐阴树种比喜光树种的林木高。例如，红松、云杉、冷杉比山杨、白桦、蒙古栎林等树种的林木高。实生的比萌生的要高。而火烧后针叶树被阔叶树所代替，实生树被萌生树代替。因此，火烧后群落的高度显著下降。

(6) 火对森林群落稳定性的影响

群落的稳定性与群落所处的演替阶段有着密切关系。对于喜光树种所组成的群落来讲，群落在演替初期和后期稳定性差，而演替中期比较稳定。演替初期由于竞争激烈，群落表现出不稳定性；而演替后期喜光的优势种逐渐消亡，其他树种(多为阴性种)侵入，这时群落也表现出一定的不稳定性。但也有例外情况，如大兴安岭的兴安落叶松虽为喜光树种，但它能够完成自我更新。因此，它能够长期维持，群落演替后期表现出相对稳定性。这一点兴安落叶松与红松、云杉等耐阴性或阴性树种相似。阴性树种所组成的群落只在演替初期变化大，到中期属渐变过程，表现出一定的相对稳定性。然而，无论在演替的任何阶段进行火烧(强度火烧)都会使群落的稳定性下降。主要表现在植物(先锋树种)竞争激烈；植物种类减少，环境单一，同种竞争尤为激烈；抗干扰能力下降；火烧后演替起来的群落燃烧性增大。常形成火烧—易燃—火烧的恶性循环。但是，低强度的营林用火可增加群落的稳定性。

4.3.2 火对植物群落影响研究方法

研究植物群落动态的方法很多，如分层频度调查方法和演替转移概率法等。在研究火对植物群落影响时，都可以借鉴。这里主要简单介绍火对植物群落影响的方法：森林火灾破坏模型和不同森林群落类型的火周期。

(1) 森林火灾破坏模型

在自然界，森林火灾的出现有其周期性，产生火周期的重要原因之一是可燃物的积累。一般情况下，可燃物积累到一定程度时，才会发生森林火灾。

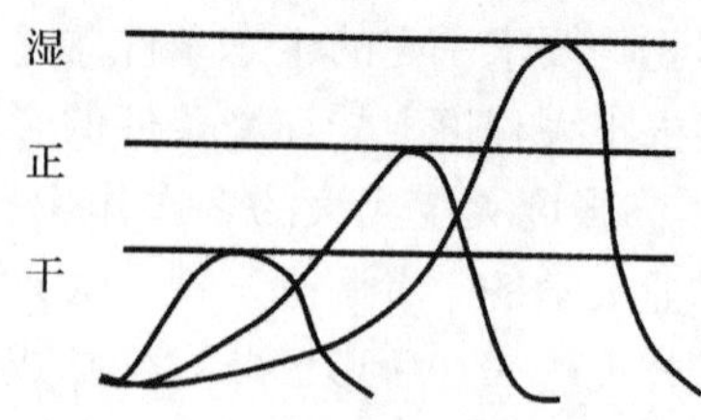

图 4-3 火灾破坏模型示意

由于气候周期性变化，有时连续干旱，有时连续湿润，因此，森林火灾的出现可以表现为 3 种类型：干旱年、正常年、湿润年。一般在干旱年，火灾比正常年提前出现，可燃物积累少，火强度小。湿润年份长，则可燃物积累多，火灾出现时间拖后，则可能发生比正常年份更加猛烈的火灾。其模型如图 4-3 所示。上述模型中反应的只是自然界森林火灾发生的一般规律。

(2) 森林群落类型的火周期

在不同地区由于多种原因，火周期、火灾轮回期(即火烧一遍所需时间)是不同的。如我国大兴安岭东部林区不同地区火灾轮回期是不相同的。火灾轮回期直接影响该林区的植被变化。在北部地区主要以兴安岭落叶松为主的针叶林；中部地区阔叶林比重增多，针叶树明显减少，兴安落叶松多为中、幼龄林；南部地区兴安落叶松更少见，绝大多数为阔叶林，耐干旱的蒙古栎、黑桦比重增大，草地草甸增多。火灾轮回期反映该地区火灾的负荷量，轮回期越短，火灾负荷量越大。一般情况下，火灾轮回期长于该林区主要树种的更新成熟龄，就能维持主要树种的生存；相反，不能维持。在同一地区不同森林植物群落的火周期也不尽相同。其原因，一是森林植物群落类型不同，可燃物的种类、数量、结构均不相同，影响火周期的变化；二是不同森林植物群落林内小气候特点不同，着火难易程度差异甚大，由于地形起伏，产生不同植物群落类型等的立地条件差异甚大，燃烧性极不相同，火行为也有明显差异。

综合上述，不同植物群落，着火时间不同；同一时刻的火灾，不同植物群落着火程度也不同。如1987年大兴安岭北部林区发生特大火灾，沿河的甜杨、朝鲜柳林，大火未能烧入；密集的白桦中、幼龄林，沿溪云杉林，均未遭受大火袭击。由此不难看出，不同森林类型的火周期不同。因此，我们可以依据不同森林类型，以火疤木调查和火灾后更新树木年龄等，研究判断不同森林类型的火周期，进一步研究森林更新和演替过程。

北方针叶林火灾比较频繁，尤其是北美。不仅有一定数量的自燃火源(雷击火)，而且还有当地印第安人长期在森林中用火的人为火源，所以，北美森林都与森林火灾密切相关，故那里的人们研究不同森林火的历史，研究不同森林的火周期及演替。我国北方针叶林与北欧、北美的相似，也受林火作用和影响，并有以下特点：

①高强度火灾破坏森林结构，影响成熟林，发生树种更替。

②不规则火灾形成不同火场，边界处产生不同森林类型和植物群落镶嵌。

③在频繁的火灾影响下，一些耐火性较强的树种和植物出现，形成新的类型。

④频繁火灾对一些森林来说，有下层疏伐作用，改变了森林结构和林下植物的组成。

⑤频繁的森林火灾，不断改变着森林的立地条件，不断提高温度，使永冻层下降，消耗腐殖质和泥炭层，促进养分循环。

⑥频繁火灾，在半湿润区影响林地增温变干和涵养水源的作用，不利于森林更新和水土保持，并且加速了森林草原、草甸化过程。

在我国大兴安岭林区，草甸植物群落类型，如草类落叶松和草类杨桦林均属于短火周期。因为在这些林地上，生长着大量的易燃性杂草，故火周期短。灌木落叶松林和樟子松林均属于中火周期。河谷藓类落叶松云杉林和红皮云杉林，由于立地湿，有较厚的腐殖质层和泥炭层，隔热性强，春季火灾季节尚未化冻，故属于长火周期。

4.4 林火对森林演替的影响

森林演替(forest succession)是指一个地段上一种森林被另一种森林所替代的过程，是森林内部各组成成分之间运动变化和发展的必然结果。演替存在于所有森林中，只不过替代的速度不同，在一个地段上，一种质态的森林被另一种质态的森林代替的过程是永远不会消失的。森林演替的实质是群落中优势树种发生明显改变，引起整个森林组成的变化过程。这种变化过程从总体上讲是物种生态对策的差异，是由于物种特性的不同所致；而任何一个物种在不同的生境条件下，其适应和竞争能力的发挥有很大的差别，物种特性是在一定生境条件下长期进化适应的结果。因此，生境是森林演替发生的重要外在条件，在生境的缓慢渐变过程中，优势树种的取代过程也是缓慢地进行的；而在干扰因素造成环境条件的突变中，演替的过程则是突然出现的。引起生境突然改变的自然干扰因子主要包括火灾、风灾、病虫害和动物危害等。

通常情况下，生态系统沿着一定的自然演替轨道发展。受干扰影响，生态系统的演替过程发生加速或倒退。火灾是森林历史中的主要事件，一直普遍存在于自然界中，人类有史以来，已广泛地利用火作为改变环境的强大动力。几千年来，世界绝大多数森林都遭到过火灾的干扰。早在20世纪初期，林学家和生态学家就开始意识到自然火干扰在森林植被演替中的作用。然而，火一直被认为是破坏生态系统，导致群落逆行演替的非自然因子。如果没有火灾的发生，各种森林从发育、生长、成熟一直到老化，经历不同的阶段，这个过程要经过几年或几十年的发展。一旦森林火灾发生，大片树林被毁灭。火灾过后，森林发育不得不从头开始，可以说火灾使森林的演替发生了倒退。一直到近30a来，人们才逐渐认识到自然火干扰在森林植被中的普遍性，以及在开创和维持森林、促进森林发育的重要性；即从另一层含义上，火灾促进了森林生态系统的演替，使一些本该淘汰的树种加速退化，促进新的树种发育。目前，人们对森林植被自然火干扰开展了广泛的研究，并认识到林火既能维持循环演替或导致逆行演替的发生，也可使演替长期停留在某个阶段。美国五大湖各州和加拿大的短叶松(*Pinus banksiana*)，一般需要林火来维持，只要几十年发生一次火灾，就能在同一地方更新，若不发生火灾，经过50～60a后，生长趋于恶化而死亡，短叶松则被其他树种所更替。美国明尼苏达州西北部，漫山遍野的同龄美洲赤松(*Pinus resinosa*)原始林，也是遭到一系列林火之后发生的。松树和栎树能在世界各地许多森林中占优势，主要是由林火造成的。因此，林火干扰在森林演替中的作用，已越来越受到人们的关注。

4.4.1　原生演替

原生演替(primary succession)是指开始于原生裸地(primary bare area)上的植物群落演替。原生裸地是指由于地层变动、冰川移动、流水沉积、风沙或洪水侵蚀以及人为活动等因素所造成的从来没有植被覆盖的地面。原生裸地上从来没有植物生长，或曾有过植被，但已被彻底消灭了，没有留下任何植物的繁殖体及其影响过的土壤。原生裸地上营养贫乏，生产力低下。原生演替包括从水生到中生(水分适中方向)和从旱生到中生两个系列。

由于原生演替是从极端条件下开始，向中生方向发展，因此，火干扰对次生演替的作用大。但在特殊的条件下也会引起原生演替。如两千多年前长白山的火山流，造成了原生裸地，火山爆发后形成的森林，即为火引起的原生演替群落。大面积火烧以后，发生了表层土壤侵蚀，母质层以上全部被冲失或塌方的地段，由冲积物质的沉积形成的地段等，成为中生演替系列中原生演替的起点。如美国的红云杉，强烈的树冠火过后，在岩石上开始原生演替。火在原生演替中的作用表现在高强度的森林火灾对原有生态系统的毁灭作用，典型的原生演替规律如图4-4所示。

4.4.2　次生演替

次生演替(secondary succession)是指发生在次生裸地上的植物群落演替。次生裸地

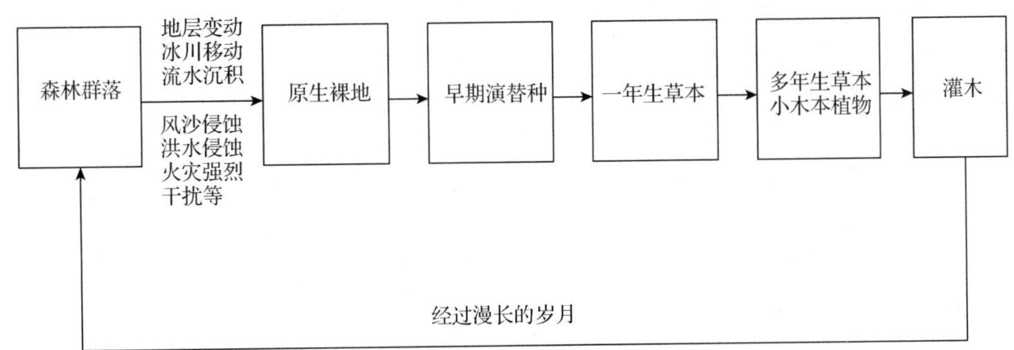

图 4-4　典型原生演替过程

(secondary bare area)是指那些原生植被已经被消灭，但土壤中还多少保存着原来的群落或原来群落的植物繁殖体。例如，火烧迹地、放牧草场、采伐迹地和撂荒地等。因此，次生演替速度比原生演替的速度快。近年来，关于次生演替的研究很多，火干扰引起的次生演替受到学者们的广泛关注。这方面的研究涉及植物生理、种群生态、生态系统分析和景观生态学等学科。许多演替模型应运而生，一些重要的演替模型专门用于处理火干扰后的次生演替。次生演替包括群落的退化和复生两个过程。林火影响群落次生演替过程主要有以下 4 个方面的因素。

(1)树种的组成或种源

森林经过火干扰后，火烧迹地上保存的树种及火烧迹地周围树种是决定演替的重要因素。有无种源，有什么种源，这些种源是否适合在火烧迹地上生长等问题，对次生演替的方向和进程都有影响。由于繁殖的迁移受到可动性、传播因子、传播距离和地形条件等几方面因素的限制，所以决定演替的树种组成不但是火烧后保存的树种，而且与迹地周围群落类型密切相关。种源不同影响迹地上的林木种类结构，火烧迹地上一般适合于喜光树种的生长，因其环境变化为极端条件，而一般阴性树种则需要一个稳定的生态环境才适合生存。如果周围树种都是阴性树种，其繁殖体到达迹地上也不会发芽，即使发芽也难以存活，这对群落恢复是非常不利的。

徐化成等对大兴安岭北部地区原始林火干扰历史做了研究，发现大兴安岭的老龄落叶松林树皮很厚、抗火性能强，群落的结构稀疏、树体高大、枝叶稀疏、侧枝短、自然整枝良好、乔木层冠高而短并与下部灌木冠层互不连接，所以，地表火不易发展为树冠火。因此，老龄落叶松林能与火烧迹地在空间上相邻，常常成为火干扰后的主要种源，是低强度火烧后演替进展的源动力。

(2)生境条件

火烧后的生境条件也是决定演替方向的重要因素。由于火的作用，改变了原来的生境条件，造成火烧迹地所特有的生态环境。所有的植物种类都要受到这个生态环境新的选择。适应这种生态环境的植物种类就能生存，不适应的则要消失。因此，生存条件的变化幅度，决定了火烧迹地上演替后的植物种类结构。

(3)林木的发育期

林木的发育期长短决定了不同树种在次生演替中的竞争能力的大小。例如，对大兴安岭地区主要树种落叶松和白桦进行比较：在火烧频繁条件下，落叶松竞争不过白桦(二者都是喜光植物），这是因为落叶松发育时间长，萌发能力没有白桦强。而白桦成熟期短，萌发能力强，因此经过多次火烧的迹地上，白桦代替了落叶松。但是由于落叶松寿命长，在进展演替中，落叶松最终取代了白桦，成为地带性植物。

(4)火强度的影响

火强度的不同，对林木破坏程度也不同，并且直接影响到林木的次生演替。火强度越大，越接近逆行演替，演替所需的时间也就越长。相反，火强度越小，恢复森林群落的次生演替所需的时间越短。另外，火的频率也会改变森林群落的演替过程，并且可表现出不同的演替阶段。

4.4.3 进展演替和逆行演替

进展演替(progressive succession)指的是从一个初始先锋群落开始，经过一系列演替阶段和连续体，最终朝成熟的稳定群落的发展过程。Odum(1969)和 Whittaker(1975)引用许多特征来描述典型的进展演替，如物种多样性增高、复杂度加大和生物量增加等。通常情况下，生态系统沿着自然的进展演替轨道发展。逆行演替（retrogressive succession)正好相反，它朝着物种组成简单、生产力低下以及生物量小的早期阶段发展。产生逆行演替的原因主要是外力的干扰或胁迫，如森林火灾、过度放牧等。林火干扰可以看作对生态演替过程的再调节。

森林火灾后，群落的演替方向是进展演替还是逆行演替，取决于林火干扰的强度和森林群落的抗火性能。在次生演替过程中，森林火灾消失后，次生裸地上植物群落能否恢复进展演替的极限，称为次生演替的弹性极限。一个地区的外界影响是否超过演替的弹性极限的主要标志是：①该地区的气候是否发生了根本改变，如该地区遭到外界干扰后气候条件没有发生根本变化，则植物群落还会沿进展方向演替；反之该地区经外界因素干扰后，气候条件发生了根本改变，即超过了弹性极限，一些气候相适应的树种则难以恢复，植被变化表现出来。另外，也可根据历史上气候变化资料进行分析判断。②在局部地区如果土壤和植被类型发生根本变化，也说明外界影响超过弹性极限，群落也不会恢复进展演替。如我国大兴安岭林区兴安落叶松为当地典型的地带性植被，高强度森林火灾引起兴安落叶松林向白桦林逆行演替。低强度火烧可以维持良好的生态环境，促进森林生态系统的良性循环，使森林群落发生进展演替。在大兴安岭林区春季火烧草地，可以促进白桦林的更新，使草地变成白桦林，这是明显的进展演替。如果白桦林四周有兴安落叶松林，则可以在白桦树下进行低强度的火烧，烧除林地上的地被物，促进兴安落叶松林的更新，使兴安落叶松林取代白桦林，又可引起白桦林向兴安落叶松林的进展演替。另外一种火成演替的例子发生在小兴安岭的草地上，草地经过火烧会形成杨桦林，再经过火烧，该杨桦林转变为硬阔叶林，如果能够进行人工促进更新等措施，则可诱导进展演替为地带性顶极群落——阔叶红松林。

一般来说，演替都要经过干扰，比如我国的大兴安岭林区地处寒温带的最北端，水热条件差，植被单一，土壤瘠薄，属于生态脆弱带，正处于森林与森林—草原的过渡地段，系统一旦被破坏，则易向森林—草原化方向发展，而发生逆行演替。1987 年的“5 · 6”大火对大兴安岭北部的森林生态系统的破坏是惨重的，许多地区已开始出现明显的逆行演替。对于大兴安岭山脉南部地区，原来有森林，若经过火灾反复破坏后，形成草原，而在草原上要恢复森林，也是非常困难的，演替方向也变成了典型的逆行演替。逆行演替在我国东北林区分布面积非常大，这无疑是森林火灾影响的结果。而且林火干扰的程度不同，可形成不同的演替阶段。

林火干扰超过演替弹性极限，发生逆行演替的另一个例子是土地沙化过程。强烈的森林大火在自然环境其他因子的协同作用影响下，如全球变暖、地下水位下降、气候干旱化等，地球表面许多草地、林地将不可避免地发生退化，而在人为干扰下，如过度放牧、过度森林砍伐，将会加速这种退化过程，可以说干扰促进了生态演替的过程。当然，通过合理的生态建设，如植树造林、封山育林、退耕还林、引水灌溉等，可以使其逆转，而变逆行演替为进展演替。

对于超过了演替弹性极限的林火干扰，更应该及时采取措施，对火烧迹地要进行封山育林、严禁放牧，要保护好母树，进行人工种草植树，有条件的地方可以进行飞播造林；火烧迹地的乔木和灌木未经一个多雨季节，应严格禁止采伐和樵采；要减少或停止人为破坏。从而加速森林恢复，以防止系统的进一步恶化和逆行演替，保证系统的正常恢复。

4.4.4　偏途演替

1943年，Grren综述了火烧对美国东南部林区的植被影响，并第一次使用了火偏途顶极、火烧演替等概念。偏途演替(disclimax succession)是演替过程中，离开了原来的演替系列，朝另外的途径发展，且又具有一定的稳定性。造成偏途演替顶极的主要原因是人为活动(耕作、造林、长期放牧、长期割草)和其他干扰(如长期林火干扰)。例如，我国南方杉木人工林就是一个偏途顶极群落。小兴安岭的蒙古栎林，原来的气候条件下，演替顶极为红松阔叶林中的蒙古栎红松林，分布于低山山背，但是由于火灾的反复作用，使红松渐渐被淘汰，最后留下蒙古栎，使气候、土壤干旱，但是比较稳定，故为火成偏途演替顶极。这种蒙古栎林不容易恢复到阔叶红松林，其原因是：①土壤和植被类型发生了根本变化，这样地区生长的都是耐旱植被。②蒙古栎林的自身特点造成火灾周期性的发生，多代萌生蒙古栎林大量叶子干燥易燃，不易腐烂，幼林叶子不易脱落，非常容易引发火灾。所以，在这样的生境里即使有红松种源，也不易成活，生长的红松幼苗也会被烧死，这样就难以恢复红松阔叶林。

在东北林区，寒温带针叶林以及东北东部山地的温带针叶、阔叶混交林，经常频繁发生森林火灾，其结果是，针叶林消失，其他阔叶林减少，只留下多代萌生的蒙古栎林，蒙古栎能够形成比较稳定的植物群落，不会再演替为针阔混交林，从而形成偏途顶极群落。造成这种偏途顶极蒙古栎群落的主要原因是林火长期频繁作用的结果。同时也与蒙古栎的生物学、生态学特性有关。①蒙古栎树皮厚、结构紧密，具有很强的抗火能力。②蒙古栎对火有较强的忍耐力。它的萌芽能力强，在任何年龄阶段都具有萌芽能力，而且还有连续多代萌芽能力；在火频繁的地区，它还能形成木疙瘩以保证繁衍。③在生态学特性方面，蒙古栎能忍耐干燥的立地条件，在干燥瘠薄的林地上生长能力比其他阔叶树强。因此，它能在反复火烧后越来越干燥的立地条件下生存下来。④蒙古栎在火灾频繁作用下形成多代萌生林，为灌丛状，幼叶冬季不脱落，常挂于树枝上，容易燃烧，加上林地上多生长一些耐干旱的禾本科和莎草科杂草，使林区成为一个火灾频度较高的森林类型。因此，在这种林区恢复针阔混交林是不容易的，只好以偏途顶极群落的形式存在下来。

4.4.5 火顶极

(1)火顶极群落

用火来维持的亚顶极群落(subclimax community)称为火的顶极群落。这种顶极群落并不是当地真正的顶极群落，而是由于构成这种群落的主要树种对火有很强的适应能力，在火的作用下，排除其他竞争对象，暂时成为非地带性植被，而一旦火的作用消除，仍会被当地的顶极群落所代替。因此，火顶极实质是亚演替顶极，并且不能离开火的作用。

比如，美国南部地区生长着许多速生的松林，如火炬松(*Pinus taeda*)、湿地松(*Pinus elliottii*)、加勒比松(*Pinus caribaea*)等，这些松林属于喜光树种。它们的经济价值高，在南方气候条件下生长迅速，尤其是幼年生长快，能够在10~20a培养成大径材，是当地的速生用材林。同时，这些松林树皮厚，结构紧密，抗火能力强，几厘米厚的树皮具有较好的抗火性，对中、弱度火烧有较强的抵抗力。

但是，该地区的地带性顶极群落为常绿阔叶林，如栎树、核桃等，均属于耐阴树种。这些树种的经济价值较低，生长缓慢，树皮薄、结构不紧密，对火敏感，抗火能力差，只要遇到较弱的林火，林木地上部分就会烧死，但干基根蘖萌芽能力强，火烧后有较好的萌芽能力。在荒地上营造松林时，栎树、核桃等能在松林林冠下生长发育，当松林达到成熟时，由于林冠下部是耐阴的阔叶树，直接影响松林的更新，因此栎树和核桃树种就替代了松林，这就是该林区天然演替的过程。

因此，在美国南部地区经营大径级松材时，常采用低强度林火控制林下硬阔叶树的生长，同时又给松林地增加大量灰分和营养元素，促使松林快速生长、发育、成材。一旦这种松林停止火烧，耐阴的阔叶树抑制松林的更新，逐渐取代松林形成小乔木状的硬阔叶林。依靠林火来维持树林的自我更新，就是火顶极群落的形成过程与原理应用。

(2)火烧顶极群落的应用

美国南部各州维护火顶极的具体做法是：在荒地采用南方松造林，当森林郁闭后，松林的平均胸径大于6cm时，就采用低强度火烧，火焰高度保持在1m以内，在冬、春两季用火安全期点烧，在点燃区四周开设0.5~2m的阻火带，或开生土带，每2~3a火烧一次，其目的是：①可以抑制其他树种侵入，控制耐阴阔叶树的发展；②可以加速凋落物的分解，促进营养元素循环，从而促进林木生长发育；③低强度火烧使林地可燃物大大减少，不易发生大的森林火灾；④可以减少杂乱物和病虫害，改善林地卫生状况，有利林木生长发育；⑤可以减少地被物，有利于松树更新，从而长期维持松林的存在与更新。

火烧顶极群落在美国南部各洲的应用取得了较好的经济效果，培养了大量的大径级用材林。目前，在北美南部有许多生长快速的松类树种，向各大洲引种。我国的南方各省已引进湿地松、火炬松和加勒比松等，这些松树在我国南部生长良好，其生长速度不亚于原产地。为此，我国也可以在经营这些树种时，适当的采用火烧促进这些树种的快速生长，实现持续经营，为缓解我国木材需求的增长，尤其是大径材培育的问题提供了较好途径。此外，我国南方生长迅速的松林是当地的亚顶极群落，抗火能力较强，可以利用火烧来培养大径级木材和维持亚顶极群落。

本章小结

本章主要介绍了林火与植物的关系，包括林火对植物的影响及植物对林火的适应、林火对植物种群的影响以及林火对植物群落的影响。其中林火对植物种群的影响从物种对火的适应、树种的生态对策以及树种的更新对策 3 个方面来介绍。林火对植物群落的影响通过火对群落不同性质影响、火对植物群落影响的研究方法来介绍。通过对本章的学习，可以让学生深刻的理解林火与植物的关系。

思考题

1. 林火与植物的相互关系是怎样的?
2. 火对策种有什么特点?
3. 物种对火的适应行为有哪些?
4. 简述林火对植物种群、群落、森林演替的影响。

推荐阅读书目

1. 森林生态学．李俊清．高等教育出版社，2010.
2. 森林环境．毛芳芳．中国林业出版社，2015.

林火与生态系统

【本章提要】本章主要论述林火与森林演替的关系，火与景观、火与碳平衡、火干扰与生态平衡以及火对不同森林生态系统的影响与作用。重点从景观水平上论述了火的作用与地位。

火是森林生态系统中的生态因子之一。过去人们只关注火对森林的破坏作用，一直认为森林火灾破坏生态系统，导致群落逆行演替。没有人意识到火还可以作为生态因子，对森林具有有益作用。随着人们认识的发展和对林火与生态系统研究的加深，20 世纪初期，人们逐渐意识到林火可以维持森林生态系统、促进森林发育，对森林植被演替也具有重要作用。此后，研究者们对林火开展更广泛的探究，并逐渐将林火作为森林管理的一项有效工具。

5.1 林火对生态系统的影响

森林火灾会干扰生态系统平衡，其干扰具有双重性：①高强度火释放大量能量，导致森林生态系统内动物、植物、微生物被烧死或烧伤，破坏地上、地下结构，影响森林生态系统平衡；同时，高强度火灾发生后，和其他因素系统作用，容易使森林遭受病虫危害，导致森林生态系统受到破坏；高强度火烧影响森林演替，使一些低价值的树种迅速生长而取代珍稀树种。②中低强度或者局部火烧则有利于改善森林环境，适度清理林内堆积的可燃物，减少燃烧物质，降低森林火灾发生的概率；火烧使部分需要温度才能生长的植物发育，维持森林生态系统平衡、促进森林进展演替。

5.1.1 火对生态系统结构的影响

林火是生态系统干扰因子，火干扰与生态系统平衡有很大的关系。不同森林生态系统中火的影响和作用是不一样的。光合作用的有机物质和碳积累以及林火的碳释放是生态系统主要能量的输入和输出。生态系统是自然演替的一部分，而火对森林生态系统演替有一定的影响。生态系统研究尺度由个体结构发展到林分水平、集水区水平、生物群落水平、生态交错区水平、景观水平。

(1) 生产力与生物量

森林植物可以将大约 1%~2% 的太阳能转化为生物能，这部分光能合成的总量是最初和最基础的能量储存，故称为总初级生产量。总初级生产量可以用于形成植物体各种组织、器官和用于呼吸的消耗。总初级生产量减去植物的呼吸所消耗能量即为净初级生产量。植物在单位面积和单位时间(通常一年)内积累的总生产量称为初级生产力，即总生产力。这一数量减去单位面积和单位时间内植物的呼吸量称为净初级生产力，即为净生产力。

一般情况下，大部分总生产力用于生态系统的代谢。净生产力只剩下少量(仅占总生产力的 20%)成为林木、林下植物和动物的现存量。生产力的测定是从 20 世纪六七十年代才发展起来的，但这些生产力的测定对我们研究生态系统物质流、能量流都非常重要，是测定的一个重要的数量标志。对如何提高生产力进行规划，研究生态系统的稳产高产都具有重大的意义。

(2) 火对生产力的影响

关于火对生产力影响的研究，最近已逐渐被人们所重视。以下从 5 个方面来分析火对生产力的影响。

①火会降低生产率，破坏生态系统结构和功能，使森林的光合速率降低，直接影响到森林总的生产力。

②着火后会引起生产力下降，但过了 3~5a，森林生态系统又恢复了其生产力，有时甚至会超过原来的速度。火破坏了树冠、树干、根系，影响了林木的正常生长发育，降低光合速率，物质积累明显下降。如帽儿山针叶幼龄林 20 世纪 60 年代发生火灾，1979 年调查发现，在火灾过后 3a 内，其节间生长只有几厘米，但 3a 后，就恢复到其原有的生产速率，达几十厘米。因为火烧后，烧掉了可燃物，使不溶的营养物质变成可溶的，经一段时间渗透到土层中，增加了土壤的肥力，根系大量吸收营养，加速了物质的循环，提高了其生产力。

③特别是北方林木，枯枝落叶层厚，温度低，微生物活动较弱，可燃物不易被分解，使林木生长受阻，经火烧后，一部分凋落物被火消耗，且增加了土壤温度，加速了微生物活动，促进了有机物的分解，提高了土壤肥力，从而提高了林地的生产力。

④对火生态种而言，经火烧后会迅速提高林地的生产力。如火烧促进美国加利福尼亚州的常绿灌木林中林木的生长，且越烧越旺。据测定，火烧后林地的生产力比未烧林地的生产力能提高 1~5 倍。

⑤火烧后森林总生产力不一定提高，但会有利于森林生长发育、更新以及其他的一些功能。如高温能使埋在地下种子催芽，使地表枯枝落叶层减少，种子接触土壤，容易发芽更新。火烧后，土壤中钾的含量增加，并产生乙烯气体，有利于树木的开花结实。

(3) 火对生物量的影响

生物量是指单位面积所有生物体(植物和动物)的干重。净生产量和净生产力所积累的干物质，实际上就是生物量和一年的生物量。现有量是指单位面积上当时所测定的生物体的总重量，通常把现有量看成是生物量的同义词。因此，可以认为可燃物的量等于现有量。在研究可燃物数量时，可以参考现有量，以生物量的模式来考虑。但两者又有本质的区别，可燃物数量的研究比生物量的研究更深入、更细，要进行分类研究。通常可燃物按不同方式可分为很多类，如按种类划分，分为地衣、苔藓、草本、灌木、乔木、采伐剩余物等，且各种类型可燃物量的分配大小、形状、结构、种类、性质等不一样，构成了很多可燃物类型。

总的来看，火对生物量的影响是，火烧使生物量降低。但从另一方面看，火烧降低了凋落物的含量，而草本、灌木的生物量有时却是增加的。这是因为，火烧迹地上，光照增强，有利于喜光杂草和灌木的生长，提高了它们的生物量。一般的火烧后地上部分生物量变化不大，除非是过度频繁的火烧或强度大的火烧，会引起树干干枯、树皮烧脱，增加枯损量，影响树冠生长，从而降低了林分的生物量。所以，在研究可燃物模型时，应考虑到以下 4 个方面：①可燃物类型；②林分年龄阶段；③林分郁闭度；④该类型是否经过破坏和火灾。

5.1.2　火在生态平衡中的作用

森林生态系统总是在不断地由简单到复杂、由低级到高级发展。它们是从平衡到不平衡，又从不平衡向平衡方向发展。一个程度的生态系统其结构与功能趋于相对稳定，即相对动态平衡，该生态系统能量与物质交换收支接近相等。生态系统达到内外平衡时，生态系统有自我调节、自我控制的功能。如果森林生态系统发生虫害，不久在系统内就有大量天敌发生来控制虫害的大量发生。

火是一个自然因素，从生态系统形成以来，火就一直参与生态系统的演变，并不断推动生态系统的发展。火能破坏又能维护森林生态平衡。

5.1.2.1　火会破坏森林生态系统的平衡

①当森林生态系统发生大面积高强度的森林火灾时，它会破坏生态平衡，甚至使整个生态系统崩溃。1987 年春季在大兴安岭北部林区发生的特大森林火灾，火烧林地面积超过百万公顷。其中，最严重火烧区林木死亡率在 70%~100%，占整个火场面积的 40%；中等严重地区林木死亡率在 30%~60% 之间，多达 1/3；未被烧伤区仅占 20%。如果这些火烧迹地再恢复到烧前的状态，需要几百年，甚至更长的时间。

②虽然森林火灾强度不大，但森林火灾次数频繁。由于火灾次数频繁，连续不断地破坏森林结构和其更新层，不断影响森林的正常生长和发育，从而影响森林生态系统的功能和质量，从而影响到森林生态系统的恢复过程。因此，它也破坏了森林生态系统的平衡。我国大面积次生林就是由于火灾频繁，使森林不断产生次生演替，使珍贵阔叶林逐渐被低价值、低质量森林所代替。大兴安岭东南部次生林由多代萌生蒙古栎林和黑桦林所代替就是一个例证。

③当森林生态系统遭受火灾危害时，虽然整个森林未遭受严重破坏，但林木被火烧后生长势衰退，需要有个恢复期。紧接着林地上出现虫害或其他灾害，加速了林木死亡过程，所以经常在火烧迹地上看到火灾第一年林木死亡率不大，随后几年死亡率剧增，加上受伤林木再度遭受病虫害而加速其死亡，导致林地上又大量增加可燃物，再度发生火灾的恶性循环，使得森林生态系统崩溃。这种现象屡见不鲜。我们经常看到密集原始林不易发生毁灭性大火。特大森林火灾多发生在已经遭受过几次火灾后的原始森林里，因为这些森林贮备有大量危险的易燃物。1987 年大兴安岭北部林区发生特大森林火灾就是明显的

例证。

5.1.2.2　火可维护森林生态平衡

①森林发生低强度火　因为这种火释放能量小，对生态影响不大，森林生态系统通过自我调节和自我恢复，又能达到新的平衡。不仅如此，有时这种低强度火对减少森林内可燃物的积累、防治病虫害和其他灾害有利，有时还有利于森林更新。因此，这种火不仅不会破坏生态平衡，还可维护生态平衡，有利于森林生态系统的发展。

②小面积火灾　虽然火强度大，但火烧面积不大，因此这类火对于森林生态系统的影响不大。由于环境、种源都在森林的影响下，容易促使森林尽快恢复。因此，它有利于维护森林生态平衡。

③计划火烧和控制性用火　这种火是在人为控制下有计划、有目的、有步骤地用火，并要达到预期经营目的，取得一定经济效益。因此，这类有计划的火烧是能够维护森林生态平衡的。

5.1.2.3　火负荷超量引起生态失调

在自然界有许多森林生态系统，有的生态系统是依赖火来维护其平衡的。如我国大兴安岭林区的兴安落叶松林就存在许多自然火的痕迹。我们看到几乎所有兴安落叶松树干上都留下火的痕迹(火疤)，但大兴安岭火烧迹地上落叶松更新极好，并存在大量落叶松成熟林，充分表明自然火并没有阻碍落叶松的生长发育全过程，说明自然火可维护兴安落叶松生态系统平衡。然而大兴安岭由于人类迁入增加了大量人为火源，自然火加上人为火使火灾次数和火灾面积增加十几倍甚至几十倍，大大增加了该森林生态系统火的负荷量。因此，该生态系统无法进行自我调节。如果大兴安岭森林火灾无法控制，则会进一步引起生态失去平衡，带来不良的生态后果。这种现象在大兴安岭东南部已有明显征兆。生态失调，促使人们提高警惕，预防森林火灾。

5.1.2.4　火是破坏还是维护生态平衡的判断标准

(1)火烧后树种能否维持自我更新

在大兴安岭林区，如果火烧后兴安落叶松还能维持更新，那么这种火能维护生态平衡。如我国大兴安岭林区的樟子松，本身含有大量树脂和挥发油，枝叶极易燃烧，分布的立地条件是向阳山坡中上部，同时，大兴安岭火灾频繁，又有一定数量自然火源，樟子松能在大兴安岭北部林区存在主要有 2 个原因：一是樟子松球果为迟开球果；二是北部林区火灾轮回期为 110 ~ 120a，而樟子松在 70 ~ 200a 大量结实，因此在北部林区(伊勒呼里山以北的地区)有樟子松林天然分布。相反，在大兴安岭中部，火灾轮回期 30 ~ 40a，南部为 15 ~ 20a，因此这些地方无樟子松林自然分布。

(2)火烧后生态系统是进展演替还是逆行演替

如果火烧后是进展演替，则有利于维护生态平衡。相反地，如果火烧破坏了生态系统的结构与功能，则产生逆行演替。破坏了原来生态系统的结构，主要树种被次要树种所取代，实生林被萌生林所代替，珍贵树种被低价值树种所取代，高密度的森林被低密度林分所取代，因而破坏了生态系统的相对稳定，在自然界中，火烧后这种演替时有发生。如在我国大兴安岭林区兴安落叶松林被强烈火烧后，落叶松林被白桦林所取代；再度遭受火灾袭击，白桦林被蒙古栎黑桦林所取代；严重反复火烧后出现多代萌生蒙古栎黑桦林，更严重的出现草原化植物群落。这是逆行演替系列。有时火烧后也会出现进展演替，如春季火灾会使草甸子或荒草坡出现白桦林；又如秋季火灾后，在白桦林四周会更新兴安落叶松林，在白桦林下也更新落叶松，逐渐形成落叶松白桦林直至演替为兴安落叶松林。这种现象在大兴安岭林区的火烧迹地也是屡见不鲜的。因此，只要掌握好用火季节和时间、用火技术和方法，就有可能将火作为工具和手段，以维护森林生态平衡。

(3) 火烧后种的多样性是增加还是减少

种的多样性是随着生态条件而变化的，一般情况下，生态条件愈好，种的多样性愈增加。相反，生态条件差，种的多样性则减少。在比较寒冷的地区，种的多样性少，随着纬度降低，温度增加，到热带雨林，种的多样性则增加。在高山上，由于生态条件恶劣，种的多样性明显减少；随着海拔降低，土肥条件进一步改善，种的多样性明显增加。种的多样性与环境的多样性密切相关，一般情况下，环境多样性增加，种的多样性也相应增加，相反则减少。森林火灾会明显影响种的多样性，这主要取决于火行为的特点。如 20 世纪 50 年代大兴安岭红松采伐迹地，火烧清理枝桠堆，在烧过的木炭中只生长两种植物——地钱和葫芦藓，这是因为强烈火烧破坏了环境所致。如果是小面积低强度火则可保持原有环境，使原有植物继续生长。除此以外，还有一些喜光种在透光的环境下生长发育，因而使这种火烧迹地上种的多样性非但没减少反而增多。因此，在火烧后从种的多样性上可以明显反映火是有利生态平衡还是破坏生态平衡，这是一个很容易掌握的标志。

(4) 火烧后生态系统的稳定性

维护森林系统的稳定依赖于系统的抵抗力和忍耐力。美国加利福尼亚州北美巨红杉火烧不进去，证明该林分有较强的抗火能力。世界上还有许多松林，具有较强的抗火能力。如我国大兴安岭林区的兴安落叶松和樟子松都有一定抗火能力，因为它们都有较厚的能隔热的树皮，有时一侧树皮厚可达 20cm，使得成熟的落叶松可以抵抗中等强度以上的火灾。杜香、越橘—落叶松林有许多火烧伤疤树，按烧伤部位计算，高达 4～5m，估计当时火焰强度在 4880～7500kW/m。说明兴安落叶松可以抵抗高强度火。1987 年大兴安岭特大森林火灾当时火强度可达 10MW/m，仍保留许多活的林木，充分说明兴安落叶松具有较强的抗火能力，所在群落也具有较强的忍受力。美国加利福尼亚州的常绿灌木对火具有较强忍受力，可在较短时期内很快恢复。在我国，许多栎林也具有较强的萌芽能力，如蒙古栎、槲栎、辽东栎、高山栎和麻栎等，再加上无性繁殖与有性繁殖交替进行，可以很快占领空间，不断扩大该种群的分布区。另外，有些栎树本身能忍受干旱、贫瘠等立地条件，所以火烧后，会很快恢复。群落的抵抗力与忍受力有时表现在不同的森林群落中，也有可能在同一群落中。在世界各地经常看到松、枫林分布，它与火灾有密切关系。群落的稳定性是其中重要原因之一。

(5) 火烧后生态系统自我调节的能力

森林生态系统遭受内外干扰时有自我控制和自我调节的功能。如果干扰超过系统自我调节的能力就会使系统失去平衡，严重时甚至使生态系统发生崩溃。不超过系统的自我调节能力可维护生态系统的平衡。生态系统自我调节能力有以下几种：

①生态系统内和系统之间的调节，如美国黄石天然公园经过几年努力，控制雷击火的发生，结果天然公园内珍稀大动物驼鹿种群数量明显减少，随后改变政策，局部地区不控制自然火烧，结果驼鹿数量明显增多。又如，林地累积大量地被物，火烧后，死地被物数量显著减少，活地被物的数量则明显增多。再如，森林即将发生大量害虫时发生火灾则可

抑制害虫大发生，也有利于森林的生长发育。但是森林发生大火之后又容易引起病虫害大量发生，使大量的火烧木加剧死亡，致使火烧迹地上可燃物剧增，形成了火灾的恶性循环，不利于生态平衡。

②生态系统内功能之间的调节。在人工樟子松林，经过较强地表火袭击，许多常绿针叶树被火烧焦，大大降低了光合作用。火烧后新长出针叶内的叶绿素含量增加，从而可以弥补光合作用的速率。这种现象发生在火烧伤叶愈严重，叶绿素的含量愈有增加。

③生态系统的自我调节能力取决于释放能力的大小，即取决于火行为的大小。一般情况下，火灾强度小，释放能量少，生态系统容易进行自我调节，因此，能维护生态系统的平衡。如果遇到较强烈大火，释放能量过大，引起生态系统内生物混乱，破坏系统内环境，生态系统失去平衡。因此，营林用火一般应用低强度火。

5.2　火与能量流动

地球上绝大多数的能量来源于太阳能，能量在森林生态系统中转换和利用。能量流只是一种术语，生态系统中的能量并不会流动，而且由一个营养级转向另一个营养级，即按1/10定律，逐级转化，向环境散发大量的热能。一般情况，能量流有3种：

第一种能量流是初级生产者——绿色植物通过光合作用，将太阳能固定为化学能，贮存在植物体内，然后通过第一消费者——食草动物，后又由第二消费者——食肉动物，逐级转化和消耗大量能量，归还大自然。

第二种能量流是森林中大量植物的凋落物与枯损物及动物尸体、残骸等腐屑物，通过逐级腐生生物分解为无机物质、水、CO_2等归还大自然。

第三种能量流是贮藏或矿物化，如采伐木材和大量粮食可保留较长时间，可达到几百年甚至千年以上，最终还是被利用或是分解。大量植物或动物埋藏地下，受地质作用矿化，转变为石油和煤炭，最终被人类开采利用，燃烧或分解。

5.2.1　火对3种能量流的影响

火对第一能量流的影响，由于火烧毁大量植物和森林，影响到逐级消费者的变化。然而火灾的影响，有一定时间限度，如1987年我国大兴安岭大部分林区发生特大森林大火，在火烧迹地上，动、植物数量锐减，火灾过后3a，据野生动物调查结果分析，食草动物回升很快，如鹿、狍子数量超过未发生火灾前的数量；又如美国黄石公园，由于控制了自然火(雷击火)，驼鹿种群明显减少。相反，采取部分地区让自然火燃烧，驼鹿种群反而增加，主要原因是树萌芽条增加，改善了驼鹿的饲料。在加拿大，有人发现在原始森林火灾后，食草动物鹿的种群大增，随后食肉动物(美洲狮、郊狼)有所增加，这充分反映了食物链的作用。因此，火对第一能量流有明显影响，关键是如何控制火行为，以此进行调节。

火对第二能量流的影响，森林中有大量凋落物、枯损物(即大量可燃物)和动物的残骸，通过各级腐生生物逐级分解，分解出大量有机物，可提高土壤的肥力。然而在自然界，随着纬度增加，气温越来越低，不利于腐生生物活动，因此分解速率减缓，使森林中大量的可燃物积累，达到森林生态系统的能量平衡。在某种程度上是依靠火灾来维持，但在自然界，大量火释放能量，破坏生态系统，使森林生态系统需要经过长期恢复，所以有人建议采用计划火烧，以低能量火减少可燃物积累，以计划火烧取代高强度的森林火灾，用以维护森林生态平衡。

火对第三能量流的影响，经过贮存或埋藏地下的石油和煤等供人类利用或是用作燃料，最终还是以水、CO_2等形式归还大自然。

5.2.2 不同火行为的能量释放

火对生态系统能量流有影响。其影响的大小取决于不同的火行为，如发生高强度火则影响大；相反，低强度火则小。因此，不同火行为直接影响生态系统的能量释放，如我们在人工樟子松幼林中测量不同火行为所释放的能量，一般营林用火产生的能量占全森林的百分之几，然而同样年龄樟子松人工林发生地表火，释放能量占全林分能量百分之几至百分之十几，有的甚至超过 20%。如果发生林冠火，则释放能量占全林能量的 20%~50%，或是更多些(表 5-1)。

表 5-1 人工樟子松林火烧后可燃物的变化 t/hm^2(绝对值)

林火种类	地被物		树冠		大枝	树干	总量	百分率(%)
	上层	下层	针叶	小枝				
树冠火	5.17	0.65	10.39	5.80	0.00	0.00	22.01	33.1
地表火	5.17	0.55	0.91				6.63	10.0
营林用火	4.14						4.14	6.2
对照	5.17	3.65	10.39	5.80	7.12	34.41	66.54	100.0

由于不同火行为释放能量的大小不同，因而直接影响生态系统的自我调节。如营林用火，仅释放森林的少部分能量，不影响森林的自我调节，有利于森林的恢复，有时还有利于生长。又如地表火，释放的能量受影响大些，恢复过程需要长些。发生树冠火，释放能量多，使生态系统失去自我调节能力，造成森林生态系统崩溃。因此，只要掌握用火时释放能量的大小，就可以达到安全用火的目的，使火成为经营森林的工具和手段。

5.3 火与物质循环

森林生态系统中许多生物体都是由 30 多种化学元素组成的，其中功能元素有碳、氢、氧、氮；主要营养元素有磷、钾、钙、镁、钠；微量元素有铁、铜、铝、锡等几十种。如果森林生态系统的输入部分大于输出部分，生态系统就发展和增长；如果生态系统的输入和输出大致相等，生态系统则达到相对稳定，处于相对平衡状态；如果生态系统的输出大于输入，生态系统已经处于瓦解状态，严重的输出大于输入，则整个生态系统处于崩溃的边缘。

5.3.1 火对物质流的影响

火虽然是森林生态系统中一个自然因素，然而它的发生、发展和严重程度都直接或间接地影响到生态系统的物质变化和转移。其影响主要有以下 3 个方面：

一是森林燃烧产生高温，使一些物质受热分解产生气体而散失掉，如森林中大量的氮元素遇大火就会散失掉。

二是通过火的作用，形成对流运动，把许多燃烧物质和未燃物质及烟通过对流，带到高空，向火场四周飘移。同时，森林着火燃烧，促进空气流动，产生大风把森林中可燃物质刮到生态系统以外地区，如 1987 年大兴安岭北部大火，其烟雾远离火场几百里即可见；贮有几十万立方米木材的贮木场，大火过后，均未见剩余物(未烧完物和灰分)，这是由于大火的作用力，将整个贮木场燃烧后的剩余物全刮到其他地方去了。

三是流失，有许多可燃物不燃烧，其中的元素不溶于水，可以在森林内保存较长时间，而着火燃烧后则变为可溶性元素，很容易溶于水中，再淋溶到土壤下层或随着地表径流进入河流。

5.3.2　火促进生态系统的物质循环

在森林中许多树木的嫩枝和树叶中含有较多营养元素，凋落后经过微生物分解，又被树木吸收利用，形成营养元素的循环，所以森林本身可以提高林地肥力。森林发生中度或弱度地表火，有利于林地枯枝落叶的分解，使那些被固定的营养元素转变为可溶性元素，再被雨水淋溶到土壤下层，以利于植物、树木的根系吸收，加快林地营养元素的循环。这种现象在北方冷湿性森林中更为明显。因此，这类火灾(中度、弱度地表火)不仅不会破坏森林生态系统，反而有利于森林生态系统，有利于生态系统增加输入，有利于物质循环，可加速林木的生长发育。

5.3.3　大火破坏生态系统和物质循环

当森林中发生了大面积或高强度的森林火灾，情况就发生了另外的变化。由于火强度大，突然释放大量能量，产生高温，从而导致大量植物死亡或使许多树木被烧伤，地被物完全烧毁，严重者甚至使土壤结构遭到破坏。大火使大量营养元素被风对流或通过随后的地表径流带走流失，使整个生态系统的输入小于输出，促使森林生态系统瓦解或崩溃。所以一般遭到大面积、高强度森林火灾，重新恢复森林需要很长时间。

5.3.4　不稳定生态影响

森林火灾发生后，会产生大量烟雾，尤其是大火。这些烟雾随着对流烟柱和大风向邻近的生态系统飘移。据称美国爱达荷州的一次大火中，这种飘移的物质占总燃烧物质的 1%~4%，因此，它会带来不稳定的生态影响。又如，我国大兴安岭 1987 年大火中远离火场近百里的呼玛县城，从烟雾沉降到地面的灰分物质，每平方米重达 10g。

5.4　火与森林碳平衡

碳循环(carbon cycle)是指碳元素在自然界的循环状态。自然界碳循环基本过程是，大气中二氧化碳被陆地和海洋中的植物吸收，通过生物或地质过程以及人类活动，再以二氧化碳的形式返回大气中。碳平衡(carbon balance)是指碳的排放和吸收两方面达到平衡。

碳循环主要分为生物和大气之间的循环、大气和海洋之间的交换、含碳盐的形成和分解以及人类活动。森林生态系统可以吸收二氧化碳并放出氧气，在碳循环中起着重要作用。全球森林面积为 $41.61 \times 10^8 hm^2$，其中热带、温带、寒带分别占 32.9%、24.9% 和 42.1%。全球陆地生态系统地上部的碳为 562Gt，森林生态系统地上部的含碳量为 483Gt，占了 86%。全球陆地生态系统地下部含碳量为 1272Gt，而森林地下部含碳约 927Gt，占整个世界土壤含碳量的 73%。

随着气候变化日益显著，研究火干扰和气候变化之间的关系变得尤为重要。工业革命后，人类过量使用化石燃料，全球每年由化石燃料所释放的二氧化碳大约在 2.7×10^{10} t，导致大气中二氧化碳浓度以每年 1.8μmol/L 的速度增加。

2016 年 11 月 14 日，全球碳项目（Global Carbon Project，GCP）发布了《2016 年全球碳预算报告》。报告显示，2015 年全球化石燃料及工业二氧化碳排放总量约 36.3Gt C（1Gt C 为 10×10^8t C），与 2014 年持平，比 1990 年增加了 63%。2015 年陆地吸收的碳总量创过去 60a 最低记录。2015 年大气中二氧化碳排放量增长速度约为 6.3Gt C，远超过 2006 年至 2015 年平均增长速度。这是因为厄尔尼诺时间期间陆地吸收碳含量的减少。2006—2015 年全球 CO_2 排放总量中，27% 被海洋吸收，17% 被陆地吸收，56% 进入大气。

5.4.1 火干扰对森林生态系统碳循环影响

森林生态系统是陆地生态系统最大的碳库，其碳通量对全球碳收支具有重要影响，在全球碳循环和碳平衡中具有重要作用。火干扰作为森林生态系统的重要干扰因子，不仅影响森林生态系统结构和功能，破坏森林生态系统平衡，还向大气中排放大量气体，如二氧化碳（CO_2）、一氧化碳（CO）、甲烷（CH_4）等含碳温室气体，打破碳平衡，使森林功能发生转变，由“碳汇”变为“碳源”。温室气体对太阳辐射具有很高的透射率，同时又会强烈的吸收地表发射的长波辐射，从而减少地表能量的流失，导致“地球温室”。全球每年约 1% 的森林受到火干扰，森林火灾向大气排放的碳量大约为 4Pg/a，相当于每年化石燃料燃烧排放的 70%。火干扰造成温室气体浓度升高，影响局部地区乃至全球范围的气候系统。不同尺度上森林可燃物燃烧释放的温室气体估算研究越来越多。Nepstad 等对亚马孙流域热带雨林研究表明，气候变暖增加森林火灾发生频率和强度，导致减少生态系统碳积累。

森林火灾碳排放的多少与森林火灾的严重程度密切相关。频率多、强度高的森林火灾会影响全球变化和全球碳循环。火干扰动态的变化也会导致植被变化，植被变化又对火干扰有反馈作用。火干扰增加温室气体、颗粒物质大量输入，同时干扰原本生态系统的物质循环，改变系统的生物地球化学性质，进而影响生态系统对大气中主要温室气体二氧化碳的吸收能力。火干扰对生态系统而言，其影响是长期而复杂的过程。火干扰不仅直接排放碳，造成生态系统碳的净损失，影响大气平衡，而且还会对生态系统碳循环过程、土壤理化性质、生物过程产生间接影响，其间接作用是通过改变生态系统组成、结构和功能来影响对碳的排放和吸收。主要表现为改变生态系统年龄结构、物种组成与结构、叶面积指数，从而影响生态系统净初级生产力，对火烧迹地恢复过程中的碳收支产生重要影响，进而影响全球碳循环。森林火灾对生态系统碳循环的间接影响还表现在火干扰后迹地土壤呼吸的变化，火后未完全燃烧可燃物分解作用而产生的碳排放，以及火后植被恢复中对碳的吸收与排放，从而影响森林生态系统平衡。

5.4.1.1 直接影响

(1)火干扰对植被碳库影响

植被碳库一般指植物体的部分，包括植物地上部分和地下的活根。按照可燃物干质量中碳的比重，可以将植被生物量转换为植被碳储量。对森林碳储量的计量，一般采用直接或间接测定植被生物量的现存量与生物量中含碳率的乘积进行推算。

作为生态系统生产者，植物体每天进行光合作用来固定大气中的二氧化碳，以维持生态系统的正常运转。全球植被所储存的碳库大约为550~950Pg C，与大气碳库差不多，但其活性非常高，其与大气碳库间的交换是碳循环的主要过程，因此其变化对大气碳库的影响非常重要。森林生态系统是陆地生态系统最大的植被碳库，其碳通量对全球碳收支具有重要影响，在全球碳循环和碳平衡中起着重要作用。火干扰排放的大量含碳温室气体是导致植被碳储量动态变化的重要途径之一，对区域乃至全球碳循环和碳平衡产生重要影响。全球平均每年大约有1%的森林遭受火干扰，从而导致每年大约4Pg的碳排放到大气中，造成森林生态系统植被碳库的净损失。火干扰过程是森林植被的燃烧过程，火干扰消耗掉大量木材等植被，其造成的木材损失反映了火干扰带来的碳损失。

火干扰消耗生物量的估计存在很大的不确定性，由于统计方法的不统一，以及资料的缺乏，同时各地火干扰的火行为及特性的差异，估计值的幅度范围相差很大。从全球森林火灾燃烧的生物量看，Crutzen等估算全球植被碳库损失为947Tg C/a，Levine等估计全球植被碳库损失为1540Tg C/a。Crutzen和Andreae估算热带火干扰植被碳库损失为1100~2200Tg C/a。Dixon和Krankina估算俄罗斯火干扰植被碳库损失为286Tg C/a。Joshi估算印度火干扰植被碳库损失为102.6Tg C/a。田晓瑞等人的研究结果显示我国森林火灾年均消耗森林地上生物量5~7Tg；孙龙等人发现大兴安岭林区在1987年森林火灾中，乔木生物量损失大约为4.60×10^6t。

(2)火干扰对大气碳循环影响

火干扰过程中森林可燃物燃烧排放的温室气体对大气中温室气体浓度的变化起到了重要作用。Langenfelds等在研究1992—1999年大气主要气体浓度变化时发现，气体浓度变化幅度与火干扰具有很强的相关性。火干扰过程中可燃物燃烧排放的大量含碳温室气体，是导致植被和土壤碳储量动态变化的重要途径之一，破坏大气的碳平衡，对区域乃至全球碳循环和碳平衡产生重要影响。火干扰排放大量含碳气体是火干扰对碳循环最直接的影响，也是森林生态系统中碳的净损失过程。火干扰中森林可燃物燃烧是大气中痕量气体的主要来源，其排放的含碳气体主要包括CO_2、CO、CH_4、NMHC、CH_3Cl等，其中CO_2、CO、CH_4为其主要成分。全球总的森林火灾排放CO_2、CO、CH_4的总量分别为3135Tg C/a、228Tg C/a和167Tg C/a，分别为全球所有排放量的45%、21%和44%。

森林通过光合作用，每产生1t生物量可吸收并储存CO_2中的0.5t碳，受到火干扰后其储存的碳汇释放出来，1t森林可燃物燃烧能产生1744kg的CO_2。燃烧过程中向大气排放的大量CO_2、CO、CH_4等气体可以在大气中存在很长时间，CO_2和CH_4可以存在几十年至数百年，从而增加大气含碳温室气体浓度。此外，一些含碳气体到达大气的平流层后会影响臭氧浓度。因此，火灾对全球气候变化影响也是长期的。

(3)火干扰对森林凋落物碳库及其周转的影响

凋落物是指森林生态系统内由生物(植物、动物和土壤微生物)组分的残体构成，是为分解者提供物质和能量来源的有机物质的总称，包括枯立木、倒木、枯草、地表凋落物和地下枯死生物量等。凋落物作为植被在其生长发育过程中新陈代谢的产物，是森林生态系统生物量的重要组成部分，是维系植物地上碳库与土壤碳库形成循环的主要通道之一，在森林生态系统碳循环中起着重要作用。火干扰对凋落物的影响表现为直接影响（凋落物数量的变化）和间接影响（凋落物的分解速率）。

直接影响指火干扰后地上部分的植被烧死，地表具有热绝缘属性的凋落物亦被燃烧，直接烧毁了凋落物碳库并减少凋落物碳库的来源，使得凋落物碳库减少。而在中、低强度的火干扰后的短期内由于林分条件的变化，可能增加森林凋落物的积累，增大发生火干扰的可能性，进而提高森林火险等级，使得森林火灾后再次发生火灾的几率提高，进一步影响凋落物碳库。

间接影响指火干扰后林分郁闭度降低，林内光照和通风条件的增加，同时火烧迹地留下灰烬等物质，增强吸收太阳辐射的作用，使得地表气温上升，可燃物更容易干燥，从而制约凋落物分解速率的改变，影响森林凋落物动态变化，影响森林生态系统物质循环和能量流动。凋落物的分解是物理、化学及生物综合作用的生态过程，而温度和湿度对各种反应过程均有不同程度的促进作用，所以火干扰可加速凋落物的分解。火干扰后土壤有机碳的增减取决于火烧强度（火烧时的温度和持续时间），低强度的火烧可能增加土壤有机碳，重度的火烧亦可能增加土壤有机碳。同时火干扰后导致局部地区及地表温度升高对凋落物的分解速率产生影响，从而调节森林凋落物碳库及其周转速率。火干扰后地表温度升高可提高森林土壤和凋落物的微生物活性，加速凋落物的分解。水热条件直接影响凋落物分解过程中的淋溶作用和微生物活性，从而对凋落物分解动态产生显著影响。Pausas 等对地表和不同土层凋落物分解速率的研究表明，相对较高的地表温度更有利于凋落物的分解。总之，火干扰通过改变环境温度和水分等条件影响凋落物分解速率，进而影响凋落物碳库的周转。

（4）火干扰对土壤碳库及其周转的影响

土壤是陆地生态系统最大的碳库，其碳储量相当于大气碳库的 3.3 倍和植被碳库的 4.5 倍。土壤碳的变化反映了陆地生态系统碳输入和输出之间的平衡关系。由于土壤碳库巨大，土壤碳循环过程的微小变化都将对 CO_2 等温室气体的排放产生显著影响。森林土壤碳循环作为陆地碳循环研究的重要内容，土壤碳库在全球变化研究中的地位已日益突出，火干扰改变森林生态系统土壤与大气间的碳素交换，从而使火干扰不仅会影响土壤碳库的储量，同时可通过影响土壤呼吸速率改变土壤碳库的周转时间，因此研究火干扰对森林土壤碳库的影响，有助于揭示土壤碳库动态机理。

火干扰对森林生态系统土壤碳库的影响主要表现为 4 个方面：①增加土壤有机质分解；②增加土壤呼吸碳释放；③减少地上植被输入土壤的碳素；④增加黑炭的碳汇功能。

火干扰不仅影响土壤碳库储量，同时还改变土壤碳库周转时间。火干扰对土壤有机碳影响依赖于火烧强度、持续时间和频率。高强度火烧，土壤有机碳几乎全部破坏，地表温度在 700℃，所有枯枝落叶层被烧毁，在土壤深度为 25cm 处，腐殖质被破坏。灌木林中，地上灌木 2/3 被烧毁，地表枯枝落叶烧毁 50%；低强度火烧虽然使土壤表层有几层减少，但下层土壤有机质含量却增加。因此，低强度火烧促使土壤有机质重新分配。

5.4.1.2 间接影响

(1)火干扰对森林土壤呼吸的影响

土壤呼吸是生态系统碳循环的重要组成部分，是陆地植被所固定的CO_2返回大气的主要途径。火干扰对土壤呼吸速率有重要影响，进而影响碳平衡。

土壤呼吸是指未扰动土壤中产生CO_2的所有代谢作用。包括3个生物学过程，即植物根系呼吸、土壤微生物和动物呼吸，以及1个非生物学过程，即含碳矿物质的化学氯化作用。土壤呼吸释放的CO_2中大约有30%~50%来自根系活动(自养呼吸)，其余部分主要源于土壤微生物对有机质的分解作用(异养呼吸)。

土壤是大气CO_2一个主要来源，每年向大气排放68~75Pg的碳。土壤CO_2排放量与温度之间的正反馈关系受到关注。土壤温度对碳排放具有重要影响，一般认为温度上升将极大地提高土壤的碳排放。土壤温度是影响土壤呼吸的主要环境因子，土壤呼吸对温度变化相当敏感。森林火灾发生后，具有热绝缘性质的地表凋落物和土壤表层有机质在燃烧中消耗，使得更多的地表热量能够传递到土壤，同时凋落物蒸散发的降低也使得热量消耗减少，从而促进土壤温度增加，改变土壤呼吸速率。轻度火烧对土壤呼吸影响很小，高强度火烧20h后，土壤呼吸增加并且持续长达几个月。

(2)火干扰对森林生态系统生产力的影响

生态系统生产力是描述区域碳吸收能力的一个主要指标。森林生态系统净初级生产力(NPP)是生态系统中植被从大气固定的碳量与植被通过呼吸作用释放到大气中的碳量之差，是大气中的碳进入陆地生态系统的主要途径。

火干扰改变森林生态系统的年龄分布格局、物种组成、生物地球化学循环等，进而改变整个系统的碳循环过程和碳分配。火干扰改变生态系统原有格局和过程。火干扰后改变土壤生物物理化学性质，影响系统养分循环和物质分配，影响生态系统生产力；火干扰引起大气化学性质改变，同样对生态系统产生影响；火干扰改变生态系统的养分循环，对养分进行重新分配，从而对受干扰区域的生产力以及系统恢复产生影响。森林可燃物燃烧使得大量影响物质以气体和烟尘的形式释放到大气中，造成系统盐分流失。全球每年大约有20~36 Tg N通过森林可燃物燃烧释放到大气中，相当于每年有20%的生物固氮量或者30%左右的人工氮肥返回大气中；伴随森林火灾发生同时，大量气体排向大气，这些气体和颗粒物质能够改变大气化学性质和辐射平衡，从而对生态系统生产力产生影响。

火干扰影响生态系统正常发展阶段，改变系统的年龄结构。不同年龄结构的生态系统的碳循环特征不同。火干扰后生态系统恢复初期，地表植被较少，叶面积指数较低，净初级生产力(NPP)比较低，NPP随着年龄增长而提高，但是达到一定年龄后开始下降。但是不同生态系统的恢复时间和增长模式是不同的。

5.4.2 森林火灾碳排放模拟研究

火干扰对森林生态系统碳循环的影响具有复杂性、长期性，目前火干扰对森林生态系统碳循环影响的很多过程及功能很难进行详细研究。模型是重要的研究手段，不但可以对当前火干扰过程进行研究，还可以解释历史条件下火干扰对碳循环影响，以及未来气候变暖情景下火干扰对碳循环的影响。

5.4.2.1　碳排放量计量模型

准确计量火干扰过程中森林可燃物燃烧的碳排放量，可有效提高人们对气候变化与生态系统碳循环之间关系的理解。1980 年，Seiler 和 Grutzen 提出森林火灾燃烧损失生物量计量方法，即森林火灾损失生物量计量模型。其表达式为：

$$M = A \times B \times a \times b \tag{5-1}$$

式中　M——森林火灾消耗的可燃物量(t)；

A——森林火灾燃烧面积(hm^2)；

B——未燃烧前单位面积平均可燃物载量(t/hm^2)；

a——地上部分生物量占整个系统生物量的比重(%)；

b——地上可燃物载量的燃烧效率。

假设所有被烧掉的可燃物中的碳都变成气体，根据可燃物在森林含碳率(f_c)，就可以计算由于森林火灾所造成的碳损失(C_t)，其表达式为：

$$C_t = M \times f_c \tag{5-2}$$

通过计量森林火灾中不同可燃物的碳密度，将式(5-1)带入式(5-2)，并进行修正，使之用来计量森林火灾排放的碳量，其表达式为：

$$C_t = A \times B \times f_c \times \beta \tag{5-3}$$

式中　β——可燃物燃烧效率。

5.4.2.2　含碳气体排放量计量模型

根据上述公式，在计算出碳排放量的基础上，利用排放因子法进行含碳气体排放量计量。基于式(5-1)提出森林火灾损失生物量计量模型，其表达式为：

$$E_s = E_{fs} \times C_t \tag{5-4}$$

式中　E_s——某种含碳气体的排放量(g)；

E_{fs}——某种含碳气体的排放因子(g/kg)；

C_t——可燃物燃烧所排放的碳量(kg)。

目前火干扰对森林生态系统间接影响的模型模拟方法主要包括：

(1)基于年龄结构的碳循环模拟

通过统计数据获取不同年龄生态系统的碳循环特征，建立碳循环随年龄变化的模型。通过这个模型可以揭示火干扰对生态系统碳循环的影响。但是此类模型通常基于统计数据，而统计资料的时空分辨率较低，所以很难在较大时间尺度上应用和广泛推广。

(2)基于遥感方法的碳循环模拟

近些年在研究火干扰和碳循环关系中，遥感平台和算法逐渐成为一种手段，并收到了较好地效果。遥感作为重要的信息来源，可以提供客观实时的全球植被信息和周期性监测，为火干扰研究提供条件。基于遥感的碳循环模型，通常利用火干扰区域植被特征的变化信息来解释火干扰对碳循环的影响。Amiro 等人以 AVHRR 数据为数据源，基于过程模型进行火干扰后的 NPP 研究，以及 NPP 随时间的变化关系。Hicke 等人通过 CASA 碳循环模型，研究火干扰对净初级生产力(NPP)和净胜态系统生产力(NEP)的恢复周期。基于遥感估测森林火灾碳排放是当前国际上普遍运用的方法，但是空间分辨率、精度问题需要进一步提高。

(3)基于火干扰引起的生态系统功能变化的生物地球化学模拟

生物地球化学模型是采用数学模型来研究化学物质从环境到生物，然后再回到环境的生物地球化学循环过程。

生物地球化学模型具有较高的时空分辨率，更能反映各种影响因子的交互作用。但当前的模型大多数是在区域或者全球尺度上应用的，缺少对一些机理过程在微小尺度上详细研究与验证。针对这个问题，耦合火干扰和碳循环双向反馈机制，采取真正合理的尺度扩展方法来揭示森林生态系统碳循环与火干扰的相互作用是未来方向之一。

5.5　林火对全球主要生态系统影响

人类的生存和发展所需要的资源都来源于自然生态系统，同时，具有调节气候、净化污染、涵养水源、保持水土、防风固沙、保护生物多样性等多种服务功能，这些服务功能都是经济社会发展的物质基础。森林火灾发生，对自然生态系统造成干扰。火强度、火周期以及自然生态系统的可燃物环境、气候、地形等都会在不同程度上影响服务功能的发挥。

植被的分布与年平均温度及年平均降水量有着密切关系。在此基础上科平(Koppen，1900)将全球植被划分为10个类型(图5-1)。在林火管理过程中，不仅要掌握植被类型的分布特点，更重要的是要了解可燃物的负荷量及其潜在的火行为。

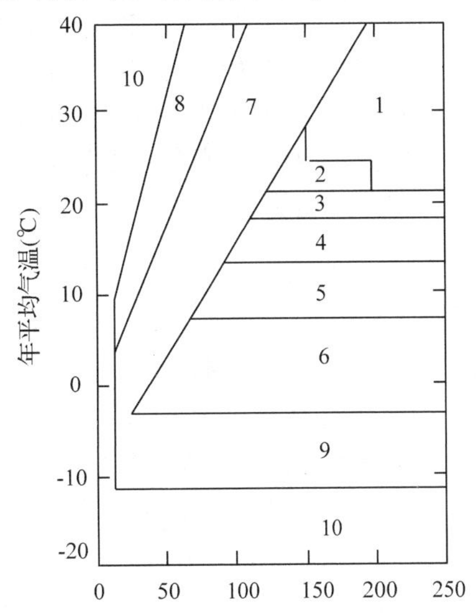

图5-1　植被型分布与气候变化的关系

1. 常绿阔叶林　2. 常绿落叶阔叶林　3. 落叶阔叶林　4. 落叶针叶混交林　5. 针叶阔叶林　6. 针叶林　7. 疏林或草原　8. 灌木林　9. 冻原　10. 裸地

森林中枯枝落叶的积累与冬夏季温度有关。有人根据最冷3个月的平均气温划分了6个冬季气候等级(表5-2)。从表中可以看出，越是寒冷地区，地被枯枝落叶积累越多。但是，极地地区由于气候过于寒冷(最热3个月的平均气温小于7℃)，没有植被分布。全年湿度的分布可用桑斯维特(Thorthwaite，1948)的蒸散指数来划分(表5-3)。

表5-2　冬季气候等级与地被枯枝落叶积累情况

寒冷等级	最冷3个月的平均气温(℃)	枯枝落叶积累	寒冷等级	最冷3个月的平均气温(℃)	枯枝落叶积累
无霜	>16	无	长期寒冷	-7～-1.1	多
微冷	10～15.9	很少	非常寒冷	< -7	很多
冷	4.5～9.9	少	极地	<7	无
短期寒冷	-1～4.4	中等			

注：*最热8个月的平均温度。

表 5-3 干旱等级与林内下层密度及枯枝落叶的分解速度

干旱等级	ΣM	林下层密度	枯枝落叶层分解速度
很湿	> 500	密	快
湿	251～500	中等	中等
干	11～250	稀少	慢
很干	< 11	极少	—

其中蒸散因子用下式求得：

$$\ln R = \frac{1}{12(0.14T \times 0.89L)} \tag{5-5}$$

式中 R——蒸散因子；

T——月平均气温(℃)；

L——月平均日长度(h)。

当月平均气温≤0℃时，蒸散指数和月湿度指数均取0。当月温度指数为负值，蒸散超过水分输入时，这样的月份就有发生森林火灾的可能。因此，根据月湿度指数可以确定火灾季节的长度。月湿度指数出现负值的月份越多，火灾季节越长；月湿度指数无负值出现，就没有火灾季节。当月湿度指数出现负值的月数为1：00～4：00时称其为短火灾季，5：00～12：00时为长火灾季。

$$P_O = \frac{\left[D + \frac{0.394R}{N}\right]}{0} 1.0012L \times 100.0308T \tag{5-6}$$

式中 P_O——月湿度指数；

D——在 M 月降水量≥0.25cm 的日数；

R——月降水或降雪总量(cm)；

L——日平均长度(h)；

N——该月份的日数。

由于计算是从一年中最湿月开始的，P_{M-1}的值大于P_O。在运算过程中P_O、P_M及P_{M-1}可能会出现负值，但是没有实际意义。因此，负值均以0来代替。在没有风的条件下，火行为可用火强度和蔓延速度等来估算式(5-7)。这样就得出了燃烧指标与火行为的关系(表5-4)。

$$B = \frac{IS}{60} \tag{5-7}$$

式中 B——燃烧指数；

I——强度组分；

S——蔓延组分。

因此，根据已有的气象资料能够分析出世界各地潜在的森林火灾特点。下面重点介绍世界各地主要植被类型的火灾特点。

表 5-4 燃烧指标与火行为的关系

燃烧指标	火行为	燃烧指标	火行为
1～19	仅发生蔓延缓慢的火	60～79	高能量快速火、飞火，经常烧至树冠
20～39	仅发生地表火	≥80	可能发生树冠火
40～59	快速火，有时能波及树冠		

5.5.1 北方林

从50°N至北极圈附近的北方林，分别占全世界针叶林和森林面积的3/4和1/3。北方林区在气候上可明显分为2个季节，即漫长寒冷的冬季和短暂的夏季。最冷月平均气温为-50～-6℃，最热月平均气温为16～17℃。无霜期不超过120d。在年平均温度低于零度的地区常有永冻层分布。尽管年降水量很低(250～600mm)，但由于蒸发量小，而不表现为缺水。在土层1m深处土壤含量基本上保持长年不变。因此，在排水不良的地段，土壤常常很湿，由苔藓或沼泽植被所覆盖。

该区的主要森林，如云杉林、松林、落叶松林及冷杉林等，均“产生于火”，因为没有火的作用这些顶极群落很难完成自我更新。比较湿润地区的火灾轮回期(火周期)大约为200～250a，火常发生在较干旱的年份，并且火烧严重，过火面积大。如1951年夏季，西伯利亚一次森林火灾过火面积达$1425 \times 10^4 hm^2$，是至今全世界过火面积最大的一次森林火灾。在高强度火烧地区，活立木常常被烧死，由演替起来的同龄林所代替。在比较干旱的地区，火灾轮回期可缩短至40～65a，在火灾发生后很少出现所有的树木都致死，这样火烧后又可形成异龄林，如桦木—松树混交林，云杉—崖柏—落叶松混交林等。如果火的作用只限于自然火(雷击火等)而不是人为火，则某些“火成森林”会占据某些立地类型。这种现象在北方林南缘地区较为普遍，具有代表性的是北美短叶松和美国海崖松，它们的成熟球果具有迟开特性。因此，这些树种种子的释放需要在火的作用下才能够完成。

火对于维持黑云杉、美洲山杨及美洲桦在加拿大和美国的阿拉斯加地区的生存具有很大的作用。北方林区火灾的频繁发生是由于该地区降水量小和火灾季节(5～9月)日照时间长，藓类可燃物的易燃性大(如驯鹿藓)、雷击频繁，特别是所谓的“干雷暴”的发生而引起的。

极地荒漠长年被冰雪覆盖，植被仅限于稀疏的地衣和苔藓及零星分布的草本植物，可燃物稀少而且不连续，因此无论天气条件怎样都不能使火灾发生和蔓延。

冻原分布于北半球北方林以北的广大地区。在火灾气候上冻原包括林学家们常划分的泰加林的北部，其界限为云杉及其他针叶矮曲林。这些矮曲林在火行为上与其北部毗连的灌木相似，而与森林却有很大的差异。冻原的永冻层接近地表，夏季潮湿，正常年份一般不发生火灾。但是，在特别干旱的年份也能发生大面积火灾。一旦发生火灾，危害非常严重，因为地衣冻原火烧后至少需要1个世纪才能恢复到能够维护驯鹿种群生存的水平。根据植物组成可将冻原分为如下几个亚类：

①灌丛　接近高纬度树木线，高度低于2m的落叶灌木。石楠属及矮木本植物(30～50cm)。这些植物多具有窄而厚的叶子。

②沼泽　多为禾本科、莎草科和灯芯草科植物。

③地衣苔原　几乎全部为苔藓地衣植物所覆盖。

针叶林常分布在高纬度和高海拔地区。在大陆性气候地区，火灾季节短却严重，几乎每年都发生大面积的森林火灾，特别是在美国的阿拉斯加、加拿大及俄罗斯的西伯利亚，火灾甚为严重。虽然林冠下层下木下草稀少，但林地枯枝落叶积累多，是发生火灾的策源地。

泰加林是分布最北的森林。在北美，泰加林的主要树种是云杉。其中在土壤排水较好的立地分布着白云杉，并成为这种立地条件上的顶极群落。而在排水不良的立地上分布着黑云杉，并成为白云杉的火灾亚顶极。在欧亚大陆泰加林的组成树种为云杉、落叶松、松属、冷杉及崖柏等，有由单一树种组成的纯林，也有由这些针叶树组成的混交林。通常，暗针叶林(云杉、冷杉、崖柏等)多分布在土层厚、排水不良的地段，而明亮泰加林(松、落叶松)多分布在沙质土壤上。与在冻原地带一样，泰加林区亦有永冻层，而且与火有着密切关系。一旦火烧以后，光照加强，加之黑色物质大量吸收长波辐射，使永冻层下降，林木面临严重风折的危险。因此，在泰加林区，即使比较轻的火灾也常常使整个林分全部毁灭。由于可燃物积累缓慢，加之永冻层的湿润环境，使得泰加林区自然火周期很长，美国阿拉斯加地区的火周期为206a。火烧后植被的恢复主要取决于火的强度。在严重火烧区，特别是在干旱季节，厚厚的有机质层全部被火烧掉的地方，演替常常回到灌丛阶段，针叶林的恢复需要几十年，甚至近百年。在树冠被烧毁，但土壤没有完全破坏的火烧迹地，杨、桦会通过无性繁殖首先演替起来，随后被针叶树逐渐取而代之。针叶树的种源来自火烧前地下种库和毗连地区的种子雨。在轻度火烧，甚至树冠还没有完全烧毁的地方，针叶树通过种子进行更新通常是很快的，因为此时的条件比较适宜更新。

5.5.2 温带林

全球的温带森林主要分布在以下地区：整个西欧及俄罗斯的高加索山脉及乌拉尔山脉；北美的温带地区，从北方林的南缘一直到大西洋沿岸、墨西哥湾及太平洋沿岸；南美的巴塔哥尼亚、安第斯山脉、智利南部等地的部分地区；新西兰及澳大利亚大部；日本大部及整个亚洲大陆的东部。温带林分布广，植被类型多，因此，只能分区叙述植被特点及火的影响和作用。

(1)欧洲

在欧洲，温带林在沿海地区的分布范围为40°~ 55°N，而在俄罗斯仅分布到50°N，气候特点是冬季短而温和(1月平均气温为 -5 ~ 5℃)，春秋两季漫长，冷热交替进行。降水量在500 ~ 1000mm，虽然海洋性气候地区的冬季及大陆性气候地区的夏季雨量充沛，但是，由于夏季多云天气多，蒸发量少，冬季低温等特点，使得本区没有明显的干季。在这种气候条件下，土壤几乎长年保持湿润，火灾季节为春秋两季，仅在特别干旱的年份才会发生严重的火灾。欧洲温带林的火灾发生率为167 次/10^6 hm^2，每次火灾面积为0.97hm^2，火灾轮回期超过6000a。在经营管理水平较高的法国和德国，每次火灾面积小于0.5hm^2。

欧洲温带林主要由山毛榉和栎类组成。欧洲水青冈占据整个西欧海洋性气候区的平原、低平原及低山地区，并与欧洲鹅耳枥及欧洲赤松等组成镶嵌植被。火灾常发生在短暂的秋季或树木放叶前的春季。

欧洲大陆的欧石南(*Erica*)植被类型是过度放牧和频繁的火烧而形成的。在干旱条件下，欧石南属植物燃烧强烈，许多种类同地中海灌丛一样对火具有较强的适应能力。爱尔兰在整个欧洲温带林区中森林分布比较少，而石楠植物分布较多，但是，它在整个欧洲火灾发生率最高，为380 次/10^6 hm^2，也是每次火灾面积最大的地区。

(2)北美洲

在北美洲，温带林的分布东至东海岸，西至西海岸，北部与北方林接壤，南至热带雨林和热带荒漠，其植物种类是欧洲温带林所不能比拟的。本区的东部以落叶阔叶林为主，降水量为750~2000mm，夏季高温、高湿而漫长。北部地区冬季严寒，但持续时间比夏季短。北部地区极端低气温为-30~-20℃，南部地区为0℃；北部地区的1月气温为-10~0℃，南部>10℃。雷击火是本区最悠久的自然火源，平均每年发生雷击火1370多次。在美国东部，秋季是其主要火灾季节，而春季只有在特别干旱的年份才表现为短暂的火灾季节。北美温带林自然火发生的频率比北方林高。在北部地区火灾间隔期为10~25a，而在南部地区为2~5a；火在针叶林及针阔混交林内的发生频率比在纯阔叶林内高。在整个北美温带林内火灾以地表火为主，为数不多的树冠火仅发生在针叶林内。但是近些年来，由于过度的采伐及火灾控制能力的提高，使林地可燃物大量积累而导致树冠火经常发生。

(3)南美洲

在南半球，温带林的分布范围为35°~50°N。南半球的温带林与北半球的温带林有显著差异。北半球的温带林多以大陆性气候为主，并大面积连续分布，而南半球的温带林以海洋性气候为主，并多呈小面积岛屿状分布。在南美，温带林及其植被主要分布在智利南部及阿根廷的安第斯山脉。主要气候特点是降水量大，年降水量达1000~3500mm。但是，温度变化幅度小，平均最高气温为10~17℃，平均最低气温为5~7℃。这个植被带属于针阔混交林带。除了北部边缘地区有短暂的火灾季节外，其余大部分地区没有火灾季节。南美温带林的主要组成树种是南方假山毛榉(*Nothofagus xunninghamii*)和南洋杉(*Araucaria cunninghamii*)。森林非常茂密，林木平均高在40m以上，密闭的林下使人难以通过。在智利的中部及阿根廷的安第斯山脉也能发生火灾，但是次数很少。

(4)澳大利亚和新西兰

在澳大利亚，近70%的森林为桉树林。从干热的内地平原到高山地区分布有500多种桉树。澳大利亚的温带林区主要为降水量大于600mm的地区。热带林主要分布在北昆士兰州的北约克半岛的阿纳姆地(Cape York Peninsula Northern Territory, Arnhem land)及西澳大利亚的金伯利(Kimberleys)。

畜牧业是澳大利亚的基础产业。火常常被当做一种工具用来清理干枯、不可食用的草。每年火烧面积均超过5×10^4hm^2。虽然火灾的发生率很低，常在2次/10^6hm^2，但每次火烧面积达400hm^2。根据林下层的特点，可将桉树林分为两大主要类型——湿润型和干旱型。湿润桉树林的优势木常超过30m，下层生长耐湿润的林下植物，如棕榈等，林分密闭、异龄、高度超过70m。1939年的一次森林火灾使这一地区的2×10^4hm^{2}的桉树林全部毁灭。在以后的25a中，火灾发生率为66次/10^6hm^2，平均每次火灾面积353hm^2，火灾轮回期为43a。温带林不能忍受如此短的火灾间隔期，因此，采用林内计划火烧来降低火灾的强度和每次火灾面积。

干旱桉树林广泛分布于澳大利亚，下木为草质灌木，林分较稀疏，林内杂草较多。常常采用林内计划火烧来预防炎热夏季的大火灾。

在澳大利亚及新西兰引进大量的北美针叶树，如新西兰辐射松，并广泛营造成林。这些人工针叶林的火灾问题十分突出。

5.5.3　地中海森林

地中海植被类型在五大洲均有分布，而且各有特点。其主要分布区为南部欧洲、地中海附近的近东和北非，美国的加利福尼亚州，南非部分地区以及南澳大利亚西部、中部等。所有这些地区均靠近海洋。地中海森林生态系统对林火管理者来说具有不寻常的重要性。这些地区的火灾间隔期为 15 ~ 35a。一方面在此期间内，森林会积累大量的可燃物，可支持大火灾的发生；另一方面，每一代土地所有者均具有经历火灾的机会。在火周期短的地方火烧不严重，而在火周期较长的地方火烧常常很严重。

(1)地中海盆地地区

在地中海附近的所有国家可以说是一个大的生态系统，均受地中海气候的影响。这一地区每年被火烧掉的森林大约为 $20 \times 10^4 hm^2$。现在自然火发生很少，其火灾面积仅占总火灾面积的 2%。森林群落的主要优势种有 40 种，亚优势种 50 种，每个特定的种的不同生长阶段和成熟阶段对火具有不同的适应机制。这样频繁的夏、秋季火烧对圣栎(*Quercus ilex*)和胭脂虫栎(*Q. coccifera*)的抽条会有很大的不利影响，而同样的火在春季和冬季却影响很小。

有些地中海植物种通过地下繁殖体来适应火灾的频繁发生，如球茎、根茎、瘤茎等。这些植物有阿福花、蜜蜂兰和多枝短柄草等，其中后者在火灾季节的任何时刻都不会受到很大的影响。也有一些植物种能够通过增加皮厚来抵抗和适应火灾。

①针叶林　针叶林在整个地中海地区均有分布。在最热的地方以地中海松和卡拉布里亚松为主。地中海松的高度为 10 ~ 25m，而卡拉布里亚松常高于 20m。地中海松可分布到地中海盆地的西部至希腊，而卡拉而里亚松仅分布在安纳托利亚、叙利亚及爱琴海岛。另外，海岸松、意大利五针松、欧洲黑松、阿特拉斯雪松、黎巴嫩雪松、塞浦路斯雪松、冷杉等在本区不同地方也有分布。

②硬叶林　是地中海气候下的一种典型植被，常由一些栎属树种组成，如圣栎、栓皮栎(*Quercus variabilis*)和巴勒士登栎(*Q. calliprinos*)，这些树种的叶子不凋落。在地中海北部一些国家，圣栎能从海岸边一直分布到海拔 900 ~ 1000m 高山。而在北非、西班牙南部、意大利南部及希腊等地，圣栎在海拔小于 400m 的地区很少出现，而在海拔 1500 ~ 1800m 的地区却广泛分布。栓皮栎在地中海西部亦有分布，一直可延伸到西班牙和葡萄牙，东部延伸到原南斯拉夫的达尔马提亚地区。这个树种对生态条件的要求比圣栎严格，而且林分密度很小，常见的是开阔的疏林。

③落叶林　在地中海地区的温带及较凉爽的地带均有落叶林分布。其中巴勒士登栎广泛分布于加泰罗尼亚至希腊，特别是以地中海的北部边缘为多。现在，该地区的大部分林地由于过度采伐和放牧，已经形成了只有少数生长不良的稀疏林木的林地，群落高度为 3m。

在地中海国家，每次火灾面积的大小及火间隔期主要取决于森林火灾的控制能力，而可燃物积累或气候条件次之(表 5-5)。

表 5-5　地中海盆地一些国家的平均每次火灾面积

国家	平均每次火灾面积(hm^2)	国家	平均每次火灾面积(hm^2)
阿尔及利亚	37.1	意大利	11.9
塞浦路斯	13.0	葡萄牙	57.2
法国	13.2	西班牙	41.5
希腊	79.0	土耳其	38.5
以色列	4.2	原南斯拉夫(1990 年)	12.4

(2)加利福尼亚南部

在本地区，原始林面积很小，通常分布在北坡。主要的常绿阔叶树种有黄鳞栎、禾叶栎、熊果(*Arctostaphylos uva-ursi*)、黄叶栲(*Castanopsis chrysophylla*)、加州杨梅(*Morella californica*)；针叶树种有辐射松(*Pinus radiata*)、萨金特氏柏、大果柏(*Cupressus* sp.)。这些树种大多数能够通过干基抽条来适应火灾，而有些树种具有其他对火的适应方式。例如，萨金特氏柏具有球果迟开的特性，其树上种子的释放需要火的加热作用才能够完成。

在南加利福尼亚州，中型的常绿灌木丛(北美艾灌)是其主要植被型之一。这些常绿灌木大约有40多种，与森林树种有明显的差异，大多是以下各属的植物，如熊果属、栎属等。这些灌丛隔一定时期就被火烧一次，但火烧后能通过根蘖而更新。可以说在这一地区常绿灌丛是由火来维持的。而在南坡，由于非常干旱，这类灌丛表现为顶极群落。

早在印第安人定居以前，火在加利福尼亚南部的作用一直是很重要的。但是，随着人口的增加，火发生的频度加大。南加利福尼亚的火灾间隔期为15~50a，有些老防火员已经在同一地点扑救过两次火。

(3)智利中部地区

智利中部地区其植被分布区的立地条件变化很大，基本上可分为极干旱、干旱、半干旱、半湿润、湿润及极湿6种类型。后面5种类型条件下的植被有足够的可燃物，能够支持火灾的发生。在本区的南部地区，由于火的经常发生及放牧过度，使得开阔的硬叶林变成了刺状灌丛，进而被灌木状的草原所取代。在智利，96%的火灾发生在33°~42°S的中部地区，但是智利每次的火灾面积较小，仅为10.2hm^2，而地中海地区为31hm^2，南加利福尼亚地区为219hm^2。这一地区的火灾间隔期为272a。如此长的火灾间隔期完全可使当地的森林得到保护。但是，在智利75×10^4hm^{2}的人工辐射松林中，火灾发生次数及火灾面积均在上升，火灾间隔期已缩短至166a，这个时间已达到该树种能否维持的临界值。

(4)南非

南非好望角地区的植被由很多种类的硬叶灌木所组成，通常称其为硬叶灌丛(hardwood shrub, fynbos)。这种硬叶灌丛的特点是，帚灯草科的种类为绝对种，也常常为优势种或亚优势种。通常把这种硬叶灌木林按其分布的生境分为3类：沿岸、高山及干旱硬叶灌木林。硬叶灌木林常常需要定期火烧来维持其物种的多样性等特点。同时，这种易燃的灌木林可通过火烧来扩大其分布面积，这也是其对火的一种适应。

在南非的整个东海岸，营造了大约500×10^4hm^{2}国有或私有人工林，其目的是为了生产更多的纸浆材和木材，控制火灾是这里森林经营的主要任务之一。平均每年火烧面积3600hm^2，但是，在火灾严重的年份如1980年，其火烧面积要高出几倍。

(5)澳大利亚

澳大利亚受来自11°~44°S的陆地气候的影响。虽然从北部的热带及亚热带到南部的温带及寒温带气候差异悬殊，但其植被的结构和植物种类组成却非常相似。除了热带、温带雨林和疏林外，其他所有的群落均与火有密切的关系，而且林地有丰富的可燃物。在冬季干旱月份到来之时，火灾常常发生。

温带雨林密闭，树高10~30m，桫椤(*Alsophila spinulosa*)常超过2m，草本植物稀少，这些林分只有在特别干旱的时期发生火灾。湿润的硬叶林林木较疏，高达30~50m，林下常有2~3层高10m左右的耐阴下木层，桫椤高2m，蕨类、苔藓等较丰富，林内积累了大量的可燃物，在干旱季节到来时容易干燥，并会发生高强度的火灾，这类林分易为火灾所毁灭。这也正是该林分对火的一种适应，因为这种林分的更新需要高强度的火烧才会完成。如果没有火的作用，这种林分常为温带雨林所取代。

桉树的更新对火具有很强的适应能力。如火烧强度大，幼苗的更新非常好；如过火强度小，只烧毁树木的叶子而树木本身没有死亡，这时会有大量的萌发枝条产生。为了在火灾比较严重的环境条件下生存，桉树从幼苗开始直到能够结实为止的这一时期需要自我保护。共有 3 种保护方式：一是高强度火烧后烧掉了大量可燃物，减少了再次发生树冠火的可能性；二是蒴果生长在叶子的下面，即使发生树冠火，热流接触到蒴果时其温度也会下降很多；三是蒴果本身具有木质的外壳，而且被含水分较多的生活组织所保护，因此，其抗火能力很强。

5.6 林火对中国生态系统影响

我国的森林生态系统类型多样，而这些生态系统的气候、植被，以及森林火灾特点和影响均不相同，因此，所采用的林火管理方法不尽相同。现就影响我国自然条件的因素和不同生态系统森林火灾特点、影响及林火管理对策分别叙述如下。

5.6.1 影响我国植被分布的自然条件

(1) 纬度

我国位于北半球，横跨 49 个纬度。秦岭—淮河为界，以北为温带、寒温带气候，以南为亚热带和热带气候。植被从南至北分别为热带雨林与季雨林、亚热带常绿阔叶林、暖温带落叶阔叶林、温带针阔混交林和寒温带针叶林。土壤也依次为砖红壤、红壤、黄壤、棕壤、暗棕壤、棕色森林土等。这主要是由于纬度不同，太阳光照射角不一样，因此地面受热量也是极不相同的，所以形成了不同的地带性土壤。

(2) 经度

我国东部临海，西部位于内陆，喜马拉雅山阻挡了来自印度洋的水汽。因此，经度的变化直接影响降水的多少，我国东部为海洋性气候，西部则为大陆性气候。

在温带，植被随着经度变化依次为森林、草原、荒漠。在亚热带，由于青藏高原的突起，植被随经度变化为森林，高山草甸、高山草原和高山荒漠，形成了鲜明的经度带。

(3) 海拔高度

我国为多山国家，海拔在 500m 以上的山地约占国土面积的 86%，海拔在 500m 以下的平原仅占 14%。由于地形起伏变化，影响到各地水热条件的明显变化，海拔每升高 100m，气温则平均下降 0.6℃，相当于水平向北推进 100km。所以在赤道附近海拔在 5000m以上的高山地带常年积雪，相当于北极圈地带的气候。同时，随着海拔不断升高，空气湿度也相应增大，风速也不断加强。

随着纬度、经度和海拔高度的变化，气候、植被和土壤变化也很大，从而也影响到经济发展和人口分布。综合这一系列变化，形成各种不同的生态系统及不同的林火特点。例如，我国南方森林火灾出现在旱季或春冬两季，北方森林火灾则出现在春秋两季；而新疆的森林火灾则出现在夏季。我国南方多发生地表火和局部树冠火，一般不发生地下火，然而在北方则发生地表火、树冠火，有时还发生地下火。在小兴安岭北部和大兴安岭林区的局部地区还可以发生越冬火。在我国，南方多为农业生产用火不慎引起森林火灾；北方则为林业用火或工业用火引起森林火灾；西部主要是牧业用火不慎引起森林火灾。在我国的森林火灾中，自然火源占 1%，但在阿尔泰林区和大兴安岭林区，自然火源比例却达 36%。

5.6.2　寒温带针叶林区

寒温带针叶林区位于我国的最北端，北以黑龙江为界，东以嫩江与小兴安岭接壤，西与呼伦贝尔草原相连，南到阿尔山附近。

该区包括了大兴安岭全部林区。其自然特点属于大陆性气候，全年平均气温为 -2℃，极端最低气温可达 -53.3℃，属于我国的高寒地区。冬季长达 7~9 个月，生长期为 70~110d，年积温为 1100~1700℃，全年降水量在 300~400mm 之间，为半湿润区和半干旱区。春季干旱期长、风大，为森林火灾危险季节。该林区植被为以兴安落叶松为主的明亮针叶林。由于生长期短，春季 5、6 月间有一定数量的雷击火，该地区地广人稀，交通不便，林火控制能力薄弱，是我国森林火险最高的林区。

兴安落叶松为该地区地带性植被。除云杉外，大部分树种为喜光树种。该区气候寒冷，森林多为单层林，林木稀疏，而且兴安落叶松树冠稀疏，林下阳光比较充足，因此林下喜光杂草滋生，形成了大兴安岭易燃植被，再加上大部分的喜光阔叶树，尤其是耐瘠薄干旱的黑桦、蒙古栎大量分布，这就更加提高了森林的燃烧性。

大兴安岭海拔 600m 以下是兴安落叶松为主的针阔混交林，600~1000m 是兴安落叶松为主的针叶混交林，在 1000m 以上为兴安落叶松、岳桦和马尾松形成的稀疏曲干林 3 条垂直带。火灾季节依次为针阔混交林，最晚为曲干林，第三带为大面积次生林区，火灾发生最为严重，为重点火险区。

大兴安岭地形为低山丘陵，最高山峰奥科里堆山位于贝尔赤河中游右岸，海拔1520m。由于地势比较平缓，山体浑圆，山间有较宽的沟谷，形成大面积沟塘草甸，是该林区最易燃烧的地段。

(1) 森林火灾特点

大兴安岭为我国重点火险区，虽然每年平均森林火灾发生次数仅有几十次，约占全国森林火灾发生次数的 0.4%，但平均每年森林火灾面积则为全国之冠，约占森林火灾总面积的 41%，每年平均过火面积高达十几万至百万公顷，平均每次火灾过火面积高达数千公顷，是我国过火面积最大的林区。该林区森林火灾季节为春季 3~7 月上旬，秋季 9 月中旬至 10 月下旬。遇到夏季干旱年份，夏季也可能发生火灾。防火戒严期是春季 4 月下旬至 6 月下旬，个别夏秋干旱年份的 10 月也是火灾发生季节。大兴安岭自然火源主要在 5~6 月，约占自然火源的 90% 以上，主要是雷击火。该林区自然火源占总火源数量的 20% 左右，过火面积仅占总过火面积 1/50；大部分森林火灾是人为火源引起的。由于森林易燃、气候干旱、地广人稀、对林火控制能力薄弱等原因，容易发生大火和特大森林火灾。

(2) 森林燃烧性

按燃烧性难易程度，该林区的植被可分为以下 3 种类型：

①难燃、蔓延慢的类型　有沿河朝鲜柳林、甜杨林、平地落叶松林。落叶松林包括矶踯躅—落叶松林、泥炭矶踯躅—落叶松林、溪旁—落叶松林、藓类马尾松—落叶松林（分

布于亚高山处）、云杉林及落叶松云杉林。

②可燃、蔓延中等的类型　有灌木林（主要有紫桦和榛丛、绣线菊）、白桦林、山杨林、坡地落叶松林（包括草类—落叶松林、杜鹃—落叶松林和蒙古栎—落叶松林）、山地樟子松林和落叶松樟子松林。

③易燃、蔓延快的类型　有草甸子（包括塔头薹草、小叶章）、各类迹地（包括火烧迹地和采伐迹地）、大量风倒木区，蒙古栎黑桦林、沙地樟子松林与人工樟子松林。

大兴安岭林区各类可燃物类型在森林燃烧环网上的分布（表5-6）。

表5-6　寒温带针叶林区可燃物类型在森林燃烧环网上分布

类型	1 轻度	2 中度	3 高度	4 强度
A 难燃、蔓延慢	甜杨林 朝鲜柳林	平地落叶松 人工落叶松林（郁闭）	马尾松—落叶松林	云杉林 落叶松云杉林
B 可燃、蔓延中等	灌木林	白桦林 山杨林	坡地落叶松林	樟子松林 落叶松樟子松林
C 易燃、蔓延快	塔头、小叶樟、 草甸子	各类迹地	蒙古栎黑桦林	沙地樟子松林 人工樟子松林

（3）主要树种对火的适应性

大兴安岭林区的森林都残存火烧痕迹，充分说明早在人类进入该林区之前，自然火源就不断作用和影响森林，因此该林区被保留的林木对火灾都有一定的适应能力，也说明大兴安岭森林能承受一定程度的自然火灾。该林区火烧迹地上也出现许多自然更新的树种，说明火对该林区森林的形成和发展起到了一定的推动作用。但是由于人为火源不断增多，从而加重了该林区森林对火灾的负荷，使该林区森林生态的平衡遭到破坏。在大兴安岭林区南部出现大面积次生林，有的退化为草原化植被，这不能不说是森林火灾带来的灾难。因此，在经营森林资源时，对火的作用和影响必须引起高度重视，既要控制它的有害方面，又要充分发挥它的有益方面。

兴安落叶松是该林区的主要树种，它对火有较强的抵抗能力，幼小的兴安落叶松抗火能力弱，但在天然林40a后树皮增厚，有一定抗火能力，并随着年龄的增长，抗火能力不断增强。在幼年（10a以前），树种有萌发能力，火烧后树皮增厚。此外，有些成熟林木可以抵抗7000~8000kW/m强度的林火。同时，密集林冠下的落叶松针叶，由于密实度大，不易燃，故有人选择兴安落叶松为防火林带树种，但其小枝、干枝则易燃。秋季火灾后，有利于落叶松下种更新。该树种年龄在80~200a之间抗火及结实能力均强，在此期间发生低强度林火有利于该树种的发展。

该林区北部山地的部分向阳山坡分布有樟子松林，樟子松幼年不抗火，树龄在60a以后才有一定抗火能力。其球果2a成熟，但有迟开裂的特性，一般情况下球果成熟后1~3a内不开裂，但遇到火灾，球果则能很快开裂而传播种子。所以，在樟子松火烧迹地上有许多幼苗。樟子松具有经火烧刺激使树皮增厚的特性，所以它的年龄越大抗火能力越强，在80~200a左右具有较强的繁殖能力，不易被火淘汰。樟子松虽然是易燃树种，而且又分布在干旱立地，但不被火灾所毁灭，就是这个道理。同时，火还有利于它的更新和扩大其分布区域。

云杉林在大兴安岭东北部分布 2 个种：一种是红皮云杉(*Picea koraiensis*)，主要分布在呼玛河谷的低湿地；另一种是鱼鳞云杉(*Picea jezoensis*)，主要分布在海拔 800m 以上的亚高山区，如塔河县蒙克山一带，鱼鳞云杉能够生存是因为这一代空气湿度大。云杉是该林区针叶树中抗火能力较差的树种，红皮云杉是常绿乔木，分布在水湿的立地条件上，树冠层深厚，阳光难以射入，林下有隔热的苔藓覆盖，春季化冻晚，因此春季森林火灾不容易烧入。1987 年春季的大火中，唯有云杉林躲过了火烧而保存下来。目前在许多云杉林中很难发现火灾痕迹，也只有在极其干旱的秋季才有发生火灾的危险。因此，云杉林要经几百年才有可能发生一次火灾。该林区的云杉是沿河谷由东向西不断进展的树种，并非是森林火灾作用的结果。

白桦(*Betula platyphylla*)是分布于该林区的主要阔叶树种。白桦种子有翅，飞散距离远，可达 1~2km。其幼苗能忍受比较恶劣的环境，一般为先锋树种。它的树皮和小枝均含有油脂，易燃；其大树皮薄容易剥裂，非常易燃，容易形成树干火。但密集郁闭的中幼林却有隔火功能。在比较干旱的低山丘陵，土壤干旱而瘠薄，白桦被黑桦所取代，在亚高山处白桦则被岳桦所取代。

山杨在大兴安岭林区也有分布，主要分布在向阳山窝处，由于它的抗寒能力差，其分布受到限制。

蒙古栎在大兴安岭东、西坡的低山丘陵均有分布，但随着海拔的升高，蒙古栎的分布受到限制，海拔在 600m 以上一般很少有分布。蒙古栎的耐火和抗火能力均强，又能忍耐干旱与瘠薄。同时，它还具有很强的萌芽能力，火灾后有利于它的扩展。它经常与黑桦并存，火灾后往往构成黑桦蒙古栎林。这是与东部山地不同的特点。

(4) 演替

火演替在该林区屡见不鲜，并呈现空间差异。在北部原生林中，兴安落叶松火后被白桦所代替，因为白桦种子轻而有翅，可以随风远距离飘移，易占据火烧迹地；原有落叶松林中白桦的地上部分被烧死，地下部分或基部又可萌发，形成白桦萌芽林。大火后看到火烧迹地有许多地方形成白桦萌芽林，随后兴安落叶松又侵入，形成白桦落叶松混交林。由于落叶松寿命长，最终又被落叶松反更替，形成兴安落叶松林。在东部地区兴安落叶松火烧后形成白桦林，再反复火烧形成黑桦蒙古栎林。由于黑桦和蒙古栎比白桦更耐火，也更耐瘠薄干旱，所以多次火灾后白桦被淘汰，只好被更耐火、耐干旱的黑桦和多代萌生的蒙古栎林取代。如果继续遭受火灾，就有可能变为草原化植被。当形成黑桦蒙古栎林时，要恢复落叶松林就比较困难了。这是因为形成黑桦蒙古栎林后这里已形成了比较干旱的环境条件，不利兴安落叶松的生长。在该林区南部地势较高，与草原相接，无蒙古栎分布。兴安落叶松遭受火灾后，被白桦林所更替，多次火灾破坏形成草原化植被。此时恢复兴安落叶松林就更加困难了。大兴安岭南部山地向阳山坡的无林现象，就是森林火灾加速了草原化的结果。因此，要在这些地区防止森林退化，首先要控制森林火灾的发生。

(5) 火管理

该林区长期受到火的作用和影响，许多树种和植物对火有一定适应能力，所以恰当用火对该地区森林经营是有利的，这是用火的有利方面。但是该地区比较干旱，加上该地区土层浅，一般山坡土层厚度只有 20cm，如果用火过于频繁或用火不当，则会影响该林区的生态平衡。所以必须充分认识火的两重性，化火害为火利，才能做好林火管理。林火管理大致有以下几个方面内容。

该林区是我国重点火险区，全国40%的过火面积分布在该林区。平均每次火灾面积超过特大森林火灾的范围，因此，应进一步加强林火控制能力，特别是进一步控制特大森林火灾的发生。

以火防火是该林区经常采用的措施，如火烧防火线(铁路、公路两侧)和火烧沟塘草甸子，最好3~5a烧一次，以便降低可燃物载量，又可以阻火。林内计划火烧可以降低可燃物的积累，但应该慎重，间隔期应长，火强度也应低。同时要绝对控制水土流失，以提高森林涵养水源的能力。该林区兴安落叶松在火烧迹地更新良好，在有条件的地方，可以采用火烧促进落叶松和白桦更新，迅速提高森林覆盖率，提高森林涵养水源的作用，以维护森林生态平衡。同时，可对采伐迹地剩余物和抚育采伐剩余物进行清理，可以在冬、夏季利用火烧清理林地，这既有利于安全防火，又有利于森林更新，改善森林环境，防止病虫害发生。

大兴安岭林区有许多野果资源，各种药用和可制作香料的野生植物也有待进一步开发利用。如何采用野外用火进一步提高这些植物资源的产量和质量，有待进一步研究总结。

大兴安岭林区有一定数量的野生动物资源，特别是食草动物，如驼鹿、马鹿和狍子等。有计划地火烧沟塘草甸和改造次生林，改善栖息地和饲料条件有利于它们的繁殖，以扩大野生动物资源，有利于该林区多种经营和综合经营。此外，还有许多方面的用火都有待进一步总结经验。

5.6.3 温带针阔混交林区

温带针阔混交林区为东北东部山地林区，西以嫩江为界与大兴安岭接壤，北以黑龙江为界，东部以乌苏里江、图们江、鸭绿江为界，南部至安沈线与辽东半岛接壤。其范围包括黑龙江省、吉林省和辽宁省。境内有小兴安岭、张广才岭、完达山、长白山林区。

该林区气候比较温湿，为海洋性气候。全年平均气温2~4℃，年积温1700~2500℃，冬季达5~6个月，年降水量600~1000mm，为湿润区，年生长期120~150d。该地区也是阔叶红松林区，五营以北为北方红松林、红松林内混有较多云杉和冷杉，构成针叶红松林；牡丹江苇河以北为典型红松林，其特征是红松与各种阔叶树混生，如蒙古栎、水曲柳、榆、椴、色木槭等；牡丹江以南为南方红松林，是混有沙松的鹅耳枥红松林，由于大量采伐、火灾和人为破坏，大部分已形成次生林或人工林。

该林区地形起伏变化较大，最高点位于长白山主峰，海拔高度为2700m。长白山林区1100m以下阔叶红松林，1100~1800m为云冷杉，1800~2100m为曲干林或岳桦林，2100m以上为高山草甸。哈尔滨市五常县北凤凰山的大秃顶子山，海拔900m以下为阔叶红松林，900~1500m为暗针叶林，1500~1650m为高山曲干林或马尾松林。小兴安岭朗乡大青山700m以下为阔叶红松林，700~1050m为暗针叶林，1050~1150m为曲干林。该林区地带性土壤为暗棕色森林土。

(1)森林火灾特点

该林区森林火灾次数不多，占全国总次数的3.9%，平均每年发生森林火灾几百次，其过火面积较大，约占全国森林过火面积8%左右，年过火面积多达几十万公顷，平均每次森林火灾面积已达到重大森林火范围。北部的黑河地区和东北部的完达山区及个别少雨区(长白山西坡、延边地区)，有时发生重大森林火灾或特大森林火灾。

该林区森林火灾多分布在春秋两季，春季火灾较为严重，个别夏季干旱年份也可能发生森林火灾。该林区横跨 9 个纬度，40°~ 45°N 为 2、3 月火灾带；45°~ 49°N 为 3 月火灾带。秋季火灾则由北向南推进。

(2) 森林燃烧性

该林区气候湿润，植被类型为阔叶红松林，森林火灾过火面积与大兴安岭林区相比显著减少，但由于人口较多，火灾次数明显增多。阔叶红松林燃烧性随立地条件而变化，即干燥立地条件下易燃。同时也与混有阔叶树的比例有关，针叶树越多越易燃。相反，阔叶树比重大则难燃。此外，次生林、人工林火灾比原生林火灾更为严重，森林燃烧性分以下 3 种类型(表 5-7)：

①难燃、蔓延缓慢类型　硬阔叶林多分布在阴坡潮湿或水湿地，包括水曲柳、黄波罗、核桃楸和它们的混交林以及春榆林，人工落叶松林(郁闭)，沼泽沿溪落叶松林，枫桦水曲柳春榆红松林，谷地冷杉云杉林与亚高山冷杉云杉林。

②可燃、蔓延中等类型　灌木林(榛丛)、杨桦林(山杨、白桦林)、杂木林(杨、桦、柳、椴，每种组成不超过 30%)、草类落叶松林(包括塔头落叶松林和坡地落叶松林)以及山脊陡坡红松林等。

③易燃、蔓延快类型　小叶章、塔头薹草草甸、荒草坡地、采伐迹地、火烧迹地、风折木、风倒木、择伐迹地、栎林和人工松林(包括樟子松林、红松林和油松林等)。

表 5-7　温带针阔混交林区可燃物类型在森林燃烧环网上的分布

类型	1 轻度	2 中度	3 高度	4 强度
A 难燃、蔓延慢	硬阔叶林	人工落叶林(郁闭) 沼泽落叶松林	阔叶红松林	云冷杉林
B 可燃、蔓延中等	灌木林	杨桦林	草类落叶松林 (黄花松甸子)	柞椴红松林 (山脊陡坡红松林)
C 易燃、蔓延快	塔头薹草、小叶章、草甸子	各类迹地和造林地(未郁闭)	蒙古栎林	人工松林(油松、红松樟子松人工林)

(3) 主要树种对火的适应

该林区气候较温湿，树种比大兴安岭林区明显增多，但树种对火的适应能力差异较大，火灾的痕迹也不明显。现将该林区几个主要树种对火的适应分别叙述如下：

①红松　红松是该林区地带性树种，其球果大，种子包在果鳞内不易脱落和散播，主要依赖动物传播。红松种子有厚壳，能忍受一定高温，埋在土壤和枯枝落叶层下，有一定抗火能力，在地下种子库中保存几年仍有生命力。一般经过地表火之后种子仍有萌发能力，而且经过高温处理能够催化种子发芽。红松幼苗幼树的抗火能力弱，容易被火烧死，只有大径木才有一定的抗火能力。红松有 2 个树皮型：粗皮型和细皮型。一般粗皮型抗火能力比细皮型强。红松的地上部分被烧死后就没有萌发能力，故遇到高强度火或频繁火灾容易被淘汰。

②落叶松　该林区有兴安落叶松和长白落叶松。兴安落叶松比长白落叶松更能抗火。落叶松在山地易被红松排挤。其原因是红松比落叶松更耐阴，而且红松寿命更长，因此落

叶松被红松所排挤。但在谷地，低湿地和草甸子上落叶松能生长，而红松则不能生长。另外，还有大量落叶松生长在石龙岗上(即火山流岩区)，而红松则不适宜在该地段生长。生存在火烧迹地上的落叶松是先锋树种，以后又被红松反更替。

③云杉和冷杉　云杉和冷杉其生态特性相近似，属于耐阴树种，多分布在窄山谷、小溪旁或亚高山空气湿度大的地段。云、冷杉林树冠深厚，林下多生长苔藓，林内阴湿，由于树干与树枝均长有树毛(小白齿藓)，在极干旱年份容易引起树冠火。这些林木的树干及枝叶都含有挥发性油，易燃。但由于它们都生长在潮湿的立地条件下，又因其枝叶密度大，难燃，所以只有干旱年代才有发生火灾的可能。但云杉、冷杉本身对火敏感，抗火性差。

综合所述，针叶树抗火能力由强到弱依次排列如下：兴安落叶松—长白落叶松—红松—红皮云杉—鱼鳞云杉—沙松(云杉)—臭松(冷杉)。

硬阔叶树(水曲柳、核桃楸、黄波罗、春榆)大都分布在沟谷、河岸及潮湿阴缓坡立地条件上，它们都属于不易燃的树种，均有一定程度的抗火能力。其中水曲柳、黄波罗和榆树均能在火烧迹地上良好更新。除核桃楸叶大不适宜做防火树种外，其他树种均为良好的防火林带树种。这些树种的落叶经过一个冬季雪水的浸泡，其密实度增大，不易燃烧。它们的种子经过地表火的高温处理，起到了催芽作用，有利于种子萌发。此外，它们的根均有较强的萌发能力，水曲柳幼林高度达到3m以上，经过低中强度的火烧后，能加速其生长。原因是地温增加、林地肥力提高。火烧能刺激黄波罗树皮增厚，提高其药用价值。

该林区的桦木林有白桦、枫桦、黑桦和岳桦等树种，其生态特性各有差异，仅枫桦为中性，其他为喜光树种。岳桦分布在亚高山地区，枫桦也能分布在暗针叶林中，黑桦主要分布在干燥山地。桦树皮含有挥发油，易燃。其抗火顺序为黑桦—白桦—枫桦—岳桦。它们的种子小且有翅，易飞散，可以较远距离传播。常为火烧迹地的先锋树种，幼年能忍耐极端生态条件，有时与山杨混生。山杨为喜光树，也是火烧迹地常见的先锋树种。它年年大量结实，种有絮，可随风飘移1～2km，种子接触土壤易发芽，能忍耐极端环境。山杨有强烈的根蘖能力，火烧后阳光直射林地，促使山杨大量根蘖。深厚的腐殖质土有利于山杨串根，但经过多次火烧会造成土壤板结，不利于山杨根蘖，导致被蒙古栎取代。

该林区的栎林有蒙古栎、槲栎和辽东栎等树种。这些栎树大都生长在比较干旱的立地条件上，属喜光树种。冬季枯叶不脱落，叶大、革质、干枯后卷曲、孔隙度大、易干燥，因此极易燃烧。但栎类均具有强烈的萌发能力，能忍耐干旱与瘠薄土壤，属于抗火性强，但又易燃的类型。

(4)演替

该林区地带性植被为阔叶红松林。针叶树含有松脂和挥发性油，易燃，同时又无萌发能力，易保留。因此，遭受多次火灾易灭绝。而阔叶树具有较好的萌发能力，但经火灾多次干扰，只能使一些具有强烈萌发能力和耐干旱、耐瘠薄的树种保留下来。

(5)火管理

该林区为我国森林防火重点区之一，其森林防火网化建设较好，如吉林和伊春林区。但是该林区有些重点火险区，如与大兴安岭林区接壤的黑河地区，完达山的虎林、密山和延边等均为重点火险区，应加强其控制能力。

以火防火，如火烧防火线，利用安全期火烧沟塘和林内计划火烧，在佳木斯市已大面积开展，并有效地控制了森林火灾。

该林区原为我国的北大荒，现有许多国有农场，农业生产用火也比较频繁，如烧荒烧垦、火烧秸秆以及其他农业用火。因此，管好用火也是做好该林区防火工作的重要方面之一。

本林区有许多次生林，可利用计划火烧加速次生林改造和培育，不断提高次生林质量，使火成为营林的工具和手段。此外，该林区有大面积荒山和宜林地，如在飞机播种前采用计划火烧，则可提高飞播质量，使种子容易接触土壤尽快发芽生长。

5.6.4　暖温带落叶阔叶林区

暖温带落叶阔叶林区位于我国华北地区，南以秦岭—淮河为界；东临海洋；西到甘肃天水；北到沈阳至丹东一线，该地区主要有河北、山西、天津、北京、山东、河南、陕西大部分、甘肃东部天水地区等省份。

该林区气候特点是夏季湿润，冬季寒冷、干燥，东部为海洋性气候，西部为大陆性气候。东部湿润，西部干燥。全年降水量为600～1000mm。由东向西依次为湿润区、半湿润区、半干旱区。全年积温2500～4500℃，生长期长，土壤为棕色森林土和褐土。该地区森林多为次生林和人工林。植被以落叶阔叶林为主，有栎林(辽东栎、槲栎、蒙古栎、栓皮栎和麻栎)和以杨、柳、桦、槭、榆组成的阔叶林。在沿海一带有栽种的赤松；在山地有油松、华山松、白皮松、侧柏；在亚高山地带有华北落叶松、云杉和冷杉等。该林区山地起伏，如可将小五台山林区的恒山分为3个垂直带，1400m以下为落叶阔叶林带，优势树种为栎类，次优势树种为油松；1400～2500m为针叶林带(云杉、冷杉)，在该带上部以华北落叶松为主；2500m以上为亚高山草甸带。秦岭太白山的海拔高度为3767m，可分为4个垂直带。第一带海拔1500～2200m为松栎林带，主要树种为油松、华山松、锐齿槲栎等；第二带海拔2200～2800m为红桦冷杉林带，主要树种有红桦、冷杉，并混生有云杉、华山松等；第三带海拔2800～3400m，为太白落叶松林带；第四带海拔3400m以上，为高山草甸带。

(1)森林火灾特点

该林区森林火灾次数和过火面积均在全国八大区中平均数以下。每年火灾次数700～800次，占全国的4.5%；而过火面积更少，每年过火面积仅占全国的2%，平均每次火灾面积数十公顷，为全国各区最少。该林区火灾主要分布在2～4月，秋、冬、春季均会发生火灾，但夏季与雨季一般不发生火灾。

(2)森林燃烧性

该林区森林遭到多次破坏，原始森林极少，仅在各地高山地带残存少量原始林，其他多为次生林和大量油松人工林。次生林和人工油松林虽然易燃，但因森林分散破碎，交通方便，人口多，很少发生大面积森林火灾。可燃物按其燃烧性大致可划分为以下3类：

①难燃、蔓延缓慢类型　潮湿阔叶林、落叶松林、针阔混交林和云冷杉林。

②可燃、蔓延中等类型　灌木林、杨桦林、杂木林和华山松为主的针叶混交林(包括云杉和冷杉)。

③易燃、蔓延快的类型　草本群落、易燃灌木、各类迹地、栎林(辽东栎、槲栎、麻栎皮栎等)、侧柏、油松林。

表 5-8 暖温带落叶阔叶林区的可燃物类型在森林燃烧环网上的分布

项目	1 轻度	2 中度	3 高度	4 强度
A 难燃、蔓延慢	潮湿阔叶林	落叶松林	针阔混交林	云、冷杉林
B 可燃、蔓延中等	灌木林	杨桦林	杂木林（色木槭、桦树、柳树、榆树）	华山松为主的针叶混交林
C 易燃、蔓延快	草本群落易燃灌木	各类迹地和造林地	各类栎林	侧柏、油松林

该地区可燃物类型在森林燃烧环网上的分布见表 5-8。

(3)主要树种对火的适应

油松为本地区的主要针叶树种，其枝叶和木材均含有松脂和挥发油，生长在比较干旱的立地条件上，易燃。油松为喜光树种，地表火有利于种子发芽生长，火烧后能促进地下种子库种子发芽生长。其幼苗幼树不抗火，当生长 7～8a 后，因树皮较厚而有一定抗火能力。随年龄增长，抗火能力增强。

华山松也是该林区又一分布较广的针叶树种，其分布的海拔高度比油松高，喜欢生长在较为湿润的山坡，抗火能力不如油松。幼年时对火敏感，只有到成熟时，才具有一定的抗火能力。华山松的特性接近于红松。

侧柏是该林区分布较广的第三种针叶树，主要分布在碱性石灰岩山地上，枝叶含有大量挥发油，易燃，生长比较缓慢，植株矮小且稀疏，有发生树冠火的危险。栎树主要有辽东栎、蒙古栎、槲栎、栓皮栎和麻栎等。

该林区的北部多为辽东栎、槲栎和蒙古栎所占据；南部多分布有栓皮栎和麻栎。这些树种均属喜光，比较耐干燥瘠薄土壤，幼年期冬季枯叶不脱落，非常易燃，但对火有较强的忍受能力，表现为遭受火灾后有较强的萌发能力，经过多次火灾，能形成多代萌芽林，长期维持该群落的存在和发展，成为荒山的主要植被，阔叶树还有杨、桦、榆、槭和白蜡树等，有的树种种子小而轻，每年大量结实，可占领空旷地和火烧迹地，也有的阔叶树具有较强的萌芽能力，火烧后利用根蘖和根株萌芽，以维持该群落的生存，火对有的种子具有高温催芽作用，可借以繁殖后代。但这些阔叶树的耐火能力均不及栎树，经过多次反复火烧，最终还是让位于栎树。

(4)演替

该林区为中华民族的发祥地，历代王朝多在此处建都。森林经过多次破坏和干扰，多形成残败次生林，原始林保存极少，且分布在高海拔地区。森林演替依海拔高低可分两类：①高海拔山地针叶林，其中包括落叶松林、冷杉林、云杉林和华山松林以及它们的混交林。经过火灾和破坏，演替为桦木林、山杨林以及杨、桦林，再遭多次反复火灾或破坏形成亚高山灌丛。②海拔较低的落叶阔叶林，经过火烧或其他方式破坏，形成油松林或油松栎树混交林，再遭受多次干扰，形成栎林或多代萌生栎林，再反复干扰，形成灌木草坡。

(5)火管理

该地区有许多名胜古迹，五岳就有四岳分布在该区，还有五台山和黄帝陵，其中有许多千年以上的古树和名树，这些都是珍奇国宝。因此要注意防火，保护好这些名胜古迹。

华北地区荒山坡多，应加速绿化，可采用飞播发展油松。为了提高飞播质量，在安全用火期有效控制计划火烧，使飞播种子直接接触土壤，提高种子发芽率，促进幼树生长。该林区有大面积次生林，在有条件的情况下，可采用小面积计划火烧加速森林恢复，提高森林经营水平和森林质量。

5.6.5　东亚热带常绿阔叶林区

东亚热带常绿阔叶林区南以北回归线为界，横跨 9 个纬度；北以秦岭—淮河为界；东至东海；西至广西百色、贵州毕节以东，包括长江中下游广大地区，江苏、浙江、江西、安徽、湖北、湖南、福建以及广东、广西、贵州和四川等省大部分地区位于此地。该林区气候炎热湿润，年积温 4500 ~ 7500℃，降水量 1000 ~ 3000mm，全年生长期 300d。为我国人口众多、物产丰富的经济繁荣区。该林区为我国亚热带常绿阔叶林区，又可详细区分为北、中、南 3 个亚区。常绿阔叶树有壳斗科、樟科、金缕梅科、山茶科和大戟科等；针叶树种有马尾松、杉木、铁杉等，高海拔处有华山松和黄山松等。

该林区多为低山丘陵，森林垂直分布以 3 处为代表：①神农架，海拔高度为 3052m。2300 ~ 3000m 为暗针叶林带，有巴山冷杉(*Abies fargesii*)、冷杉(*Abies fabri*)、桦、槭等；1600 ~ 2300m 为针叶落叶阔叶林带，有华山松林、红桦林、山毛榉林、锐齿栎林、巴山松林；200 ~ 1600m 为常绿阔叶落叶林带，有枹树、栓皮栎、青冈、铁橡树、黄栌矮林等。②武夷山，海拔高度为 2000m。1700m 以上为中山草甸、灌丛草地；1300 ~ 1700m 为黄山松林；1300m 以下为常绿阔叶林带，以苦槠、木荷为主，还有马尾松、杉木和竹类等。③桂北南岭林区，海拔 2000m。1500 ~ 2000m 为混生有常绿的落叶阔叶矮林带；800 ~ 1400m为常绿落叶阔叶混交林带；800m 以下为常绿阔叶林带。

(1)森林火灾特点

该林区人烟稠密，交通方便，火源多为农业用火。森林火灾次数占全国总数的 1/2，每年达上万次，过火面积约占全国的 1/4，平均每年过火面积在 $20 \times 10^4 hm^2$，但平均每次过火面积为 $20hm^2$，为全国最低数。其主要原因是林区分散、人口多、交通方便，发生火灾容易扑灭。该地区火灾季节主要在冬春两季；夏季伏旱也有发生火灾的可能。森林火灾发展趋势从东向西推进，从南向北推进，主要与温度和降水有关。

(2)森林燃烧性

该林区地带性植被为常绿阔叶林，一般属于难燃类型，但由于森林遭到多次破坏，形成残败次生林或大量人工针叶林，由此提高了该林区森林燃烧性。现将该林区不同森林燃烧性叙述如下：

①难燃、蔓延缓慢类型　竹林，水杉、池杉、水松林，常绿阔叶林，冷杉、黄杉、杉木林等。

②可燃、蔓延中等类型　灌木林、落叶常绿混交林、针阔混交林、针叶混交林、松杉混交林。

③易燃、蔓延快类型　草本群落，铁芒蕨类，林中空地，各类迹地，易燃阔叶林，桉树林，马尾杉、黄山松、侧柏林。

各种可燃物类型在森林燃烧环网上的分布见表 5-9。

表 5-9 东亚热带常绿阔叶林区的可燃物类型在森林燃烧环网上的分布

类型	1 轻度	2 中度	3 高度	4 强度
A 难燃、蔓延慢	水湿阔叶林和竹林	水杉、池杉、水松林	常绿阔叶林	各类杉林
B 可燃、蔓延中等	灌木林	落叶常绿阔叶混交林	针阔混交林	松杉混交林
C 易燃、蔓延快	草本群落和铁芒萁	林中空地和各类迹地	易燃干燥阔叶林 桉树林	马尾松、柏林

(3)主要树种对火的适应

①马尾松 马尾松的针叶枝干和木材都含有大量松脂，又多分布在干燥瘠薄的立地条件上，所以非常易燃。其幼苗、幼树对火敏感，但林龄在10a后有一定抗火能力，成熟林抗火能力较强，幼中龄林易发生树冠火。在马尾松林中如果混有常绿阔叶树，则可提高林分的难燃程度。在比较肥沃湿润的土壤上生长的马尾松，其易燃程度也有所降低。在火烧迹地上，马尾松种子易接触土壤，有利于更新。南方有些地方在马尾松成熟林中采脂，当树脂产量减少时，则利用火烧刺激，促使其多产松脂，这样既提高松脂产量，又有利伐前更新。水杉、落羽杉、池杉都生长在潮湿或水湿立地条件上，主要分布在北亚热带地区，落叶短小、枯枝落叶密实度大，虽然也含有挥发性油(枝叶)，但属于难燃树种，生长较迅速，可作为防火林带树种，既能阻火、涵养水源，又能保持水土，还是较好的用材树种。

②杉木 柳杉和黄杉都有一定耐阴性，喜欢生长在潮湿肥沃土壤上。树冠深厚，林内阴暗，林下可燃物数量比马尾松少，一般情况下不易发生火灾，生长快，为南方用材树种，但在干旱季节也易燃，有时发生树冠火。一般在南方多采用炼山方法扦插杉木，这样不但可以清除杂灌木，也可减少病虫害，而且还能增加土壤肥力，有利于杉木生长，但由于南方雨水多，有时会产生水土流失，所以在炼山时，不宜选择坡度过大的地段，火烧面积也不应过大，以便更好地维护杉木生长的良好环境。

③竹类 竹类多分布在低山丘陵和河滩低地，喜欢温湿的立地条件。有些竹类如淡竹、刚竹还可分布在微碱性的土壤和沿海一带。竹类分蘖密集，一般难燃，但在立地条件干旱而瘠薄的土壤上生长不良，并有大量枯死植株，因而提高了竹林的燃烧性。有时竹子开花，尤其是竹林大面积开花，将会造成大量竹子枯死，从而增加其燃烧性。如果适当增加肥力，改良土壤性质，将会抑制竹子开花。对竹林中枯死的植株及时加以清理，也是有效地提高竹林的难燃性。

常绿阔叶林是该林区的地带性植被，种类繁多。生长良好的常绿阔叶林是难燃类型，但不同树种其燃烧性也有明显差异，如木荷和红花木荷是较好的防火林带树种，福建、广东、广西等省(自治区)均将其作为防火林带树种，发挥了较大的阻火效果。在常绿阔叶林中还有一些含有挥发性油的树种，其燃烧性要高些，如樟树等，需要加以研究。此外，在抗火性、对火的适应能力和对各种火生态的研究方面，也需要开展更多的研究。

(4)演替

该林区树种复杂，种类繁多，遭受火灾及人为破坏频繁，所以原始林极少，仅在高山陡坡有少量残留，一旦遭到破坏就会形成次生林或人工马尾松林，有的则形成次生灌丛，其演替途径主要受人为活动影响。

(5)火管理

该林区有许多名山风景林区，如黄山、九华山、庐山、峨眉山等。应该加强名山和自然保护区的林火管理，以便更好地保护这些地区的自然资源。

该林区长期以来有炼山造林的经验，人们对过去炼山造林的优劣有许多争论，但总体而言，小面积炼山造林利多弊少，大面积炼山或坡度过陡炼山，容易造成水土流失，带来不利影响。此外，该林区农业生产用火不慎引起火灾也是主要火源，应进一步加强管理，以有效控制林火发生。

该林区引种许多外来树种，如湿地松、加勒比松、火炬松等。这些树种生长迅速，但多为喜光树种，它们的树皮较厚，抗火性强，可以采用计划火烧法维持这些树种的更新。

此外，该林区马尾松易发生松毛虫害，在中龄林以上的林分可以采用计划火烧，这样不但可以抑制松毛虫危害，而且还有利于马尾松的生长发育。

本林区有些地区在马尾松割脂后几年淌脂量减少，此时可采用计划火烧，刺激马尾松淌脂，增加松脂产量，同时也有利于马尾松伐前更新，一举两得。

5.6.6　西亚热带常绿阔叶林区

西亚热带常绿阔叶林区东以贵州毕节与广西百色一带为界，北至四川大渡河、安宁河、雅砻江流域，西至西藏察隅，南至云南文山、红河、思茅、澜沧江北部，包括云南大部分、广西百色、贵州西南部和四川的西南部及西藏的东部。与东部不同，东部林区以马尾松林、杉木林为主，该区则以云南松和思茅松为代表。

本区气候夏季酷暑、冬天温和，年温差较小。代表城市昆明，又称为春城，四季如春，干湿季分明，5~9月为雨季，降水量占全年降水量的85%；10月至翌年4月为干季，降水量仅占全年降水量的15%，全年蒸发量大于降水量，与东部地区有明显的差异。该林区土壤主要为酸性红壤，高海拔山地为黄壤。该林区地形复杂，地带性植被为常绿阔叶林，以青冈和栲属为主，针叶树有云南松、细叶云南松、思茅松等。其植被垂直带谱分明：最下部为常绿阔叶林，包括云南松林。由下向上依次为混有铁杉的落叶林—高山松林—云杉、冷杉林—亚高山灌丛—高山稀疏草甸灌丛。

(1)森林火灾特点

该林区处于云贵高原，为半湿润区，加上云南松林极易燃、交通不便多发生火灾。气候有干湿季之分，所以森林火灾季节主要在干季10月至翌年4月，最严重的在1~3月。该林区火灾次数多，有些年份竟为全国之冠，次数超过全国总次数。该林区为我国重点火险区，如川西南的甘孜地区、贵州西南、广西河池和百色地区均为各省(自治区)重点火险区。该林区每年发生火灾次数占全国总次数的27%，每年平均发生火灾4000多次；平均每年过火面积$20\times10^4hm^2$，平均每次过火面积超过$40hm^2$，因此，无论次数和过火面积均为我国重点火险区，应重点预防。

(2)森林燃烧性

该林区的林型主要为半湿润常绿阔叶林，以青冈和栲属常绿阔叶林为代表。针叶林有云南松、思茅松林，它们分布较广，而且均为易燃林分。该林区的可燃物按森林燃烧性可分3类：

①难燃、蔓延缓慢类型 竹类林，常绿阔叶林，常绿针阔叶林，铁杉、云杉、冷杉林。

②可燃、蔓延中等类型 灌木林、落叶阔叶林、常绿落叶阔叶混交林、针阔叶混交林和针叶混交林。

③易燃、蔓延快类型 草本蕨类群落、易燃灌丛、各类迹地、栎林、云南松和细叶云南松林、思茅松林。该林区可燃物类型在森林燃烧环网上的分布见表5-10。

表5-10 西亚热带常绿阔叶林区可燃物类型在森林燃烧环网上的分布

类型	1 轻度	2 中度	3 高度	4 强度
A 难燃、蔓延慢	竹类林	常绿阔叶林	常绿阔叶林	铁杉、云杉、冷杉林
B 可燃、蔓延中等	灌木林	落叶阔叶林、常绿落叶阔叶混交林	针阔混交林	松杉针叶混交林
C 易燃、蔓延快	草本蕨类群落 易燃灌丛	各类迹地 林中空地和疏林地	各类栎林	云南松林 思茅松林

(3)主要树种对火的适应

该林区气候在干季干旱，为半湿润区，火源多，火灾危害严重，特别是与云南松有关。林地易燃，但林木抗火能力强。在火烧迹地易飞籽成林。现将该林区几个主要树种对火的适应性分别叙述如下：

①云南松 云南松是该林区分布最广泛的针叶树种，在海拔1000～3500m的范围内均有分布。该树种的叶、枝、干含有挥发油与树脂，易燃，尤其在比较稀疏的云南松林下多生长草本植物，在干季更易燃，林下生长较多的灌木，在比较肥沃湿润的立地条件下混生有常绿阔叶林，其易燃性则下降。云南松树皮较厚，对火有一定抗性，3～5a生幼林高达2.5～3.5m时就有一定抗火能力。随着树龄增长，其抗火性不断增强。单层成熟林(30～40a)一般遇到中等强度的火，对其影响不大，所以，在云南广泛采用计划火烧减少可燃物积累。该树种在火烧迹地易飞籽成林，更新良好，同时它又是极喜光树种，生长速度较快，并且有耐干旱和瘠薄土壤的生长特性，成为先锋树种，在该林区得以广泛分布。充分说明该树种对火的适应能力很强。在该林区还有一些其他松类，如细叶云南松、思茅松和华山松，它们都是喜光树种，虽然分布地理位置有所不同，但都有一定的抗火能力，强弱依次为云南松—细叶云南松—思茅松—高山松。

②大果红杉 它与云杉、冷杉的分布高度相同，也是喜光树种，林下更新不良，但在林缘更新良好。该树种树干尖削度大，生长比较缓慢，其树皮较厚，有较强的抗火能力，因此火灾后，云杉、冷杉往往被大果红杉所更替。

③铁杉 铁杉在该林区有广泛分布，但分布零散，面积较小。在林下常与华山松、落叶阔叶树(色木槭、杨、桦等)混生，它喜欢生长在立地条件比较好的地段，林下阴暗，整枝不良，生长较快，材质好，一般不易着火。该树种对火比较敏感，不抗火，但其落叶密实度大，又因多生长在沟边潮湿地，不易燃烧。一旦发生火灾，有可能形成树冠火。它对火的适应性与云杉、冷杉近似，火灾后易被高山栎林所代替。

④高山栎 高山栎分布在常绿阔叶林带之上，常与高山松、华山松混生或单独成林。

它是常绿栎类，为喜光树种，多分布在阳坡，但在半阴坡生长良好。其树皮厚，具有一定抗火能力，同时它具有强烈的萌发能力，又能忍耐干旱瘠薄土壤，经过火灾或多次反复破坏，可以形成灌丛状矮林，以维护该树种生存，所以在阳坡有时只分布唯一能够保存下来的高山栎。

(4)演替

该林区海拔高，垂直带谱比较明显，因此不同地带遭受火灾或破坏后，森林演替有显著差异。基带为常绿阔叶林区，以青冈、栲属为主，经过火烧或破坏形成云南松常绿阔叶林，再破坏形成云南松林，反复破坏形成草本灌丛群落。

上一带为针叶阔叶混交林，有高山松或针叶混交林，华山松、铁杉、高山松林或针阔混交林或松栎林带。经过火灾或破坏，针叶树比例减少，再经火烧或破坏变为阔叶林，再经火烧、破坏变为高山栎林，再经多次反复破坏形成萌生灌丛状栎林，再经反复破坏则形成灌丛草本群落。

再上带为云杉林，其林中空地或林带边缘为大果红杉，经过火烧，云杉、冷杉减少或死亡，被红杉所更替。因为红杉属喜光，树皮厚，抗火抗风，有利于更新。

另一种情况：冷杉、云杉林经过火灾或破坏，为桦木所更替，再遭受多次破坏，则形成灌木草本群落。

(5)火管理

该区属森林火灾次数和面积都比较多的林区，也是我国重点火险区。因此，应对该林区的重点火险区严加管理，提高对林火的控制能力，使森林火灾次数和面积下降。

该林区火源主要是农业生产用火，因此应加强对这类火源的管理，同时应不断改进农业生产措施，有效控制农业生产用火，推行科学种田，提高农作物产量和山区人民的生活水平。该林区分布有大量云南松，应对云南松林进行计划火烧，这样不但可以减少林内可燃物的积累，防止森林发生较强烈的大火，而且还有利于促进云南松更新，提高森林覆被率，维持森林生态平衡。

5.6.7　热带季雨林区

热带季雨林区分布在我国最南部，北以北回归线为起点，在云南境内可延至 25°N，在西藏境内可上升到 28°~29°N 之间，其原因与地形有关，南至曾母暗沙群岛，东起 123°E 附近的台湾省，西至 85°E 的西藏南部亚东、聂拉木附近。东西横越经度 38°，包括台湾省大部分，海南、广东、广西、云南和西藏等省(自治区)南部，以及东沙群岛、西沙群岛和南沙群岛。

该区气候炎热，年平均气温 20~22℃，年积温 7500~9000℃，植物全年生长。降水 1500~5000mm，多集中在 4~10 月。该区多台风，多暴雨，土壤为砖红壤、山地红壤、山地黄壤等。

该区地带性植被为热带雨林和季雨林，主要是常绿阔叶林，群落层次复杂，层外植物多，有板根、气根。热带雨林分布在我国台湾南部、海南岛东南部、云南南部和西藏东南部。热带季雨林在我国季风地区广泛分布，其中以海南岛北部和西南部的面积最大。每年 5~10 月的降水占全年降水的 80%。干季雨量少，地面蒸发强烈。在这种气候条件下发育的热带季雨林是以喜光耐旱的热带落叶树种为主，并且有明显的季节变化。

山地则具有垂直带植被类型，有平地的季雨林、雨林、山地的雨林、常绿阔叶林及针叶林等，有东部地区偏湿性的类型和西部地区偏干性的类型。东部偏湿润区600m以下为半常绿季雨林，局部有湿润雨林、落叶季雨林等类型；600～1500m为山地雨林和山顶矮林。1500m以上为针阔混交林和常绿落叶阔叶混交林，3000m以上为云、冷杉林，再上为高山灌丛和高山草甸。西部区域900～1000m以下的河谷盆地或迎风坡面（西藏）有季雨林、半常绿季雨林和各种灌丛、草丛等热带植被类型。1000m以上山地上有山地雨林，个别有山顶矮林；从1800m以上开始，在中山、高山山地上（主要在西藏）出现温性针叶林和局部的落叶阔叶林、寒温性针叶林，以及高山灌丛和高山草甸等类型。

(1) 森林火灾特点

该林区的热带雨林和山地雨林一般不发生森林火灾，火灾只发生在干季的季雨林内。遇雨该林区火源管理不严，其中以海南为例，森林火灾发生次数较多，占全国总次数的4%，平均每年发生大约500多起，其过火面积占全国面积的2.5%，平均每年过火面积在$2\times10^4hm^2$以上。平均每次森林火灾面积接近$40hm^2$。该林区森林火灾主要发生在干季，火源多为上坟、旅游所致。

(2) 森林燃烧性

该林区为热带季雨林与雨林，气候湿润区为雨林、山地季雨林和常绿阔叶林，一般为不燃或难燃类型，但一些热带草原、稀树草原及多次破坏的次生林和灌丛，则非常易燃，再加上有部分海南松林和南亚松林，它们也比较易燃。现将该林区可燃物类型和易燃程度分别叙述如下：

①不燃、难燃，蔓延极慢和缓慢类型　红树林、热带雨林、山地雨林、山顶矮雨林、季雨林和云杉、冷杉林。

②可燃、蔓延中等类型　木麻黄林、灌木丛、落叶阔叶林、针阔混交林、温性针叶林和针叶混交林。

③易燃、蔓延快的类型　热带草原、稀树草原、桉树林、海南松林和南亚松林，以及引种的外来松林。

(3) 主要树种对火的适应

海南松针叶五针一束，其枝、叶、干和木材均含有松脂和油类，多生长在低山丘陵比较干燥的地段，为喜光树种。树皮厚，有较强的抗火能力，为荒山主要造林树种。幼年生长迅速，能形成大径级材。林下少有灌木，多为禾本科草类。

此外，该林区还引种许多外来树种，如湿地松、加勒比松、火炬松等。这些树种均具有生长迅速和一定抗火能力的特点，可快速形成大径级用材林。

(4) 演替

该林区地带性植被为热带雨林和季雨林，一般不燃或难燃类型；或遭受反复破坏或火灾，可形成海南松林。海南松林能维持百年以上，以后林内则多生长常绿阔叶树，这时又不利于海南松更新，所以就被常绿阔叶林所更替。如果森林遭到多次反复破坏或火灾，则易形成稀树草原，再破坏成为热带草原，再遭强烈破坏，还有可能形成沙地。

(5) 火管理

该区火源管理难度较大，除有大量农业用火外，上坟、烧纸、祭祖、燃蜡、放爆竹到处可见。所以，要开展防火工作，首先要提高群众对山火的认识，搞好宣传，做到森林防火家喻户晓，人人皆知。此外，还应提高旅游人员对防火的认识，保护好旅游资源。

该林区虽然处在热带，年降水量大，但是干季比较长，也具有明显的火灾季节。该林区有的地区已经形成稀树草原，如再继续遭到火灾破坏，就有可能形成沙漠，难以恢复植被，应提高警惕，避免环境恶化。

该林区有海南松林和一些外来针叶树，如湿地松、火炬松、加勒比松，均易形成大径材，可以采用计划火烧法，以保证针叶树的更新和生长发育。

5.6.8　温带荒漠植被区

温带荒漠植被区包括新疆的准噶尔盆地与塔里木盆地，青海的柴达木盆地，甘肃与宁夏北部的阿拉善高原，以及内蒙古自治区的鄂尔多斯台地的西端。整个地区以沙漠和戈壁为主，气候极端干燥，冷热变化剧烈，风大沙多，年降水量一般小于200mm，气温年较差和日较差也是我国最大的地区。荒漠植被主要由一些极端旱生的小乔木、灌木、半灌木和草本植物所组成，如梭梭树、沙拐枣、柽柳、胡杨、沙蒿、薹草等。由于一系列山体的出现，在山坡上也分布着一系列随高度而规律变化的植被垂直带，从而也丰富了荒漠地区的植被。

本区域内有着一系列巨大的山系：天山、昆仑山、祁连山、阿尔金山等。它们使单调而贫乏的荒漠地区内出现了丰茂的森林灌丛，如草甸、金色的草原和绚丽多彩的高山植被，极大地丰富了荒漠地区植被的多样性和植物区系组成的复杂性。因此，在荒漠区域内不仅具有独特的荒漠植被，而且几乎包括了北半球温带所有的植被类型，这都是由于隆起的山地所形成的多样生态环境及特殊的植被发展的结果。

本区域大致具有如下的山地植被垂直类型：

①山地荒漠带　又可分为山地盐柴类小半灌木荒漠亚带和山地蒿类荒漠亚带，山地蒿类荒漠亚带通常出现于黄土状物质覆盖的山地；

②山地草原带　又可分为山地荒漠草原、山地典型草原和山地草甸草原3个亚带；

③山地寒温性针叶林带或山地森林草原带，仅局部出现山地落叶阔叶林带；

④亚高山灌丛、草甸带；

⑤高山草甸与垫状植被带或高寒草原带；

⑥高寒荒漠带；

⑦高山亚冰雪稀疏植被带。

(1) 森林火灾特点

该地区的基带植被为温带荒漠，植被稀疏，一般不易发生火灾，火灾次数占全国总数不到1%，平均每年可发生150次，平均每年过火面积可占全国总过火面积的2%，可高达$2\times10^4hm^2$。由于森林多分布在天山、昆仑山、祁连山、阿尔泰山一带地形起伏的高地，控制火灾的能力薄弱，因此过火面积的百分比大于火灾次数1倍。此外，平均每次过火面积高达$150hm^2$，已达到重大火灾面积，充分说明在该地区迅速提高对林火的控制能力的必要性。

该地区主要是牧业用火不慎引起火灾。此外，该林区尚存在部分自然火源——雷击火。火灾季节主要集中在夏季4～10月，因为高山森林积雪融化晚，夏季气温高时积雪才开始融化，此时可燃物干燥易燃。又因为该地区夏季雨量小，又有部分自然火源，故夏季多发生火灾。该地区森林多分布在阴坡，阳坡多为草本群落。除草本外，暗针叶林为冷杉林和云杉林。此外，还有落叶松和西伯利亚红松，这些原生林自然整枝不良，容易发生火灾，并有发生树冠火的可能。

该地区针叶树种除落叶松和西伯利亚红松有一定抗火能力外，其余暗针叶树种对火敏感，一般发生火灾后，可被杨桦所更替；植被再遭火灾反复破坏，可形成灌木草本群落。一般反更替期长，也比较困难，故应严格控制发生森林火灾。

(2)火管理

该地区森林多分布在几大山系，应严格控制，抓好重点林区防火。此外，应加强自然火源和牧区生产用火管理，以维护生态平衡，促进环境的良性循环。因此，增强对现有林分的防火保护就显得十分重要。

该地区大多数森林对火非常敏感，加上气候干燥，一旦发生森林火灾，破坏性强，森林难以恢复。因此，该地区的防火工作极为重要。该地区一切用火都应十分慎重，一般情况不适宜用火，以免发生火灾危害。

5.6.9 青藏高原高寒植被区

青藏高原大致位于26°~39°N，73°~104°E，是中国最大、世界海拔最高的高原。

由于高原达到了对流层一半以上的高度，且处在亚热带的纬度范围，使高原上出现了一些独特的高原植被类型，如特殊的高寒蒿草草甸、高寒草原与高寒荒漠等，形成了独立的高原植被体系。

该区气候特点为强度大陆性气候，干旱少雨，日较差大，大部分地区年平均气温在3.7~5.8℃，高原内部的广大区域基本上都处于0℃以下，月平均气温≤0℃的月份长达5~8个月。本区气候的干、湿季和冷、暖变化分明，干冷季长(10月至翌年5月)，暖、温季短(6~9月)；风大，冰雹多。森林分布在高原的东南部地势稍低处，一般海拔3000~4000m(河谷最低处约2000m)，距孟加拉湾较近，是高原上首先受益于西南季风的区域，因而气候温暖湿润。在河谷侧坡上发育着以森林为代表的山地垂直带植被，基带在高原东侧川西、滇北和西藏泊龙藏布与易贡河交汇处的通麦谷地，为亚热带温性常绿阔叶林，但分布面积最大的是针阔叶混交林和寒温性针叶林。

(1)森林火灾特点

该林区森林火灾多分布在东南部的高山峡谷，森林火灾次数是全国各大区中最少的，仅占全国总数的0.2%，平均每年发生林火40次，平均每年过火面积仅占全国总过火面积的0.4%，每年平均过火面积4000hm^2，平均每次过火面积在100hm^2。因为是高山峡谷，所以难以控制火灾。

在针叶林中发生的林火，由于林火控制能力薄弱，过火面积仍然较大。该地区森林火灾主要集中在干季(9月至翌年4月)，雨季一般不发生森林火灾。由于地形的影响，火灾主要发生在暖温性针叶林和寒冷性针叶林，再加上高山峡谷，交通不便，一般发生森林火灾不易扑救。因此，森林火灾面积大，难以有效控制，有时形成树冠火，森林损失比较严重。这里分布的针叶林，除高山松有一定抗火能力外，其他针叶，如云杉、冷杉和铁杉等，对火都是十分敏感的。由此可见，应加强该地区林火的管理，首先要使林区各族人民从思想上重视森林防火，严格控制和管理各种火源，以便大大减少林火发生。此外，应加强航空防火、灭火能力，做到及时发现、及时扑灭，力争“打早、打小、打了”，以减少损失。

该地区森林火灾引起森林更替也是随森林垂直分布带不同而有明显差异的。海拔高度在 3000～4000m 处为冷杉林和云杉林，经过火灾或破坏，冷杉、云杉消失，被落叶阔叶树（桦木）所更替，再反复破坏或火灾，被灌木所更替。在海拔较低的针叶混交林内，有铁杉、高山松等针叶树，遭受火灾或破坏，铁杉消失，形成高山松林；再遭多次破坏，被落叶阔叶林或灌木丛更替；再遭破坏，则形成灌木草本植物群落。

（2）火管理

应加强该林区火源管理，迅速提高控制林火能力；加强航空护林灭火，进一步防止林火发生，使损失减少到最低限度。提高全林区人民群众对火的认识，在野外不用火，尤其干季用火更要特别慎重，以防发生森林火灾。

本章小结

本章主要介绍了林火与生态系统的关系，包括林火对生态系统的影响、火与能量流动、火与物质循环、火与森林碳平衡、林火对全球主要森林生态系统影响、林火对我国森林生态系统的影响等方面。其中，林火对生态系统影响从火对生态系统结构影响和火在生态平衡中的作用两个方面来进行阐述。通过对本章的学习，可以让学生深刻的理解林火在生态系统中的重要作用。

思考题

1. 林火对生态系统都有哪些影响？
2. 简述林火与能量流动、物质循环、碳平衡之间的关系。
3. 简述林火对国内外生态系统的影响。

推荐阅读书目

1. 林火与环境．胡海清．东北林业大学出版社，2000.
2. 林火生态与管理．胡海清．中国林业出版社，2005.
3. 森林生态学．李俊清．高等教育出版社，2010.

第6章 林火与景观

【本章提要】森林火灾既可以影响原有的景观结构，同时也受景观的影响。通常火灾会使斑块数量增加，导致原有环境异质化。高强度、严重的火灾则会导致景观破碎化。而景观中的斑块和廊道在一定程度上也会影响林火的蔓延。本章分别从景观与林火的角度阐述两者相互的关系。

景观(landscape)具有2种层面的定义，狭义景观是指在几十千米至几百千米范围内，由不同类型的生态系统所组成的、具有重复性格局的异质性地理单元，通常属于宏观景观；广义景观则是包括出现在从微观到宏观不同尺度上、具有异质性或斑块性的空间单元，是指一个地区的景象。广义景观强调空间异质性，景观的绝对空间尺度随研究对象、方法、目的而不同。

生态学对干扰 (disturbance)的研究非常多，如火干扰、洪水干扰、风干扰等。但是干扰的概念却不统一。Forman 和 Godron 将干扰定义为显著地改变系统正常格局的事件。Forman (1995)又对干扰与胁迫(stress)的区别进行了分析，并认为在草地、针叶林或地中海类型的生态系统内每隔几年就发生一次的火灾不是干扰，而防火则是一种干扰，他特别强调了干扰的间隔性和严重性。景观生态学中对干扰的研究是非常重视的，认为干扰是景观异质性的一个主要来源，它既改变景观格局，同时又受制于景观格局。干扰的作用具有双重性：它既是生态系统内的一种建设性生态过程，具有维持系统稳定的作用；同时也是一种破坏性过程，使系统内的某些成分和格局发生变化。这种认识对于了解生态系统的运行机制是有利的，但同时也增加了人类处理干扰的难度。

林火属于离散干扰事件，它能使生态系统、群落或种群的结构遭到破坏，使资源、基质的有效性或使物理环境发生变化。林火干扰的生态影响还反映在对景观中各种自然因素的改变，例如，森林火灾后，导致景观中局部地区光、水、能量、土壤养分的改变，进而导致微生态环境的变化，直接影响到地表植物对土壤中各种养分的吸收和利用，这样在一定时段内将会影响到土地覆被的变化。其次，林火干扰的结果还可以影响到土壤中的生物循环、水分循环、养分循环，进而促进景观格局的改变。林火干扰通过影响很多生物个体的死亡、生长和繁育，影响到种群和群落的结构特征，影响到群落的演替规律。从一定意义上来说，林火干扰是破坏因素，但从总的生物学意义来说，林火干扰也是一个建设因素，是维持和促进景观多样性和群落中物种多样性的必要前提。

6.1　火与景观结构

林火蔓延受诸多条件限制，在温度和氧气一定的情况下，持续燃烧需要充分的可燃物条件，如可燃物数量或可燃物连续性。可燃物连续性包括水平连续性和垂直连续性两方面。垂直连续性与树冠火的发生具有密切联系，而水平方向负荷量对火的蔓延速度有显著影响。在比较均匀的景观中，林火传播相对顺利；但是在异质性大的景观中，如斑块和廊道的存在，则会在一定程度上阻碍林火蔓延。同时，林火的发生也会改变原有的景观结构和状态，形成干扰斑块，从而改变景观异质性。

人们通过对林火的运用，对自然产生了较大的影响。从自然火灾到人为放火烧荒都严重地改变了景观的结构和形态。

6.1.1　火对景观结构的影响

斑块、廊道、基质是构成景观结构的 3 种单元，经过长期研究和多领域的研究成果，形成了以斑块—廊道—基质为核心的概念、理论和方法。Forman 称之为景观生态学的“斑块—廊道—基质模式”(patch-corridor-matrix model)，如图 6-1 所示。

6.1.1.1　对斑块结构的影响

斑块(patch)：是指在外貌上与周围地区有所不同的一个非线性地表区域。我们可以从斑块的起源类型所占的百分比、斑块大小、斑块形状和斑块的密度来说明林火干扰对斑块结构的影响。

(1) 斑块类型

根据起源不同，斑块可分为 4 类：①干扰斑块(disturbance patch)；②残余斑块(remnant patch)；③环境资源斑块(environmental resource patch)；④引入斑块(introduced patch)。

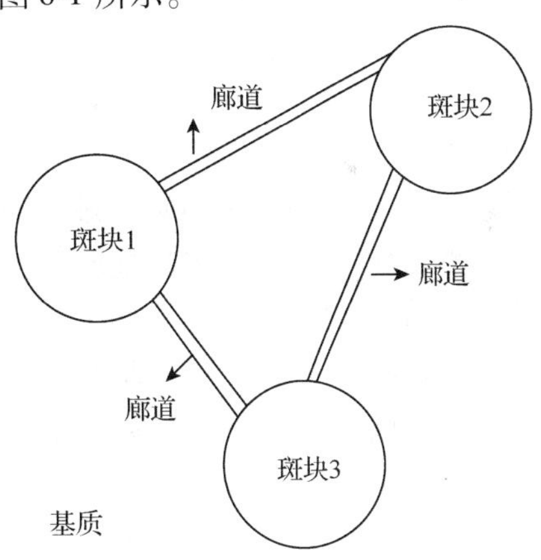

图 6-1　斑块—廊道—基质模式示意

林火对斑块类型的影响必须从空间尺度加以考察，在生态系统内部，低强度的地表火过后，形成一个或多个火烧迹地，常常造成火烧干扰斑块。对于大面积的重、特大森林火灾，火灾蔓延很广，火烧迹地面积很大，如果火烧迹地中间有少数团状林分未烧到，这时我们将火烧迹地称为基质(matrix)，而将这些残余的林分称为残余斑块。

对于环境资源斑块，由于它起源于环境的异质性，而林火能对环境产生一定的影响，所以，林火干扰对环境资源斑块有一定的破坏作用。如赵魁义等研究了 1987 年“5·6”特大火灾对森林沼泽的影响，在大兴安岭林区沼泽森林属于典型的资源环境斑块，火灾过后沼泽的面积扩大、沼泽趋于干燥向非沼泽斑块转化。当然沼泽的变化趋势因沼泽所处地貌部位、地质、植被、火烧强度和火烧频度等因素的不同而不同。

林火干扰形成的斑块和基质之间是动态关系，斑块消失的速度很快，斑块的周转率

(patch turnover)很高，或者说它们的平均年龄(或平均存留时间)很低。林火干扰后形成的斑块与基质之间的生态交错区(ecotone)一般比较窄，它们之间的过渡是比较突然的。

(2)斑块大小

林火干扰形成斑块的大小，取决于林火行为和景观的空间格局。物种多样性随着斑块面积增加而增加。

不同斑块面积的功能有所差异，Forman 对大斑块和小斑块的生态学价值做了一个简要总结。大斑块对地下蓄水层和湖泊水质具有保护作用，有利于生境敏感物种的生存，为大型脊椎动物提供核心生境和躲避所，为景观中其他组成部分提供种源，能维持更近乎自然的生态干扰体系，在环境变化的情况下，对物种绝灭过程有缓冲作用。小斑块作为物种传播以及物种局部绝灭后重新定居的生境和“踏脚石”(stepping - stone)，从而增加景观连接度，为许多边缘种、小型生物类群以及一些稀有种提供生境。

一般地由林火造成的干扰常造成大的空隙，大到几百、几千甚至几万公顷。林火干扰常形成粗粒结构，常是寒温带森林所特有。但在其他林区，也有林火发生，如我国南方林区，由于森林景观的破碎化程度较高，林火形成的斑块一般面积较小。

(3)斑块形状

一般地，林火干扰形成的斑块形状是非常不规则的，但受人为因素的影响，如南方的计划烧除、炼山造林以及灭火过程中开设防火线等工作，使斑块的边缘变直，结果造成很多多边形的干扰斑块。

(4)斑块密度

天然景观中，斑块的密度中等，随着林火干扰的出现，斑块密度明显加大。这种趋势与斑块大小变化呈负相关。

6.1.1.2 对廊道、网络和基质的影响

廊道(corridor)是指与基质有区别的一条带状土地。它主要包括防护林带、公路、铁路、河流等；按起源不同可将廊道分为干扰廊道、残余廊道、环境资源廊道和种植廊道等。廊道相互交叉相连，则成为网络。廊道是能量流，物质流和物种流的通道。林火对廊道和网络的影响表现为直接影响和间接影响 2 个方面。直接影响表现在对廊道或网络的破坏上，如森林中带状采伐后，形成的干扰廊道中，易燃可燃物的载量非常大，其火险性极高，若不及时更新造林，容易发生大面积森林火灾，火烧面积过大，即会很快将这一干扰廊道消除；并对能量流、物质流和物种流产生影响，特大森林火灾对防火林带廊道也可造成毁灭性的打击。林火又可通过改变其他环境因子而间接地影响廊道，如森林火灾后，如果管理措施不当，必然导致大面积的水土流失和土壤侵蚀，林火干扰后，河川年径流量明显增加，火烧后森林对水分循环的调控能力减弱，径流的变化更加依赖于降雨。林火对河流廊道的影响可按短期和长期效应来分析评价。短期效应通过减少河流廊道边岸植被和增加河流沉积物而经常有害(Burns，1970；Lyon 等，1980)。河流边岸植被的消除，增加了河流边岸的侵蚀，减少了有效生境，升高了河水的温度等，这些常常对水生动物是不利的。从火的长期作用来看，林火干扰后的次生演替，常常有利于河流廊道生态环境的改善，如火烧减少和消除了沿河溪生长的针叶树，并刺激落叶植被的增加，提供蔽荫，使原有森林群落向生产力更高的方向演替。当然，林火干扰对河流廊道的干扰，我们一般只强调火烧后河流中营养物质的富集以及河床淤积等。

基质(matrix)是景观中范围最广，连接度最高，并且在景观功能上起着优势作用的要素类型。小面积的火烧增加干扰斑块数量的同时，增加了基质的孔性(porosity)，降低了基质的连通性。景观尺度上的大面积森林火灾，火烧迹地面积大，中间只有少数团状林分未烧到，这时的火烧迹地可称为基质，如"5·6"大火，火场面积达 $133 \times 10^4 hm^2$，其中过火林地面积 $114 \times 10^4 hm^2$，即为火烧迹地形成的基质。

6.1.2　景观格局对林火的影响

景观格局(landscape pattern)一般指景观的空间格局，是指大小和形状不一的景观斑块在空间上排列的状况。景观的斑块性是景观格局最普遍的形式，它表现在不同尺度上。广义地讲，它包括景观组成单元的类型、数目以及空间分布与配置。例如，不同类型的斑块(patch)可在空间上呈随机型、均匀型或聚集型分布。景观格局是景观异质性的具体表现，同时又是包括干扰在内的各种生态过程在不同尺度上作用的结果。景观空间格局的形成、动态以及生态学过程是相互联系、相互影响的。空间格局影响生态学过程，如种群动态、动物行为、生物多样性、生态生理和生态系统过程等。因为格局与过程往往是相互联系的，我们可以通过建立两者的可靠关系，从空间格局出发，更好地理解生态学过程，深入了解干扰与格局的相互关系，不仅对界定人类活动的适宜方式和尺度有极大帮助，而且可以为人类进行景观格局的规划设计提供可靠的理论依据。

景观的不同格局是否会促进或延缓干扰在空间的扩散，取决于下列因素：①干扰的类型和尺度；②景观中各种斑块的空间分布格局；③各种景观元素的性质和对干扰的传播能力；④相邻斑块的相似程度。徐化成等在研究中国大兴安岭的火干扰时，发现林地中一个微小的溪沟对火在空间上的扩散起到显著的阻滞作用。

林火干扰会影响景观的格局，反之，景观格局对林火的发生、发展和蔓延也有一定的影响。例如，防火林带、防火线及河、路等天然防火屏障，使针叶纯林发生隔离，大大增加了其抗火的能力。但从景观生态学的角度进行各种景观格局对林火、洪水等自然干扰抗性的研究，尚有许多空白，有待于进一步的发展和深化。

6.1.2.1　斑块格局对林火的影响

斑块的格局是指斑块在空间上的分布、位置和排列。就两个景观中的斑块来说，如果斑块的起源、大小、形状和数量都相同，是否就意味着两个景观对林火影响的能力相同呢？不是。除上述这些指标外，它们在空间上的位置及其排列方式则可能是随机的、规则的或聚积的，其不同空间格局对林火的发生、发展和蔓延有着十分重要的意义。

对于景观中的火源多发区斑块，如人口活动频繁的区域，是人为火源多发区，我国黑龙江的大兴安岭、内蒙古的呼伦贝尔盟和新疆的阿尔泰山地区则是雷击火火源相当严重，尤其是大兴安岭和呼伦贝尔盟林区。如果这些多火源的森林斑块在景观中被其他斑块或廊道隔离，则林火即使发生，也难以扩散成大面积的森林火灾，如果此斑块邻近是其他森林斑块，且隔离度小，则林火很容易发生蔓延。

对于以森林为基质，农田和其他土地类型为斑块的林区，即森林的面积相对较大，森林的连通性好的林区，斑块的格局及其密度也影响林火的发生和发展。在我国东北林区和西南林区，这些农田斑块在景观中的密度相对较小，大面积的重、特大森林火灾时有发生。而我国中南地区，农用地斑块密度相对较大，不利于林火的蔓延，所以南方林区森林火灾的特点为火灾次数多，但大面积的重、特大森林火灾相对较少，当然，这种林火特殊的差异与当地的气候条件是相适应的。

6.1.2.2 网状景观格局对林火的影响

网状景观的特点是在景观中相互交叉。网状景观格局是指不同类型、不同数量的廊道在空间上的分布与组配。溪流及溪流两侧的林木形成廊道，防火线和防火林带，公路和铁路形成的廊道对森林火灾都具有阻隔作用。当这些廊道的密度较大，对森林火灾的阻隔较强。这些廊道的阻火效果与这些廊道的宽度、位置、走向、结构有关。而某些干扰廊道(如风倒木形成的廊道)，残余廊道(如皆伐地遗留的廊道)，环境资源廊道(如条形沟塘草甸)，它们具有增加1/2森林火灾的危险性和加速森林火灾蔓延的可能性。上述各种不同类型廊道在空间分布上和数量上可形成极为复杂的组配，它们在景观生态学中的意义，还有待进一步研究。特别是我国各地都营造了大量的防火林带，它在景观生态学中的意义，具有重要的研究价值。

6.1.2.3 景观异质性对林火的影响

景观的异质性越高，斑块的数量越多，生态系统类型也就越丰富，生物多样性越高。分析景观的异质性，主要从景观水平的年龄结构、组成结构和粒级结构三个方面进行。景观多样性越高，景观的稳定性就越大，对各种干扰的抵抗力也越强。景观的异质性可以抑制各种干扰的发生和发展。例如，在自然景观中，异质的景观可以降低林火的蔓延速度，森林中生物防火隔离带的设置以及避免营造大面积针叶纯林都是这种认识的具体表现。在人工经营的森林中，多数是大面积采用速生的有价值的同一树种。这种大面积纯林化的景观格局，尽管从短期看，经济上是有利的，但从长期看，有很大的弊病。这种景观格局，除降低了动植物种的多样性和森林景观抵抗病虫害的能力外，还严重降低了森林抵抗林火干扰的能力。

6.2 火与景观生态过程

6.2.1 景观生态过程基础概念

(1)景观生态过程

景观生态过程是景观生态流的表现形式，景观生态流是景观生态过程和景观功能的载体。景观生态过程和景观功能关系密切，景观生态过程决定景观功能，同时也影响景观格局以及景观功能的动态变化，而景观功能是景观生态过程所引起的景观要素之间的空间相互作用及其效应。

景观生态过程分为垂直过程和水平过程，垂直过程发生在某一景观单元或生态系统内部，而水平过程发生在不同景观单元或生态系统之间。与景观格局不同，景观生态过程强调事件或现象的发生、发展的动态特征。生态过程包括生物过程和非生物过程，生物过程包括种群动态、种子或生物体传播；非生物过程包括水循环、物质循环、能量流动、干扰等。生态系统并非处在“均衡”状态，时间和空间异质性是生态系统的普遍特征，自然干扰和人为干扰使这些特征更加突出。火是常见干扰类型，适度的干扰不仅对生态系统无害，而且可以促进生态系统演化和更新。干扰的生态影响主要反映在景观中各种自然因素的改变，还可以影响到土壤中生物循环、水分循环、养分循环，进而促进景观格局改变。

(2)景观指数

景观指数是对景观格局的量化，反应变量是对生态过程的量化。Lutz Tischendorf 做了用景观指数预测生态过程的研究，他认为格局指数，特别是斑块类型的水平指数能很好地解释特定类型斑块在异质景观中的扩散过程。一个单一的景观指数不可能对生态过程景观结构的响应做出解释，用景观指数预测生态过程有一定潜力，同时也具有一定缺陷。Lutz Tischendorf 通过实验得出以下结论：① 景观格局与生态过程的反应变量之间有统计学上的关系。斑块类型水平指数比景观水平指数通常显示出更强的与反应变量之间的统计学上的关系。② 绝大多数指数与反应变量之间都显示出潜在的不一致和不确定的关系。③ 对相应的覆被类型，在低生境数量和破碎化程度下，斑块类型水平指数与生态过程反应变量之间有更强的相关性。④ 中性景观模型在有关异质性景观之间扩散的空间格局效应研究中具有应用前景。

(3)数学模型

数学模型，尤其是计算机模拟模型，在景观生态学研究中占十分重要的地位。景观模型的重要性和必要性体现在以下几个方面。① 由于受时间、空间以及设备和资金的限制，在大尺度上进行实验和观测研究往往困难重重，而模型可以充分利用和推广所得的有限数据。② 在实际景观研究中，由于很难找到两个在时间和空间上相同或相似的景观，重复性研究往往不可能，而这一问题可通过模型模拟来帮助解决。③ 景观空间结构和生态学过程在多重尺度上相互作用、不断变化，对于这些动态现象的理解和预测就必须要借助于模型。④ 景观模型可以综合不同时间和空间尺度上的信息，成为环境保护和资源管理的有效工具。与其他生态学领域相比，景观生态学中模型的应用更广泛。

按性质差异，可以将景观格局动态模型划分为5个类型：基于行为者(agent-based)的景观变化模型、经验统计模型、最优化模型、洞里模拟模型、混合/综合模型。按照机理可进一步将景观动态模型归为3类：随机模型、邻域规则模型和过程模型。

(4)景观“流”

景观的功能是景观元素之间的相互作用，即能量流(热能、生物能)、养分流(无机质、有机质、水)和物种流(各种类型动植物及遗传基因)以一种景观元素迁移到另外一个景观元素。通过大量的“流”，一种景观元素对另外一种景观元素施加控制作用。导致景观元素之间相互作用的5种媒介物有：风、水、飞行动物、地面动物、人类。风可以携带水分、灰尘、雪、种子、小昆虫、热量等；水包括雨水、冰、地表径流、地下水、河流等，成为携带物质的载体；同样动物和人类也可以通过移动携带种子、孢子等。

影响3种流运动的力：

①扩散　溶质物质或悬浮物质由高浓度区向低浓度区的移动，物质通过自身的布朗运动做无规则运动。例如，林火发生后产生大量浓烟，会在一定范围内扩散。

②重力　物质流是物质沿能量梯度的运动。例如，风是一种重要的物质流，由大气压产生；水流是由高处向低处流动。

③移动　通过消耗自身能量，从一个地方运动到另一个地方。例如，捕食的动物。移动最重要的生态特征是高度聚集性格局。

6.2.2 火和景观生态过程的关系

景观演变是一个十分复杂的过程，在这个过程中，有自然和人为两方面因子共同作用。景观对生态过程的影响主要表现：景观格局的空间分布；景观中生物迁移、扩散、物质能量流动；干扰；改变生态过程的演变及空间上的分布规律。

干扰(disturbance)是使生态系统、群落或种群的结构遭到破坏，使资源、基质的有效性或物理环境发生变化的任何相对离散的时间。例如，火灾、洪水、地震等。干扰状况是指某个地区或某种特定立地上，某种干扰因素各种参数的综合，可以从时间和空间的分布格局来说明干扰状况。从空间上分为干扰斑块的大小、形状、分散程度等；从时间上分为干扰重现期、干扰频率、干扰轮回期等。

火干扰是自然界常见的干扰类型。林火和景观异质性具有密切联系。景观异质性是不同时空尺度上频繁发生干扰的结构。每一次干扰都会使原来的景观单元发生某种程度变化，在复杂多样、规模不一的影响下，景观的异质性逐渐形成。Forman 和 Godron 认为，低强度火干扰可以增加景观异质性，而中、高强度干扰则会降低景观异质性。例如，小规模火灾，形成一些新的小斑块，增加山地景观异质性，有利于林内群落更新维持活力；而大规模林火则给森林生态系统带来严重损坏，可能烧掉山区的森林、灌丛和草地，将大片山地变为均质的荒凉景观。火对景观的影响不仅取决于火自身的性质，在较大程度上与景观性质有关。对火敏感的景观结构，在受到干扰时，影响会较大，而对火不敏感的景观结构，受到的影响相对较小。火干扰可能导致景观异质性增加或者降低，相应的，景观异质性变化也会增强火削弱火干扰在空间上的扩散和传播。景观异质性是否促进或延缓火干扰在空间的扩散，取决于以下因素：① 干扰类型和尺度；②景观中斑块的空间分布格局；③各种景观元素的性质和对(火)干扰的传播能力；④ 相邻斑块的相似程度。

有研究证明，适度火灾在较大程度上可以促进生物多样性保护。但是自然火灾往往很难控制，通常需要人为活动干涉，以降低火灾失控造成的巨大经济损失。北美的研究发现，火干扰可以提高生物生产力的机制在于它消除了地表积聚的枯枝落叶层，改变了区域小气候、土壤结构与养分。同时，火干扰在一定程度上会影响物种的结构和多样性，这主要取决不同物种对火干扰的敏感程度。例如，徐化成等在研究中国大兴安岭的火干扰时，发现林地中一个微小的溪沟对火在空间上的扩散起到显著的阻滞作用。

火干扰还会对景观破碎化产生一定影响，一种情况是小规模干扰导致景观破碎化，如发生森林火灾，会形成新斑块，频繁发生火灾将导致景观结构破碎化，火干扰形成的景观破碎化将直接影响物种在生态系统中的生存；如果火灾强度足够严重时，将可能导致景观均质化而非进一步破碎化。这是因为较大干扰条件下，景观中现存的各种异质性斑块会逐渐遭到毁灭，景观会成为一个较大的均匀基质。这种干扰破坏了原有景观生态系统特征和生态功能。

6.3 火与景观动态

景观动态包括景观的结构和功能随时间而发生的变化。这种变化既受自然因素的影响，也受人为因素的影响。景观动态过程有时比较缓慢，有时则表现为突发性的灾变。森林火灾对景观动态的影响一般表现为突发性的灾变。林火干扰对景观动态的影响，取决于林火大小级别。景观生态学中按照干扰作用力的强度不同分为4个等级：弱度、中度、强度、极度。它们对景观的生态反应分别产生4种结果：波动、可恢复、建立新的平衡和景观替代。

林火干扰与森林景观的破碎化关系密切。这种影响又比较复杂。主要有2种情况：①一些规模较小的林火可以导致景观破碎化，如南方林区的小面积森林火灾，强度较小时在基质中形成小的斑块，导致景观结构的破碎化。②当火灾足够强大时，则导致景观的均质化而不是景观的进一步破碎化。这是因为在较大林火干扰条件下，景观中现存的各种异质性斑块将会遭到毁灭，整个区域形成一片火烧迹地，火灾过后的景观会成为一个较大的均匀基质。但这种干扰同时也破坏了原来所有景观系统的特征和生态功能，往往是人们所不期望发生的。林火干扰所形成的景观破碎化将直接影响到物种在生态系统中的生存和生物多样性。景观对干扰的反应存在一个阈值，只有在干扰规模和强度高于这个阈值时，景观格局才会发生质的变化，而在较小干扰作用下，干扰不会对景观稳定性产生影响。

6.4　火与生物多样性

景观多样性是指一个景观或景观之间在空间结构、功能机制和时间动态方面的异质性。高异质性的景观是由数量较多的小斑块构成，含有较多的边缘生境，适于边缘种的生长及动物的繁殖、觅食和栖息。它通常具有许多生态系统类型，而每种生态系统又有各自独特的生物区系或物种库。所以，景观总的物种多样性较高。

6.4.1　干扰与景观异质性

景观异质性与干扰具有密切关系。在一定意义上，景观异质性可以说是不同时空尺度上频繁发生干扰的结果。每一次干扰都会使原来的景观单元发生某种程度的变化，在复杂多样、规模不一的干扰作用下，异质性的景观逐渐形成。Forman 和 Gordon 认为，干扰增强，景观异质性将增加，但在极强干扰下，将会导致更高或更低的景观异质性。而一般认为，低强度的干扰可以增加景观的异质性，而中高强度的干扰则会降低景观的异质性。例如，山区的小规模森林火灾，可以形成一些新的小斑块，增加了山地景观的异质性，若森林火灾较大时，可能烧掉山区的森林、灌丛和草地，将大片山地变为均质的荒凉景观。干扰对景观的影响不仅仅决定于干扰的性质，在较大程度上还与景观性质有关，对干扰敏感的景观结构，在受到干扰时，受到的影响较大，而对干扰不敏感的景观结构，可能受到的影响较小。干扰可能导致景观异质性的增加或降低，反过来，景观异质性的变化同样会增强或减弱干扰在空间上的扩散与传播。

6.4.2　干扰与物种多样性

干扰对物种的影响有利有弊，在研究干扰对物种多样性影响时，除了考虑干扰本身的性质外，还必须研究不同物种对各种干扰的反应，即物种对干扰的敏感性。同样干扰条件下，反应敏感的物种在较小的干扰时，即会发生明显变化，而反应不敏感的物种可能受到较小影响，只有在较强的干扰下，反应不敏感的生物群落才会受到影响。许多研究表明，适度干扰下生态系统具有较高的物种多样性，在较低和较高频率的干扰作用下，生态系统中的物种多样性均趋于下降。这是因为在适度干扰作用下，生境受到不断地干扰，一些新的物种或外来物种，尚未完成发育就又受到干扰，这样在群落中新的优势种始终不能形成，从而保持了较高的物种多样性。在频率较低的干扰条件下，由于生态系统的长期稳定发展，某些优势种会逐渐形成，而导致一些劣势种逐渐被淘汰，从而造成物种多样性下降。例如，草地上的人畜践踏，就存在这种特征。干扰的影响是复杂的，因而要求在研究干扰时，必须从综合角度和更高层次出发，研究各种干扰事件的不同影响。研究表明，对自然干扰的人为干涉的结果往往适得其反，产生较多负面影响。例如，适度的森林火灾，在较大程度上可以促进生物多样性，但由于森林火灾常常会对人类造成巨大经济损失，因此，常常受到人类的直接干涉。生产上，人们常常只注重火的人为属性，过分强调火的危害，企图杜绝林火的发生，这种做法将会造成更高的火险和未来更为严重的火灾。这种行为可以说是人类对自然干扰的人为再干扰，其结果不仅仅是导致生物多样性减少，同样会导致经济、社会、文化等人文景观多样性的减少。

6.4.3 林火对景观多样性的影响

景观中斑块的形成大多数是由干扰引起的。低水平的干扰在增加生物多样性的同时，增加了景观的多样性，而超过一定限度后，干扰又会降低生物多样性，并降低景观的多样性。这种干扰包括自然的和人为的干扰，如暴风雨、闪电、虫害、砍伐、挖采、火灾等。森林火灾作为一种干扰对森林景观产生较大的影响：①高强度大面积的森林火灾可消除森林、灌丛、草地等嵌块体，产生比较均一的火烧迹地景观，降低景观多样性。②低强度小面积火烧或不均匀火烧通常在景观中建立较多的过火斑块增加景观的异质性和多样性。③火烧可加速景观要素之间物种的传播、养分的分布和能量的流动，增加物种多样性和生态系统多样性。

一般来说，在不受干扰时，景观的水平结构逐渐趋于均质化。适当的低强度火烧干扰，有利于提高景观的多样性，并促进景观的稳定性。

本章小结

本章主要介绍了林火与景观的关系，包括火与景观结构、火与景观生态过程、火与景观动态、火与生物多样性等方面。其中，火与景观结构从火对景观结构的影响和景观格局对林火的影响两个方面来介绍。通过对本章的学习，可以让学生深刻的理解林火在景观格局的形成和变化中的重要作用。

思考题

1. 简述火与景观结构的关系。
2. 简述景观生态过程的概念。
3. 简述林火与景观动态的关系。
4. 简述林火与生物多样性的关系。

推荐阅读书目

1. 景观生态学. 李团胜，石玉琼. 化学工业出版社，2009.
2. 景观生态学：格局、过程、尺度与等级. 邬建国. 高等教育出版社，2007.

第7章 森林草原火的应用

【本章提要】本章重点介绍了应用火生态的基础理论，火在以火防火、森林经营管理、减灾防灾、农牧业、林副业生产、野生动物保护和自然保护中的应用，并对用火的条件和技术做了简要介绍。

应用火生态是一门从生态学中发展起来的分支学科。生态学是研究生物与环境之间相互关系的科学。随着生态学的发展，现在已有许多生态学分支，已形成了一个巨大的学科体系，火生态就是其中一个分支学科，它充分体现了火、生物群落和无机环境三者之间的关系。应用火生态是在广泛应用火的基础上发展起来的一门学科，它研究人类与火之间的关系，使火更好地为人类服务，使火真正成为森林经营的工具和手段。

目前，许多发达国家特别是森林资源极其丰富的国家，已广泛开展计划火烧，使火逐渐成为森林经营的工具和手段。许多迹象表明，应用火生态发展的趋势正在兴起。

①20 世纪 90 年代，世界上新技术已得到广泛的发展，许多高、精、尖技术已在火生态研究中应用。例如，利用电子计算机进行计划火烧、红外线技术与遥感技术、地理信息系统、航天、航空、通信技术等已用于野外科学用火。

②应用火生态已向用火工程化方向发展。应用火生态是一门复杂的系统工程，用火时，既要保证绝对安全，不能跑火成灾，还要保证用火达到预期的经营目的，收到一定的经济效益，而不会破坏生态环境。

当前应用火生态工程已向营林用火工程、农业用火工程、牧业用火工程、林副业用火工程、野生动物繁殖利用以及自然保护用火生态工程等方面发展。

③应用火生态与火行为密切相关，如火强度、火蔓延速度、释放能量大小、火持续时间长短，都直接或间接影响火对森林生态系统的破坏程度。不同火行为，会带来不同的火灾后果。因此，用火时首先要掌握火行为特点，做到定量的火行为得到定量的火生态效应。

用火应避免污染环境，做好火生态的效果评估。计划火烧对环境有一定污染，但与汽车、工厂、电力工业等带来的环境污染相比，要小得多。以美国为例，汽车对大气污染占 60% 以上，电力工业占 18%，整个农林计划火烧对大气污染仅占 5%，而森林火灾对大气的污染是计划火烧的10倍。这充分说明，应用火生态对环境带来影响虽然不大，但仍然有一定破坏作用。因此，今后应用火时应尽量缩小火对环境的影响。

7.1 用火理论基础

应用火生态只有建立在科学理论的基础上，才能使科学用火具有坚实的基础。

目前世界上广泛开展的计划火烧，就是建立在火生态理论的基础上。尤其是森林资源极其丰富的国家，应用火更为广泛，只要掌握用火理论，做到因地制宜，就能做到随心用火。美国1965年计划火烧面积每年不到$2 \times 10^4 hm^2$，1970年计划火烧林地面积已超过百万公顷。森林资源极丰富的国家，计划火烧林地面积已超过当年森林火灾的面积。

掌握用火的理论，一是研究火历史，也就是地球演化史，掌握不同历史阶段火历史的特点；二是必须掌握不同可燃物的结构、理化性质及其燃烧性；三是掌握不同树种对火的适应；四是必须了解不同类型火性状的特点，如此，才能按照森林类型特点，有效开展野外科学用火。

综上所述，有效开展科学用火，一定要掌握用火理论，只有在火生态理论的指导下，才能使野外科学用火达到实用的目的。

7.1.1 用火生态理论

(1)火的二重性

人类出现之后，由最初的对火的恐惧，到保存火种而使用火，经历了一个长期而痛苦的过程。据我国考古学家的考证，在山西省发现原始人$180 \times 10^4 a$以前就与火发生关系的遗址；我国北京猿人在$50 \times 10^4 \sim 60 \times 10^4 a$以前用火和保存火种的证据，早已被世界公认。人类在生产实践活动中逐步学会了用火驱兽打猎，烧林开荒种地，用火煮熟食等，正是由于火的使用，才使得人类脱离原始类群，进化到现代人类。因此，火的利用成为人类进步的第一座里程碑。

到了文明社会的人类，对火在陆地生态系统中，特别是在森林生态系统中的作用和地位的认识，也是经过多次反复的。在相当长的时间内，对林火的恐惧心理占据了上风，直到20世纪初，人们对林火的二重性才有了初步的认识，在1910年，北美开始采用控制火烧来烧除采伐剩余物；1912年，加拿大在温哥华林区全面推广这种火烧方法；在1966年，美国规定火烧的面积还只有$1.7 \times 10^4 hm^2$，到1970年就超过了$100 \times 10^4 hm^2$，5a内规定火烧面积增加近60倍；澳大利亚近年来的规定火烧面积每年也在$100 \times 10^4 hm^2$；我国南方的炼山造林，虽有近千年的历史，但以前多属"刀耕火种"这一原始经营方式的延续。我国的营林安全用火直到20世纪50年代才得到发展。1953年在东北黑龙江省西部林区采取火烧沟塘草甸来防止山火的蔓延，后来逐渐在大小兴安岭、内蒙古等林区广泛推广应用。1975年，云南省盘江林区开始在林内进行规定火烧；1984年，黑龙江省汤原林区也开始进行林内规定火烧，面积达$667 hm^2$以上，效果较好。

目前，世界各国对营林安全用火非常重视，已在广泛进行深入试验研究。人们已经充分认识到：林火不仅具有有害的一面，而且具有有益的一面。单纯的防火是被动的，只有"防"和"用"结合，才是积极主动的且最为有效的措施。

(2)火是一种自然资源

火是以释放能量的形式出现的，利用这种定期释放的能量，能获取应有的价值，做一些有益于人类、有益于森林经营的工作。火是一种再生自然资源，可以定期加以利用。因为林地上的植被不断增长，积累到一定数量，可将这些积累的可燃物点燃，使其释放能量，对该地森林做功。多次利用，可更好地经营森林，更好地利用火发挥再生资源的作用，并提高森林经营水平，发挥火的应有效益。

(3)用火条件和火行为的可控性(作为一种工具的可操作性)

森林火灾是失去人为控制的一种灾害，具有突发性和复杂性，从森林可燃物、燃烧的条件、火环境、着火后的火行为等方面而言又具有难控性。而用火则不同，用火的许多条件都是可控的，比如用火区域和范围、用火时间的确定，可燃物负荷量和可燃物湿度的人工处理，用火天气条件的选择，点火时机和用火技术的合理把握，预期火行为的控制等都是可以根据用火的目的事先设计好，并按这种设计实施的。换言之，把火作为一种工具来使用，是可操作的。

(4)火能维持森林生态系统能量平衡

森林是陆地上最大的生态系统，它能吸收水和二氧化碳，通过叶绿素进行光合作用，把太阳能转变为化学能，贮存在森林中，又以凋落物与枯损物的形式经过多级微生物分解，变为水、二氧化碳和矿物质，归还大自然。

在热带高温高湿的环境条件下，微生物活动很频繁，微生物数量也极其丰富，它们能将森林中的凋落物与枯损物迅速分解。但随纬度的增加，温度逐渐下降，因而影响微生物的繁殖及其活动，使枯落物积累越来越多，最后被一场雷击火烧尽。因此，森林能量平衡是依靠火来维护的。但是，森林火灾会破坏生物之间的关系，同时，大火又会破坏森林生态平衡，不利于森林生态系统的演变。因此，有人提出以计划火烧取代森林大火。因为计划火烧是以低能量火缓慢释放能量，这种火不会破坏生物之间的关系，也不会破坏森林生态系统平衡，这就是澳大利亚学者提出的以计划火烧取代高能量森林大火的理论依据。

(5)火是一种快捷、高效、经济的工具

在用火的许多领域，火只是人们用来达到某种经营目的的工具，如清除林下枯枝落叶，减少森林可燃物积累，降低森林燃烧性，以及清除沟塘里的草甸营造防火隔离带或防火线等经营活动，通常的方法有火烧、人工或机械收获(割)。比较而言，人工收获(割)用工多，速度慢，成本高，效果也不佳；机械收获(割)速度比人工快，效果也比人工好一些，但需要较多的机械设备，成本更高；而用火烧则是多快好省的一种方法。

总之，火的利用，就是要利用火有利的一面，把火作为一个有力的工具，把火看作生态系统中非常重要的一个生态因子，从生态观点和经济利益出发，通过对火行为的深入研究，掌握利用其特性主动创造火烧的有利条件，合理地利用火这一廉价的工具为生产和其他各种人类经营活动服务，化火害为火利，为人类服务。

7.1.2　植物的燃烧性

研究应用火生态必须了解不同植物的燃烧性，才能掌握用火的行为和效果。

7.1.2.1　植物燃烧性的概念

植物的燃烧性是指不同植物着火蔓延和燃烧的程度。以燃烧时的火行为表示不同植物的燃烧特征，火行为指标还表明不同植物的燃烧程度。

为什么不同植物的燃烧性有所不同，甚至它们之间的差异甚大呢？其影响因素很多，如植物的理化特性、生物学特性和生态学特性等。植物的理化性质在林火基础理论里已有论述，在此不再赘述。

(1)生物学特性

指植物的形态结构、生长发育和繁殖的特性，如枝叶形态、内部结构、树冠形态、枝条疏密等。其中，树皮粗糙、有油泡，在其上附生易燃苔藓、地衣及有大量凋落物；树皮厚、结构紧密，幼年生长缓慢，浅根系的树种均为易燃型。反之，则为难燃型。

(2)生态学特性

喜光、耐旱、耐瘠薄的植物易燃，喜肥、耐阴、耐湿的植物难燃。

7.1.2.2 植物燃烧性的术语

(1)植物易燃性

植物的易燃性是指植物容易着火和蔓延的程度。一般依据其易燃程度划分为3类：

①易燃类 多为喜光树种，生长于干旱和瘠薄的立地条件下，含有大量挥发油类和树脂，枝叶密集，凋落物结构疏松，不易分解，很容易着火蔓延，如我国大多数松类和栎类。

②可燃类 多为中性树种，体内含水量适中，立地条件多为潮润—湿润，树冠形状广宽，枝叶密集程度居中，凋落物燃烧性居中，分解速度较快，有一定阻隔火的能力，但遇到干旱天气条件，也可以燃烧。

③难燃类 多为一些阔叶树，或是一些水湿立地条件下的针叶树，体内含挥发性油类少，水分含量高，枝叶难燃，一般年份很难着火蔓延，只有在比较干旱的天气条件下，才能发生火灾。

(2)树种抗火性

这是指树种对火抵抗能力的大小。如有些树种，树皮厚，结构紧密，火烧不会伤害形成层。有一些树种，经过火烧后，树皮不会烧伤，反而会增厚，增加树种的抵抗能力，如东北林区的樟子松、兴安落叶松、蒙古栎和黄波罗；还有一些树木能抗高温，如大兴安岭的兴安落叶松林，火烧伤疤高达6~7m，估计当时火强度高达8kW/m，兴安落叶松仍未被火烧死，说明其抗火能力极强。

(3)树种耐火性

指树种被火烧后，其萌发能力的大小。一般树种被火烧后，其萌发能力强则其耐火能力也强，这种能力的高低，有利于树种火烧后的恢复。一类是树种的枝干和枝条火烧后萌发能力强，很快长出新的枝条；另一类是干、茎和根部有强烈的萌发能力，火烧后地上部分容易死亡，但干、茎和根部容易抽条，以维持该树种的生存和繁殖。树种的耐火性有利于树种的恢复。

(4)防火树种与树种易燃性、抗火性和耐火性之间的关系

选择防火树种营造防火林带是一项较长期的工作，应该认真慎重对待，在选择防火树种时应该选树种本身是难燃的、抗火的、耐火性强的。

有些人把防火、抗火和耐火混淆起来，甚至有不少人把抗火性强或耐火性强同防火性好等同起来，认为抗火性强的树种就是好的防火树种。因为抗火强的树种，对火抵抗力

强，但不一定阻隔火的能力也强，如有些松、栎林有较好的抗火能力，但它们都属于易燃材种。因此，选择这些树种做防火林带，是不可能起到良好的阻隔火的效果。

树种耐火能力强，不一定就有较好的防火能力。因为有些树种萌发能力强，但本身易燃，它不能发挥良好的阻隔火的性能，它只是被火烧后才有较好的恢复力。

为此，用做防火林带的树种，应具有如下特性：

①防火树种性能好，应为难燃、抗火、耐火能力也强的树种。

②防火树种，应该是难燃的，但抗火性和耐火性较差的树种也可选为防火树种。

③抗火、耐火能力强，但易燃性也强的树种则不宜选为防火林带的树种，因为它们不能起到良好的阻隔火的功效。

7.1.3　森林群落火性状

森林群落的火性状可反映不同森林火行为特点，不同森林群落具有不同的火性状。森林群落的火性状，又反映了森林群体的结构和状态。森林群体用火的成败，取决于森林火性状的研究成果与应用技术。

7.1.3.1　林学特性对火性状的影响

森林是一个群体，其林学特性影响火的行为。森林的林学特性包括：森林的组成、层次、年龄、郁闭度和森林的稳定性。

①不同的森林群落是由不同燃烧性的树种所组成。如由易燃树种所组成的森林就易燃，由一些难燃树种所组成的森林为难燃林。由一些易燃和难燃树种所组成的森林，其燃烧性居中。

②一般森林层次越多，结构越复杂，则越不易燃。如果多层都为易燃树种，所组成的森林一旦发生火灾就有可能形成树冠火。相反，不同层次都为难燃树种所组成，则大大增加了森林的难燃性。

③一般幼龄林在未郁闭前，处于草本灌木阶段，一旦发生火灾，容易遭受毁灭性灾害。随年龄增加，林木的抗火性有所增加。但年龄超过成熟龄，林冠破裂，林下杂乱物和易燃性杂草增加，火灾危险性也增加。

④郁闭度能调节森林的水平结构。一般郁闭度在 0.3~0.5，林下杂草丛生，草本植物增多，林内阳光较充足，温度高，湿度小，风速大，易燃性高。相反，郁闭度在 0.5~1.0，林下杂草稀少或无，积累大量可燃物，林下光照弱，温度低，湿度大，风速小，不易着火和蔓延。

⑤森林群落的稳定性对森林燃烧性影响很大。一般先锋树种为不稳定森林群落，物种间竞争强，变化大，容易发生火灾。如果是稳定群落，群落变化缓慢，不容易发生火灾，发生间隔期也长。

7.1.3.2　影响森林群落火性状的因素

(1)物种组成

森林群落是由许多物种所组成，其火性状取决于这些物种的燃烧性。如果大多数植物易燃，该群落也属易燃的；相反，则属于难燃的。

(2)立地条件

不同森林群落的火性状，还取决于不同群落所处的立地条件。一般处于干燥立地条件下的森林群落易燃；相反，水湿的立地条件则难燃。

(3)历史阶段

不同群落的火性状，还取决于该群落形成的历史阶段及所处环境的形成过程。

不同群落火性状，还取决于该群落的植物种类以及它们综合作用的结果。群落火性状有许多方面，可以归纳为火频次、火季节、火强度和火格局。

7.2 火在减灾防灾中的应用

在减灾、防灾中，应用火也是经常采用的方法。如果使用恰当，能够取得事半功倍的效果。如果用火不当，往往会扩大危险性。在减灾、防灾中基于一条原则，就是要保证用火的绝对安全。

在减灾、防灾中，用火有许多方面，如扑救森林火灾、防火用火、控制部分病虫鼠害及预防某些气候灾害等。

7.2.1 以火灭火

在扑救森林火灾时，经常采用以火灭火的方法，有时会取得良好的成效，有时因用法不当，不仅没有将火灾控制住，反而使火灾面积扩大，导致火灾损失增加。为此，以火灭火应慎重从事，保证以火灭火的绝对安全。

7.2.1.1 以火灭火的特点

在扑灭森林火灾过程中，以火灭火是扑救森林火灾的一种好方法，尤其在扑救大面积森林火灾时经常采用。以火灭火的特点如下：

①采用以火灭火，只需少数灭火人员，在选择有利地形后，便可开展以火灭火。也可以选择灭火战略地带，火烧防火线，封锁火头控制大火的扩展。同时，它又可以与其他灭火方法联合使用。总之，这样以火灭火，机动灵活，扑灭效果好，在扑救大面积森林火灾中经常使用。

②以火灭火行动快，只需掌握好用火条件，快速点燃，封锁火头，就能控制住火的扩展。

③第一次点燃后，第二次就不容易燃烧。因此，采用以火灭火，只需用火恰当，就能阻止火灾的扩展和蔓延。

④采用以火灭火，只需轻便的点火工具，无需大量复杂的灭火装备，适合山地灭火。

7.2.1.2 以火灭火的方法

在扑灭森林火灾或森林大火时，有许多灭火方法，经常采用的方法介绍如下：

①以火烧防火线或控制线，防止火灾蔓延和扩展。在灭火时多采用封锁火头，控制火边，消灭余火等步骤。在火头前方无阻碍物地带称为灭火战略地带。可派人将这些灭火战略地带用火烧出防火线，将火头封锁住。

②用火加宽、加固火场四周防火障碍物，有效控制火灾的突破。

③采用火烧法。在火头前，有一定控制线，沿火线一侧，逆风点火，沿火场火头方向蔓延，两个火头相遇，火立即熄灭。

④点迎面火法。这是一种快速扑灭高强度森林大火的方法。在火头前方选择好依托条

件，堆好可燃物。当大火来临，在火头前方产生负压，形成低压区，产生逆风。这时开始点火，点燃火由于逆风作用，两火头相碰，大火立即熄灭。火烧法与迎面火法，有一定的差别：一是点火时间不相同；二是火烧法开始是地表火，最后上升树冠火。而迎面点火法，点燃就是大火，两个火头相碰，立即熄灭。

⑤火烧与其他灭火方式相配合，这是扑救森林火灾时常采用的灭火方法。一般火头火锋快，火强度高，人力扑打不能靠近。采用火烧防火线，阻挡火势蔓延。火场两翼和火尾的火蔓延缓慢，火强度小，可以采用人力扑打，相互配合。

7.2.1.3　应用火的条件

掌握用火条件，是以火灭火的重要方面，它是以火灭火的关键。

①应决定采取何种以火灭火方式，采用点烧防火线阻隔森林火灾蔓延，还是采用点烧法、点迎面火法、点烧与其他灭火方法相结合，一定要求事先选择好。

②应选择好点火时间。过早点火不能起到良好阻火作用，有时甚至会扩大火场，带来更大的损失。如果点火太晚，起不到隔火的作用，还会给点烧带来危险。根据经验，点火距离为火墙厚度的 7 倍，如火墙厚为 30m，点火距离不得小于 210m，因此，采用火烧时一定要求掌握用火距离。

7.2.1.4　用火地点的选择

为了做到用火安全、可靠，既不会跑火，又能阻止火灾，并将火扑灭。一般用火时一定要有下列依托条件：

①在火头前方选择有天然防火障碍物（如小河、小溪、湖泊、水塘、沙滩、水湿地等）为依托。

②选择适合人工防火的障碍物，如铁路、公路、车道、防火线、防火带、农田等。

③选择有利地形点火。如在山脊点火，下山火，容易控制，烧到一定宽度将火扑灭。火在山坡燃烧时，可在背面山脊下部点上山火，火很快烧至山脊，越山后为下山火，遇火头相碰而熄灭。

④可选择在稠密阔叶林缘点火，因为稠密阔叶林是依托点，火容易控制，能保证用火的安全。在平坦草地用风力灭火机控制火，使火迎火头方向蔓延。将另一侧火吹灭或打灭，形成人为火烧防火线，阻止大火扩展。

⑤掌握用火面积大小。采用以火灭火，一定要掌握用火面积的大小，一般来说点燃面积过小，不能控制火头。相反点燃面积过大，也不利控制火头，反而会扩大火场，为此，选择点火线的长短应以火头的火线长短为标准。

我国森林大部分分布在山区，掌握好以火灭火，会产生多快好省的功效。但要注意以下问题：

①在山地以火灭火，由于两火头相碰会促使火头抬高数倍，大大增加火焰高度和火强度，突然增加大量飞火，在火头前方增加许多新火源，如果控制不严有可能引起新的火灾。特别在山脊部位，当两火头相碰，大大增加火头前飞火数量。当火头超过山脊时，也有可能产生飞火，这对灭火人员构成了危险。

②采用以火灭火，如火烧法或迎面火法，由于两种速度不同的火相遇，会产生火旋风，扩大火场，增加新火源，有时给消防人员带来危险。大火通过山地相碰或遇冷气团时，都会产生火旋风，产生新的火源，应予以防备。

③在山地采用以火灭火，尤其是扑灭大火时，更应该预防飞火和火旋风。为此，在实施火烧法或迎面火法时，都应该在控制线后1km远布置巡护区，随时随地消灭飞火和火旋风带来的新火源。为达到有效控制火灾的目的，尤其是点迎面火后，除了要掌握飞火和火旋风外，还要安排撤退路线，以防一旦实施迎面火不成功时，消防队员能迅速撤离火场。

7.2.1.5 培训以火灭火的指挥员和战斗员

以火灭火要求掌握山地灭火的特点，还要掌握林火行为的特点，既要有坚实的灭火理论知识，还要练就灭火技巧。同时在各重点林区，应该培训专门从事以火灭火的指挥员。应该选择一些平时有灭火经验的指挥员在非防火期进行理论学习，掌握该地不同可燃物的类型、火行为特点、地形、地貌、各种可燃类型的特点以及在不同天气条件下火行为的发展。

除了在理论上要不断学习和培训外，在平时，还应该通过实践，提高他们用火的实际本领，如开展计划火烧、火烧防火线、林内计划火烧和可燃物管理。在地形复杂、交通不便的地方，由于灭火不及时，常常酿成大火灾。为此，应该在这些山区组成快速灭火队，快速灭火队可乘坐直升机，及时赶到火场，投入灭火战斗，从而提高灭火现代化水平。

7.2.2 以火防火

7.2.2.1 以减少森林可燃物的积累，降低森林燃烧性为目的的用火

森林生态系统中，地表可燃物主要来自凋落物，凋落物分季节性或全年不断脱落两类，温带落叶林的凋落物几乎全是在秋季凋落，据Kimmins(1987)测算，温带常绿针叶林和温带落叶混交林平均每年每公顷地上凋落物量(干重，下同)约8.5t，该区域由于枯枝落叶的分解速度很慢，凋落物可保留10~17a，林下死可燃物的积累速度很快，每公顷地上凋落物积累量可达30t。在我国北方，调查结果与此基本一致：东北的阔叶红松林平均每年每公顷地上凋落物量约5.8t，年最高凋落物量达7.8t；西藏波密林芝云杉天然林平均每公顷地上凋落物量累积达34.4t；祁连山北坡藓类云杉林平均每公顷地上凋落物量累积高达42.8t；而黑龙江21a生人工落叶松林平均每公顷地上凋落物量累积已达29.9t。我国南方，森林防火季节也正是凋落物的多发季节，热带季雨林的凋落物多发生在干季的初期，热带常绿阔叶林全年均有凋落物，但在稍干月份里出现小的峰值。例如，海南岛尖峰岭热带季雨林凋落物层贮量为5.1t/hm^2；会同生态定位站17a生杉木林平均每年每公顷地上凋落物量为4.5t。

森林可燃物是林火发生的物质基础，林冠下地表死可燃物又是最危险的森林可燃物，这一部分森林可燃物积累的多少，不仅直接影响林火的发生，而且与林火发生后的火强度密切相关。通常，可燃物每增加1倍，一旦发生火灾后，其火强度则可提高4倍左右。一般而言，如果可燃物负荷量低于2.5t/hm^{2}时，即使被点燃，也难维持其在林下蔓延和扩展。因此，减少森林地表可燃物的积累，降低森林燃烧性成为森林防火工作的重要组成部分。

在林内进行营林安全用火，可有效地减少森林可燃物的积累。王金锡等(1993)在云南松林内进行了计划烧除试验，结果表明通过较小强度的火烧均会显著减少森林可燃物的积累(表7-1和表7-2)。

在林下以减少森林可燃物的积累，降低森林燃烧性为目的的用火，一般可每隔若干年

表 7-1　四川省西康磨盘林区云南松林内计划烧除的火行为一览表

标准地号	火蔓延速度(m/min)	火焰高度(m)	火强度(kW/m)
1	0.77	0.50	122.94
2	1.20	0.90	252.45
3	0.50	0.40	39.74
4	0.49	0.30	21.70
5	2.09	1.30	454.39
6	1.63	1.00	327.24
7	0.19	0.40	46.68
8	0.82	0.50	84.93

表 7-2　四川省西康磨盘林区云南松林内计划烧除前后可燃物统计表

标准地号	烧前生物量(t/hm^2)				烧后生物量(t/hm^2)				烧失量(t/hm^2)				烧失率(%)
	未分解叶	未分解枝	半分解叶	合计	未分解叶	未分解枝	半分解叶	合计	未分解叶	未分解枝	半分解叶	合计	
1	5.08	2.74	—	7.82	1.09	1.41	—	2.50	3.99	1.33	—	5.32	68.03
2	6.59	2.50	—	9.09	1.32	0.76	—	2.08	5.27	1.74	—	7.01	77.12
3	2.66	1.70	—	4.36	0.84	0.88	—	1.72	1.82	0.82	—	2.64	60.55
4	4.33	0.85	5.34	10.52	2.89	0.79	5.34	9.02	1.44	0.06	0.00	1.50	14.26
5	4.30	1.97	6.47	12.74	0.00	1.53	3.00	4.53	4.30	0.44	3.47	8.21	64.44
6	5.31	0.88	7.27	13.46	1.94	0.49	3.25	5.68	3.37	0.39	4.02	7.78	57.80
7	5.23	0.17	6.70	12.10	0.93	0.00	1.56	2.49	4.30	0.17	5.14	9.61	79.42
8	1.73	1.20	2.43	5.36	0.38	0.30	0.83	1.51	1.35	0.90	1.60	3.85	71.83

进行一次。马志贵等对云南松计划烧除后林地危险可燃物积累动态进行了研究，结果表明，计划烧除后 1a 内，林地危险可燃物贮量即可达到 $2.93t/hm^2$，以后每年产生 $1.6t/hm^2$ 危险可燃物的同时，净积累量逐渐增加，到烧后的第 8 年开始，林地危险可燃物净累积量动态曲线以渐进线形状向林地内危险可燃物 $6t/hm^2$ 的现实贮量接近。如果将可燃物负荷量低于 $2.5t/hm^2$ 时视为一个安全阈值，该实验 1a 后的林内危险可燃物的积累就超过了这个阈值，8a 后已超过这个阈值 3 倍多，其火灾危险已经非常高。火烧的间隔期受很多因素的影响，应根据林内细小可燃物的负荷量来确定。例如，桉树异龄林，细小可燃物的积累很快，2a 内可达到未烧除林分可燃物负荷量的 75%，在火烧后第 4 年，实施计划火烧的林分与未进行火烧的林分无明显差别(达 $20t/hm^2$)，应每隔 2a 或 4a 进行一次火烧。人工林如 20a 以上生的樟子松林和 15a 以上生的落叶松林也应每隔 3～5a 进行一次计划火烧，以达到降低火险的目的。

用火的效果除了明显地降低森林火险外，实践也证明一旦发生森林火灾，由于可燃物量较少，火势也较弱，容易扑救。例如，黑龙江省东方红林业局 1990 年大面积实行营林安全用火，使当年森林火险降低 20%；七台河市大面积推广营林安全用火使当年森林火险降低 35%；十八站林业局 1989 年对几乎所有的沟塘草甸进行计划烧除，使森林火险降低 25%；1990 年鹤北林业局大规模采用营林安全用火后，春季防火期连火情都没有发生，一年的正常防火经费节约20多万元。

7.2.2.2 开设防火障和森林防火线的用火

防火障是指自然形成天然屏障或者是在火灾发生前已将全部或大部分易燃物清除的人造屏障。其目的在于阻断火势较弱的地表火，在可能的情况下，此类屏障在灭火过程中还可以作为人员和器材移动的道路，必要时，可以利用它作为依托进行以火灭火。防火线的定义是一部分通过刨刮或深挖到矿质土层并清除一切易燃物而形成的控制线(控制线一词对防火障同样适用)。

实际工作中，许多国家并不区分这两个概念，多统称为防火线，我国便是如此。在大多数情况下，防火障和防火线都被看成一种既可以从那里进行灭火行动，又可以将火限制在它们之间的基线。由于能使灭火人员自由行动并能为他们提供一条预先准备好的防卫线，所以防火障和防火线有助于避免严重损失，使森林火灾受到有效控制。火烧防火线在我国东北林区和内蒙古林区较为普遍采用，目前多用于沟塘防火线和林缘防火线的开设。与采割法、机耕法、化学除草法和爆破法等开设防火线的方法相比较，火烧法是一种多快好省的方法，但是，如果掌握不好，不分时间，不分地点，不负责任地任意点烧，将会适得其反，容易跑火引起森林火灾。成功的火烧防火线具有如下优点：

(1)火烧防火线速度快

伊春乌敏河林区20世纪80年代末至90年代初的9a中火烧逾2560hm^{2}草塘，若用人工刀割，按每公顷10个工日计算共需要2万多个工日，相当于1000人工作超过20d，而火烧则只用了22个人4d共计88个工日便完成了。

另据云南省清水江林业局护林办的张文兴统计，人工铲除1km的防火线(15m宽)需要36个劳动工日。计划烧除同样长的防火线半个工日都不到，其速度之快，效率之高由此可见一斑。

(2)火烧防火线成本低

1973年，乌敏河林区火烧防火线超过8720hm^2，支出费用3195元，折合0.38元/hm^2；1979年火烧防火线2560hm^2，成本是0.315元/hm^2，按当时的价格折算，若用人工刀割，其成本为25.4元/hm^2，是火烧防火线成本的80倍。

另据有关部门初步统计，点烧1hm^{2}防火线平均不到0.6元，其投入只相当于人工铲除防火线的1/20(国有林场人工铲除防火线的投资每公顷需要66~99元，是火烧防火线的110~165倍)。

(3)火烧防火线的效果好，效益大

人工刀割(铲)的防火线，留茬再低，搂得再细，地上总还要残存一些可燃物，一旦出现火源，就有发生火情火灾的可能。用火烧的办法，则可彻底消除地表可燃物，根除了火灾发生的隐患。

火烧防火线不仅效果好，而且效益也非常明显，下面2个例子充分表明了这一点。

①云南省红河自治州自1987年实施计划烧除以来，森林火灾逐年下降，特别是1988—1990年，3a跨出了3大步：1988年森林受害率为0.27%，1989年森林受害率下降到0.052%，1990年，森林受害率又下降到0.027%，与1988年相比森林受害率减少了9/10。

②黑龙江省七台河市所辖林区1984—1991年开展营林安全用火，累计点烧面积达5×10^4hm^2。从火灾档案资料表明，没有开展营林安全用火的前8年(1976—1983)与开展

营林安全用火的后 8 年(1984—1991)相比，火灾总报次数由 137 次降到 34 次，年均由 17.1 次降到 4.3 次，过火面积由 2947.9hm^2 降到 101.6hm^2，年均过火面积由 371.9hm^2 降到 12.7hm^2。火灾损失总额由 427.40 × 10^4 元降到 27.33 × 10^4 元，年均损失额由 53.43 × 10^4 元降到 3.42 × 10^4 元。用火前火灾的损失是用火后火灾损失的 17 倍。伤亡人数则由 7 人降至 1 人。

火烧森林防火隔离带，特别是在林内开设森林防火隔离带，同火烧防火线具有类似的功效。1994 年，山东崂山用火烧法建立森林防火隔离带，平均每公顷费用为 69 元，而使用化学除草和人工割草每公顷则需要 210 元，是火烧法费用的 3 倍。

7.2.2.3 以维护生物防火林带，提高生物防火林带阻火性能为目的的用火

目前，世界上许多国家都很重视防火林带的建设，东南亚、北欧和中欧各国在这方面的研究和应用较早。20 世纪 80 年代末，前苏联、中国和日本等国也开始了防火林带的建设，据不完全统计，“九五”期间，我国共新造防火林带 39.8 × 10^{4}km，在我国南方部分省(自治区)有 100 多个国有林场初步形成了防火林网，并且已发挥了显著的防火效益。如防火林带建设开展较早的福建省，1999 年每公顷林地的防火林带密度达 13.3m，居全国首位。

然而，作为林区森林防火重要设施之一的防火林带，在每年的森林防火期到来之前，林业部门都要组织大量的人力、物力和财力，对防火林带进行全面的维修，以恢复或增强其防火效果。由于防火林带一般多设置在山脊山顶，分布偏远，不论是人工铲修，还是应用化学除草技术维修防火林带，费时费工，工人的劳动强度大，成本都较高，并且维护的效果也不是非常理想。西江林业局在 1994—1996 年分别对人工铲修和化学除草进行了试验，1994 年人工铲修 1km 的防火线需要 606.2 元，1995 年第一次使用化学除草维修防火线的成本是 305 元/km，1996 年第二次使用化学除草维修防火线的成本是 264.3 元/km。同前述用火的成本相比较，可以看出，以维护生物防火林带，提高生物防火林带阻火性能为目的的用火具有广阔的应用前景。

在森林防火方面广泛应用以火防火，使用得法会达到事半功倍的效果。如果用火目的性不明确，方法不对头，将会带来灾难。

以火防火是短期效应，如以火开设防火线，只管 1 ~ 2a，如连年使用，会破坏林地环境，因此，用火时应严格控制间隔期。

以火防火在许多方面可以应用，并可取得较好效果，如火烧防火线、火烧沟塘、草甸、林内计划火烧和可燃物管理等。

7.2.3 以火控制虫害

据报道，我国 1988 年森林病、虫、鼠害相当严重，造成的经济损失超过当年森林火灾损失的 12 倍。过去在防治上多采用药物，这对环境以及野生动物危害很大，成本又高，因此，采用火烧来防治病虫鼠害投入极微，效果也很好，值得推广。

7.2.3.1 昆虫不同变态时期与火的关系

昆虫有许多变态，一般为卵、幼虫、蛹和成虫。要想达到以火灭虫的目的，需要研究清楚它们什么时候产卵，产卵的地点是否适合用火。只有把害虫变态的时间、地点、条件弄清，才能确定是否适合用火。

在用火消灭大量害虫时，还要保证森林安全。此外，采取用火减少害虫的大量发生时，一定要在害虫大量发生的气候出现之前，又在用火安全期，点火消灭害虫的隐蔽处，抑制害虫大量发生。

7.2.3.2 用火消灭松毛虫

松毛虫(*Dendrolimus tabulaeformis*)是一类食针叶的害虫，它的大量发生，对我国常绿针叶林危害相当严重。如我国南方的马尾松林、东北的落叶松人工林和天然林均遭受大面积松毛虫的危害，有时极其严重，甚至将针叶全部食光，连地表的草本植物和灌木树叶都难于幸免，危害十分严重。

(1)北方火烧控制兴安落叶松松毛虫幼虫

在东北林区，分布着大面积的落叶松人工林和天然林，它们经常要受到松毛虫的严重危害。在适合条件下，可以采用火烧的方法，来减少松毛虫的危害。其方法如下：①在北方落叶松幼虫为2年生，第一年幼虫要下树，钻到枯枝落叶下层越冬。第二年春季再钻出枯枝落叶层，沿树干上树食落叶松针叶。在秋后防火季节，点火烧掉林下枯枝落叶层，使松毛虫幼虫没有越冬场所，导致大批松毛虫被冻死，以减少松毛虫的危害。②在翌年春季防火季节，点烧枯枝落叶，使松毛虫幼虫受高温灼热，后又受冷冻，这种交替折磨，使大量幼虫死亡。

在松毛虫活动期，地表枯枝落叶在连续干旱天气，可以进行点烧。大量烟和高温将松毛虫薰落到林地，高温烟灰可将松毛虫幼虫杀死。

(2)南方火烧控制松毛虫

南方松毛虫幼虫多为1年生，其大量发生季节，恰是马尾松生长旺盛季节。在密集松林下，有大量凋落松针叶，针叶不易腐烂，积累较多，一旦连续晴天，可以点燃。由于高温和烟薰，可以将树上的松毛虫幼虫薰落到地面燃过的热烟灰中烫死，大大减少松毛虫的危害。

7.2.3.3 用火消灭蚜虫危害

大量发生的蚜虫，也是对林木危害较严重的一类害虫。如何防止此类害虫的大量发生，也是保护的一项重要措施。对于蚜虫，也可以采用以火消灭的方法。

当蚜虫越冬时，许多蚜虫集聚在胶囊内。该胶囊悬挂在树枝上，在深秋季节或早春季节，点烧地表的枯枝落叶，高温将蚜虫的胶囊烤化，等到夜间气温下降，一冷一热，很快使大量蚜虫致死。这种火烧办法防治蚜虫，既简单又方便，还不会污染环境，能有效消灭大量蚜虫。

7.2.3.4 用火烧死虫卵和蛹

许多害虫的卵和蛹，能抵御寒冷，分布在树干基部的树皮、树枝、干枯叶、灌木枝以及凋落物枝叶上。因此，一旦发现有大量蛹和卵时，可以预测翌年有大量病虫害发生。可以在适合安全用火季节点烧，以控制害虫的大量发生。

采用有计划火烧烧死大批卵和蛹，既省工，又省资金。只要用火恰当，可以取得多、快、好、省的效果，同时也是一种极为有效的消灭害虫的方法。但一定要摸清不同害虫、不同变态时所需的生态条件，才能更好开展用火消灭害虫的工作。

7.2.3.5 用火光和灯光诱杀成虫

有些昆虫的成虫阶段为蛾子，飞蛾有趋光性，即飞蛾投火的习惯。可以采用火光或灯光诱杀飞蛾。

在飞蛾交配、产卵阶段，如能诱杀就可以大大减少害虫的发生。为此，这也是经常采用消灭害虫的一种好措施。

7.2.3.6　火烧控制小蠹虫的发生

受伤木很容易受到山松大小蠹虫、花旗松舞毒蛾、西方松小囊虫及红松脂小蠹虫等害虫的袭击。如采用规定火烧可减少或控制这类害虫的大发生。例如，波缝重齿小蠹虫常喜欢生活在采伐剩余物中过冬。若对采伐迹地进行火烧处理可以显著减少小蠹虫种群数量。美国西部采用规定火烧使花旗松舞毒峨大发生的可能性下降53%；俄勒冈州中部和东部下降85%；华盛顿西北部下降82%。Miller也曾建议采用火烧来控制脂松球果小蠹虫。采用火烧控制鞘翅目害虫种群数量也取得成功。

7.2.4　以火控制病害

森林病害是指病原生物或不良的气象、土壤等非生物因素使林木在生理、组织和形态上发生的病理变化，导致林木生长不良，产量、质量下降，甚至引起林木整株枯死或大片森林的衰败，造成经济上的损失和生态条件的恶化。引起林木生病的原因简称病原。病原的种类很多，大致可分为生物性病原和非生物性病原两类。

生物性病原是指以林木为取食对象的寄生生物。主要包括真菌、细菌、病毒、类菌质体、寄生性种子植物，以及线虫、藻类和螨类等。非生物性病原包括不适于林木正常生活的水分、温度、光照、营养物质、大气组成等一系列因素。各种植物对于不良因素的抗逆性或感受性各不相同，易于遭受侵袭的称为感病植物，对于寄生生物来说则称为寄主。

寄生植物、病原和环境条件三者之间的相互关系是植物病害发生发展的基础。对这三者影响最大的便是地表枯枝落叶层，因为生病的脱落叶、果和病死的枝条等仍然带有病原物，例如，落叶松早期落叶病、松赤枯病、松落针病、油桐黑斑病等叶部和果实病害，以及松枯枝病、杨树腐烂病等枝干病害，枯枝落叶层成为这些病原物越冬的最好场所。同时，枯枝落叶层还混生着一些病害的转主寄主，如云杉球果锈病以稠李或鹿蹄草等植物为转主寄主，一枝黄花和紫菀等菊科植物则是松针锈病的转主寄主。

清除侵染来源是防治森林病害的重要措施之一。在森林病害较严重的区域实施计划火烧，效果是非常理想的。

7.2.4.1　火烧控制落叶松早期落叶病

东北林区的落叶松，有兴安落叶松、长白落叶松、日本落叶松、朝鲜落叶松和华北落叶松。这些落叶松均属喜光针叶树种，幼年生长迅速，有“北方杉木”之称，但是它们容易感染早期落叶病。此落叶病在6~7月林木生长期间感染，开始叶发红，然后脱落，影响落叶松正常生长发育，严重时可使落叶松死亡。这种病原菌主要寄生在当年病叶上，第二年凋落叶上的孢子随上升气流，又带到新生叶上，侵染针叶后使之发病。特别是8~20a生的人工落叶松林，更易感病。根据早期落叶病病原菌生活史，只需将落叶松的凋落叶清除就可以消除其侵染源，就能有效控制落叶松早期落叶病的发生。

为了有效控制落叶松早期落叶病的发生，可以采用火烧清除落叶病的侵染源。一般有两个季节：一是秋后防火期，在落叶松林内进行计划火烧，只要把当年带有病原菌的落叶烧掉，就可以消灭侵染源；二是等到翌年，春季防火季节，将凋落叶烧除，可以防止早期落叶病传染。

落叶松平均胸径为6cm时，就能抵抗弱度火烧，可以进行计划火烧。但在密集落叶松人工林下，有地毯状的落叶密实度大，孔隙度小，不易点燃。一般在坡度15°~30°时，或是林分郁闭度小于0.6时，林下为草本植被，比较容易点烧。如果落叶松人工林处在平坦低湿地，郁闭度在0.8以上，林下又无易燃的杂草，很难点燃。为此，对这类林地应选择比较干燥的天气条件，同时还有必要铺上易燃杂草，利用风力灭火机进行点燃。点烧时只需将凋落叶表层点燃彻底，就可以切断侵染源，清除早期落叶病的侵染源，减少落叶病的危害。为此，应该注意在低火险天气进行计划火烧，在火烧区四周开设好防火线。

7.2.4.2 火烧控制松树落针病

在东北林区，许多天然林和人工松林，如樟子松、红松、油松林，它们容易遭受落针病危害。落针病病原菌的孢子生长在针叶上，使针叶早期脱落，直接影响松树的正常生长发育。为此，采用秋季或春季防火期对平均胸径6cm以上的松林计划火烧，切断其侵染源，就能有效控制该病的发展。

7.2.4.3 火烧控制落叶松褐锈病

引起该病害的病原菌冬孢子在落叶上越冬，夏季6月上旬产生担子和担孢子，借风传播至新长出的落叶松针叶上，半个月左右落叶松发病，并在变色区产生夏孢子，7月下旬形成冬孢子堆，并随病叶落地越冬。该病害在东北三省落叶松林均有发生，重病区发病率可高达70%~80%。

如在春、秋两季采用火烧地面枯枝落叶层，可有效地控制冬孢子萌发率，减少病害的发生。

7.2.4.4 火烧控制落叶松—杨锈病

引起落叶松—杨锈病的病原菌是一种长循环型、转主寄生菌。该病原菌必须在落叶松、杨树上完成其生活史。每年早春，杨树头年落叶上的冬孢子萌发，产生担孢子，由气流携带到落叶松针叶上，侵入7d左右，在叶背产生黄色锈孢子堆，锈孢子又被风带到杨树叶背，由气孔浸入，7d后形成夏孢子堆，8月末，形成铁锈色的冬孢子堆，随病叶落地越冬。

杨树叶比落叶松叶易燃，所以在早春或晚秋，用火烧清除杨树叶，可有效地切断病原菌的浸染循环，控制落叶松—杨锈病的发生。

7.2.4.5 火烧改善林内卫生状况

①采伐迹地有许多采伐剩余物，影响林地卫生状况，容易使迹地的病菌滋生。如林地上有许多种子发芽后就被病菌孢子侵染，在未清理的迹地上，发病率高达70%~80%。如果迹地用火烧过，清除林地杂乱物，使迹地的卫生状况大有改善，感染病害的种子显著下降(<20%)。另外，火烧清除采伐迹地剩余物，可以使幼苗立枯病明显减少。

②火烧后，烧掉许多病腐木和腐朽木，改善卫生状况，大大减少病菌感染。

③火烧后，使林地受过高温处理，林地变干，不利病菌繁殖，减少病菌发生。

④在低湿地或比较湿的林地，可以采用火烧，清除采伐剩余物，改善林地卫生状况和环境，使林地尽早恢复。

火有利于抑制病害的大量发生。但有时，火烧伤树木与根系，给林木带来不利的影响。因此，应该研究火对不同病害影响程度以及它们与林火的关系。

7.2.5 以火控制鼠害

鼠害在我国被列为四害之一。在林区，鼠类可破坏树根，啃食树皮，破坏树干形成层，严重破坏成片幼林。如东北林业大学帽儿山实验林场大约1hm^{2}的人工樟子松林(17~20a)，冬季被鼠类自基部环状剥皮，使整个樟子松林遭到毁灭。

美国华盛顿州曾在一块400hm^{2}的皆伐迹地上利用直升机进行控制火烧，经过火烧后调查，火烧迹地上的鼠类比火烧前减少60%。

7.2.5.1 火烧清除林内杂乱物，减少鼠害

在森林中主要是一些林中鼠类，它们在杂草、枯枝落叶下层或土壤中隐蔽起来，免遭天敌鸟类和野生动物的袭击。因为有些鼠类属盲鼠，也有些视力弱，行动迟缓，如果及时清理林地内的杂乱物，使老鼠失去隐蔽场所，遭受天敌袭击，可以大大减少鼠害。因此，将林地清理好，林地中的鼠类数量会有明显降低。如在林口青山林场的次生林调查中发现，一般经过抚育采伐，又经过清理过的林地很少有鼠害发生。未进行抚育清理的次生林，鼠害严重。因此，对于次生林应及时进行抚育、改造和火烧清理。

7.2.5.2 大面积火烧皆伐迹地可以消灭鼠害

大面积皆伐迹地都有大量鼠类和噬齿类动物，如果不及时消灭，对迹地更新影响极大。这些鼠类啃食种子、幼苗和幼树。破坏林内卫生状况，不利于森林恢复。为此，对于大面积采伐迹地，一定要清理采伐剩余物和杂乱物，以利于种子发芽生长和森林恢复。

采用计划火烧清除大量采伐剩余物，可清除80%~90%的鼠类和噬齿类动物。一般应采取高强度火烧，所以在大面积皆伐迹地，计划火烧多采用中心点火法，形成强烈的对流烟柱，有时火强度高于一般野火。因此，在大火中鼠类有的被高温烤死，有的窒息而亡。伐前更新不良的迹地可以采用中心点火法。一般择伐、渐伐或其他采伐方式的迹地，也可以采取堆积法。在冬季地面有积雪时，计划火烧，可以消灭鼠类，减少鼠害。

7.2.5.3 火烧清除杂草减少幼林鼠害

目前在我国东北林区有许多次生林和人工林。由于经营不当，在这些林区鼠类和啮齿类动物危害十分严重。一般在秋季降霜后，采用计划火烧，清除杂草和林内杂乱物，既可消灭鼠类的隐蔽场所，又可烧死部分鼠类。

7.2.5.4 红松林内计划火烧消灭鼠害，有利于红松生长和结实

在红松林中，吃红松种子的鼠类有三道眉、五道眉松鼠和红背鼠平。每年吃红松种子高达80%~90%，严重影响红松的更新。冬季地被物有积雪覆盖，这些红背鼠平就在地被物下的网道中通行。觅食大量的松籽和其他植物及林木的根系等。在这些红松(母树)林内，进行秋、春季计划火烧，可以降低红背鼠平数量，从而减少红松种子的损失，还可以加速土壤营养元素的循环，增加林木营养，促进红松大量结实及种子生产。

7.2.5.5 火烧促进草类生长，减少啮齿类动物的危害

有些地区，不仅鼠类危害严重，啮齿类动物危害也严重。有些啮齿类动物啃食树干基部树皮。形成环状剥皮，使整株树木死亡；有的啮齿类动物啃食幼苗、幼树的顶芽；使大量幼苗、幼树死亡。在用火安全季节，采用林地计划火烧，一是可以减少啮齿类动物；二是促进幼枝、幼芽生长，大大减缓这些啮齿类动物对幼树生长发育的危害。

7.2.5.6 火烧消灭草原鼠害

有的草原大量发生鼠害，破坏草场，影响草场放牧。为此，对这些鼠类和啮齿类动物危害严重的草场，进行有目的、有计划火烧，一是高温使这些啮齿类致死或窒息而死，减少它们的危害；二是促进可食草类萌发生长，有利于草场的恢复。

总之，火在减少病虫鼠害方面，大有用武之地。

森林火灾以高温消灭虫卵、幼虫、成虫，抑制害虫的发展，给森林带来有益的功效。但火灾也会削弱林木生长发育能力，有助于害虫的发展，使森林虫害恶性循环。为此，应进一步研究火与虫害的关系。

7.2.6 利用火控制气象灾害

我国地形复杂，变化万千，如山南、山北气温相差甚大；山上、山下土壤水分也不一样。因此，在山地条件下，往往有时带来不同的自然灾害，最常见的自然灾害有霜害、冻害、雪压等。然而，可以利用火或烟雾，来减少这类灾害，使幼苗、幼树免受气象灾害的袭击。

(1)利用烟火减少苗圃露害

一般林区的苗圃多选择在山地平坦处，靠近水源，有利于排灌。然而往往秋季苗木生长还未木质化时，就遭受到霜冻危害。为此，在秋季霜冻来临以前，应做好防霜冻的准备工作。在苗圃四周空旷地堆积一些杂草和树枝杂乱物备用，当天气晴朗，谷地夜间辐射增强，气温急剧下降时，在苗圃附近，安放霜冻报警器，在出现霜冻前2~3h，开始点火薰烟，放出大量烟雾，可以防止苗圃气温继续下降。这样可使苗圃幼苗免遭霜冻危害。

(2)利用火烧薰烟预防湿地森林冻害

在我国北方林区和中部林区的低湿谷地，幼苗、幼树容易遭受冻拔害。因为冬季土壤中含有较多水分，到夜间气温急骤下降，土壤中水分结冻膨胀，将苗木举起，第二天天晴，气温高，化冻后水分蒸发，使根与土壤脱离，造成苗木死亡。

有效防止造林地冻拔害的方法很多，如改良土壤，不锄掉草本植物，使草本根系固定土壤；同时也可采用火烧办法，防止冻拔害。在造林前利用火烧清除杂草和杂乱物，使造林地增温，水分蒸发，林地逐渐变干；火烧杂草和杂乱物，也起到造林前整地的效果，对幼苗、幼树生长发育有利。同时，尚未清除的草根可起到固土的作用，不会使造林地产生冻拔害。

(3)利用火烧预防谷地珍贵阔叶树种霜冻害

在我国东北东部山区，在谷地阴坡低湿地，生长有珍贵阔叶树种：核桃楸、水曲柳和黄波罗等东北三大硬阔叶树。这些硬阔叶树主要分布在窄沟谷、低湿平坦地或阴缓坡，这些立地条件很适合它们生长，但是它们极怕晚霜的危害。因为沟谷变暖有利幼苗、幼树顶芽萌动生长。一旦遭受晚霜袭击，这些阔叶树的顶芽易遭受霜冻害而枯萎，影响主干的生长。为保护这些谷地和低湿地三大硬阔叶林正常生长发育，可以在这些容易遭受霜冻危害地块上，堆积一些杂草和杂乱物。当观察三大硬阔的幼树顶芽开始萌动后，在晴朗夜间，有出现霜冻的可能时点烧，使大量烟雾在树冠下形成保护层，可以使林下或林窗外的三大硬阔幼苗、幼树免遭霜冻危害。三大硬阔中尤其是黄波罗的顶芽，更易遭受冻害，有时不能形成乔林。危害严重的长成为灌木林。因此，谷地天然次生林，应注意这个问题。

目前，我国东北林区提倡大量发展珍贵阔叶林，在造林中更要注意这个问题，否则花费大量劳动力，既不能成林，又不成材。

(4)利用火改善永冻层，促进林木生长

在我国大、小兴安岭北部地区，有永冻层分布，影响林木的生长发育。如果对这些局部有永冻层的地方，采用计划火烧，将林内的杂乱物和枯损木进行计划火烧，可以提高土壤温度，使局部永冻层下降，改善林木生长发育条件，充分发挥林地生产力。火烧一是提高土壤温度；二是给地面留下黑炭，增加吸收热辐射；三是改善林地卫生状况，有利于保留木生长发育。

在北极冻原地区，有时采取计划火烧，使永冻层下降，冻原生态条件得以改善，从而促使白云杉的分布区向北推进。因此，火烧后能扩大白云杉的分布区，使冻原向北退缩。

(5)利用火烧熏烟促进人工降雨

天气比较干旱时，在降水的天气条件下，可在山脊点火熏烟，增加空气中的微粒，形成冰核，促使水滴增大，增加降水，减少旱情。同时，也可以减少森林火灾，有预防森林火灾发生的功能。

一定要选择有降水的天气条件点火薰烟，这时可以大量增加空中的微粒，促进冷凝水凝结，使水滴增加，形成降水。

7.3　林火在森林经营中的应用

我国采用营林用火技术，已有千年的历史，特别是南方的炼山造林，栽种杉木和竹子，已有许多好的经验，需要去总结和学习，这也是我国劳动人民创造的财富。

营林用火是在人为控制下，在指定的地点有计划有目的的进行安全用火，并达到预期的经营目的和效果，成为森林经营的一种措施和手段。同样是火，营林用火和森林火灾不同，营林用火是人为控制的低强度火，不会产生对流烟柱，不会对森林环境产生破坏性影响，反而有利于维护森林生态系统稳定与发展。森林火灾则是脱离人为控制的高强度火，它的发生具有突发性，短时间内释放出大量能量，破坏生态系统平衡和稳定，使森林生态系统内各个组成部分和生态因子发生变化，在长时间内不能恢复。

目前，世界各国大力开展计划火烧和营林用火，以及应用火生态工程。尤其是林火生态的兴起，为应用火生态工程找到了用武之地。以美国为例，1966 年计划火烧仅为 $1\times10^4\ hm^2$，到 1970 年计划火烧地面积，已超过百万公顷，并超过该年森林火灾的过火面积。目前，应用火生态工程，正朝着纵深方向发展。20 世纪 80 年代，大兴安岭森林防火专业委员会出版了《林火研究》。1990 年，郑焕能发表论文《火灾森林生态系统平衡中的影响》。1992 年，邸雪颖发表《火生态学的发展与未来展望》、周道纬出版《林火管理》、郑焕能等人出版《林火生态》，这些成果的出现对我国进一步研究林火和环境的关系、发生机制和生物防火提供有利的理论基础。同年，国内学者研究森林采伐地火烧清理对土壤理化性质的影响，发现不同的火烧方法对土壤理化性质造成不同的效果。随后国内学者针对计划火烧探讨和可燃物、土壤、植被恢复等方面的关系。

7.3.1　营林用火工程概述

在森林中用火已有很长历史，在人类发明钻木取火时，就开始了对森林的粗放用火，但是在地球上大规模用火，还是近几十年的事。火具有两重性，火是森林生态系统中的一个自然因素，又是一个重要的生态因子，这就为营林用火奠定了理论基础。全球大力开展计划火烧，始于20世纪50年代后期和60年代初期，在北美洲、欧洲地区以及澳大利亚和俄罗斯等国，尤其是森林资源极其丰富、工业发达的国家，也都开展计划火烧。各国不仅把计划火烧作为经营森林的工具和手段，还大力开展应用火生态工程。

7.3.1.1 开展营林用火生态工程的意义和作用

许多生态学家从系统观点认为，林火是森林生态系统中的一个重要组成部分。同时也认定林火的有益效能，使计划火烧得到广泛应用。有的国家主要采用林内计划火烧取代高能量的大火，如澳大利亚等国，开拓用火范围，利用火作为经营森林的工具和手段，使火在森林经营中发挥越来越重要的作用。目前，计划火烧在改善环境，发挥良好生态效益，以及维护物种的多样性等方面，越来越显示其效果。

计划火烧可以大面积使用，也可以小面积使用，只需适合的用火条件，就能在短时间取得明显效果。它使用劳力少，成本低廉，方法简便，无需特殊工具和设备，就能取得良好的经济效益和社会生态效果。为此，该项技术是林业工作中一项革新。

7.3.1.2 营林安全用火的方式

营林安全用火的方式有2种：计划火烧和控制火烧。

(1)计划火烧

计划火烧(prescribed burning)，又称为计划烧除，是在规定的地区内，利用一定强度的火来烧除森林可燃物或其他植被，以满足该地区的造林、森林经营、野生动物管理、环境卫生和降低森林燃烧性等方面的要求。

计划烧除中火的强度有一定限度，一般都比较低，其火强度通常不超过350~700kW/m。由于计划火烧是用一系列移动火点烧地被物或活的植被，因此，它是移动的火。这种火由于强度较低，烟是散布和飘移的，不产生对流烟柱，对森林环境不会产生不良影响，有利于维护森林生态系统的稳定和发展。

(2)控制火烧

控制火烧(ctrolling burning)，是指在一定的控制地段，将大量中度和重度的死可燃物集中烧除称为控制火烧。

控制火烧只限于采伐迹地的采伐剩余物或林内可燃物移出林外的火烧。为了尽可能烧除全部剩余物和清理物，保证迹地更新或造林，一般都采用集中烧除，如固定堆积火烧或带状火烧。这种火的强度很大，火的持续时间长，会产生小体积的对流烟柱。因此，控制火烧的火强度有时会高于一般森林火灾的火强度。控制火烧对森林小环境短期内有一定影响，但它能够彻底清除林内杂乱物，特别是皆伐迹地，经过控制火烧后，将大量的采伐剩余物在短时间内分解归还于土壤，为迹地更新创造了有利条件。经过抚育采伐后的剩余物，根据森林防火的要求，不应成堆地堆放在林内，应移到林外，在适当的季节，适当的地块尽早采用控制火烧将其烧掉，以免经过抚育后的林分遭受火灾的危害。

7.3.1.3 营林用火生态工程的特点

营林用火是在人为控制下有目的、有计划、有步骤的用火，并可达到一定预期经营效果。营林用火与森林火灾不同，森林火灾是森林中失去人为控制的森林燃烧，它使森林遭受破坏，给人类造成经济损失，也使森林生态系统受到破坏。

森林火灾有以下特点：

①失去人为控制的森林燃烧现象。

②突然释放大量能量，在森林中自由蔓延和扩展。

③破坏生物环境，使生态系统失去平衡。

④破坏生物间的相互关系，不利于林木的生长发育。

⑤给人类带来一定损失。

然而营林用火，则是森林中另一种火，其特性如下：

①营林用火是在指定地点，在人为控制下，有目的、有计划、有步骤的用火，并要达到预期经营目的和要求。

②一般营林用火多采用低能量、小面积火，并在安全期点烧。

③营林用火，一般不会破坏森林中生物结构和功能。同时，也不会破坏森林生态系统。

④营林用火有利于维护和改善植物生长发育的条件。

⑤营林用火有利于调节和改善人类经济。

营林用火除了选择最佳用火安全期，还应考虑营林需要，如用火促进森林更新，其用火的时间一定要在树种下种之前，否则对森林更新不利，起不到促进森林更新的目的。此外，用火的强度也不完全一样，一般情况下，营林用火多采用低强度火，以维护森林的结构和森林环境。但如果是采用火烧清除采伐剩余物或清理林内杂乱物时，有时需要较高强度的火，有时甚至高于一般森林火灾。因为火强度不高，达不到消除迹地采伐剩余物和林内杂乱物的目的。

最后，营林用火一定要维护生态平衡。因为火的影响，有时是明显的，有时是隐蔽的；有时是短暂的，有时是长期的。总之，为了把营林用火搞好，发挥其最佳效果，一定要做到用火安全，有明显经济效果，同时又维持良好生态效益，三者缺一不可。

7.3.1.4　营林防火和营林用火之间的关系

营林工作，是森林培育的主要工作。在天然林中，从种子发芽、幼苗、幼树、成林直至衰老、死亡，受环境和林分之间相互竞争、相互调节的影响，通过林木本身自我调节，达到优胜劣汰。但是在人工林的培育过程中，可通过各项营林措施，不断调节森林的组成和结构，改善森林环境，促进林木健康成长，缩短培育期，以获得更多的良材和林副产品。因此，营林工作贯穿林木生长发育的全过程。在不同生长发育阶段，采用适当的营林措施，就能促进林木快速生长。如果某一阶段营林措施跟不上，就会使林木生长发育受到影响。

营林防火是营林措施与防火措施的密切结合，既开展了营林工作，又搞好了森林防火。如果营林工作需要不断调节森林的组成和结构，防火工作也需要调节森林可燃物的结构和数量，改善林内卫生状况，不断改善火环境，因此两者许多方面可以互相结合。如造林前，需要整地消灭杂草；在防火方面，除去杂草就是减少造林地的易燃物。幼林抚育、修枝打杈，为幼苗、幼树消灭竞争者，改善幼苗、幼树的生育条件。这项营林措施，也是提高幼林的防火措施。成林抚育采伐，留优去劣，有利林木生长，同时也可减少森林可燃物，提高林分阻火功能。从上述例子不难看出，营林工作与营林防火密切结合，使营林与防火同时起作用。当然，营林与营林防火并不完全相同，只要相互配合，就能发挥异曲同工之效，既节约资金和劳力，又可取得事半功倍的效果。

营林防火基础属于生物防火的范畴。它是通过各项营林措施，调节可燃物类型，改善火环境来增强森林的阻火能力。尽量做到使营林措施与森林防火密切结合，既保护现有林木免遭火灾的危害，又促进林木快速生长发育。

在森林培育过程中，需要采取多种营林措施，这些营林措施都可以以火为工具和手段来实施。从防火方面，通过营林把生物防火与以火防火相结合；从经营方面，可以把火作为营林的工具和手段。为此，营林防火、生物防火、以火防火三者应密切结合，以达到减灾防灾的目的。

7.3.2 林火在森林培育领域的应用

(1)改善造林条件，提高造林质量，提高造林成活率和保存率

在我国南方，造林前进行炼山已有悠久的历史和丰富的经验。如闽北有“火不上山，不能插杉”的经验。尤其是在营造杉木林和竹林时，采用炼山改善造林条件的做法较为普遍。

造林前炼山主要是可以减少病虫害，清除杂草、灌木和造林地内的杂乱物，改善造林条件，其效果可以与人工翻耕、松土锄草和施药的效果相类似，而且炼山的成本会更低。另外，造林前炼山还有一个更为重要的目的，是为了增加土壤中的矿质养分，如Ca、K、Mg、Fe等。根据有关资料，炼山后短期内可溶性元素可增加到炼山前的2~8倍，但土壤中氮含量则明显降低。

另据杨玉盛等(1987)对福建省发育于花岗岩上的山地红壤3种主要采伐迹地炼山后表层(0~10cm)土壤的pH值进行定位研究表明：炼山后3种迹地土壤pH值均有不同程度的提高，其中松杂混交林(杂木林)采伐迹地可燃物数量较多，火烧强度大，炼山后0~10cm表层土壤的pH值改变相对较小，仅提高0.14个单位(表7-3)。

表7-3 山地红壤3种主要采伐迹地炼山后表层土壤pH值变化

采伐迹地类型	0~10cm土层土壤pH值	
	炼山前	炼山后
松杂混交林	4.54	4.68
杉木林	4.62	5.02
马尾松林	4.50	4.72

在我国南方红壤区，森林土壤速效磷含量相当低，往往成为林木生长的限制因子之一。炼山后由于土壤pH值的增加，森林土壤中的铁和铝的活性降低，使得与铁和铝结合的磷释放出来，同时减少了铅和锰的毒性(Baker，1976)，增加了土壤中速效磷的浓度，有利于人工幼林的生长。杨玉盛等于1987年对炼山后营造的杉木人工林进行了调查，炼山前表层土壤(0~10cm)的速效磷为3.05mg/L，炼山后升高到5.55mg/L，这有利于杉木幼树的生长，炼山的1年生杉木平均树高和平均地径比不炼山的分别大18cm和0.28cm。

(2)清理林内下木、杂草，防止或减少其与林木的竞争——起透光伐的作用

在不破坏林地土壤表层又能防止下木和杂草与林木的竞争方面，营林安全用火是非常廉价而有效的措施之一，它比人工割锄和化学除草都更省工、简单、廉价而有效。例如，

在黑龙江省十八站林业局、东方红林业局和合江林业管理局等地，春季进行营林安全用火后，森林返青展叶比对照区提前 10～15d，等于延长了森林生长期。同时，火烧在清理林内下木、杂草，防止或减少其与林木的竞争的同时，也有一定的施肥作用，从调查样地发现，营林安全用火后的林木，不论在径级、根长和树高上都比对照区有所增加。并且，营林安全用火后幼苗幼树保留株数都符合森林抚育规程的规定，一般每公顷都在 3300 株以上。可见，营林安全用火是一种促进清理林内下木、杂草，防止或减少其与林木竞争的好办法。

(3)抑制次生树种，维护目的树种的生长——起除伐的作用

森林培育中的除伐是人工伐除次要树种，减少次要树种与目的树种的竞争，以便维护目的树种的生长发育。用火同样可以起到这样的作用，因为不同树种的抗火性有一定的差异，特别是当那些经济价值低，生态价值较小的次要树种的抗火性较弱，而经济价值高，生态价值高的目的树种的抗火性较强时，便可用火来维护目的树种的生存，起到除伐的作用。例如，美国南部地区经常用火抑制壳斗科和胡桃科等硬阔叶树种的生长，以促进生长迅速的南方松的生长发育。

(4)清除林内站杆、倒木和病腐木，改善林内卫生状况——起卫生伐的作用

目前我国在这方面所做的工作不多。在实际操作中，可以将林内站杆、倒木和病腐木这些可燃物置于安全地带浇上燃烧油点烧。例如，可以将站杆伐倒截断后，搬到就近的林中空地或林外安全地带进行点烧。如果站杆本身距离四周树冠就较远，点燃后的树干火不会波及四周树木的安全，也可直接点烧。在林内浇燃油点烧清除站杆、倒木和病腐木等粗大可燃物时，四周一定要做一些必要的处理，如清理四周的易燃物，用水在四周浇出环形阻火带(包括树冠部分)，或者用化学灭火剂营造环形阻火带等，以防跑火。

(5)营林安全用火在特定的林分内可起到疏伐的作用

疏伐是在林木分级的基础上进行的一种森林抚育措施，在林木竞争激烈，自然分化剧烈(明显)的林分，可以用火烧的办法起到弱度疏伐的作用。特别是那些被压木和濒死木无利用价值时，通过营林安全用火，可以淘汰生长不良的被压木和濒死木，以促进保留木的更快速生长发育。而且不必像疏伐那样投入较多的资金，可以大大地节约森林经营的经费。

据张文兴报道，在密度大、平均树高 6m 以下的林分内实施计划烧除，被烧死的基本上是Ⅴ级木，而在同等林分条件下的自然火烧死的林木比率高达 95%，Ⅰ级木、Ⅱ级木均能被烧死，Ⅲ级木、Ⅳ级木和Ⅴ级木几乎全部被烧死，详见表 7-4 和表 7-5。由此可见，计划烧除不同于自然火，是可以达到目的的。

表 7-4　计划烧除前林分状况

火类型	株数(n/hm^2)	郁闭度	平均树高(m)	平均胸径(cm)	烧死木类型
计划烧除	8700	0.9	6.6	6.0	Ⅴ级木
自然火	6450	0.8	5.7	6.0	Ⅱ级木以下

表 7-5　计划烧除后林分状况

火类型	存活林木(n/hm^2)	烧死林木(n/hm^2)	死亡率(%)	烧死木平均树高(m)	烧死木平均胸径(cm)	郁闭度	烧死木类型
计划烧除	6299	2401	27.5	3.6	3.0	0.8	Ⅴ级木
自然火	321	6134	95.5	5.7	6.0	—	Ⅱ级木以下

(6)火烧清理采伐迹地

采伐，是森林经营过程中非常重要的一种经营方式，采伐方式有皆伐和间伐2类。不论是皆伐还是间伐，都有大量没有被利用的采伐剩余物丢弃在采伐迹地上，目前普遍采用将这些采伐剩余物堆积在林下，让其自然腐烂的清林措施。这些大量存在于采伐迹地上，特别是存在于林下的间伐剩余物，不仅为病虫害的繁衍滋生提供了场所，而且增加了林内危险可燃物的数量，使森林火险急剧增高，根据对1987年“5·6”特大森林火灾调查表明，凡是存有采伐剩余物的抚育场所，烧死烧伤的林木严重。因此，对采伐剩余物进行火烧处理是必要的。

火烧清理采伐迹地一般有如下3种方法：

①堆积火烧法　应用这种方法，适宜在非火灾季节或与采伐同时进行。根据我国东北和内蒙古地区的试验表明，每年7~8月或冬季进行火烧为宜。火烧的堆宽2m，高不超过1m，堆间距离为2.5~3m，每公顷150~200堆，并且要避开母树下种的范围，选择无风或阴凉的天气进行。

②全面火烧法　这种方法在加拿大和美国使用较多，仅限于皆伐迹地上使用。在山地条件下，可采用直升机投掷“燃烧胶囊”点火，先从山顶开始点火，让火从山的上部往山下蔓延，形成下山火，其蔓延速度慢，燃烧较为彻底，容易控制。待火烧到山坡的1/3左右时，再开始从山下投掷“燃烧胶囊”，使火从山下往山上蔓延，形成上山火，以提高点烧的效率。当上山火和下山火两个火头在山坡的中下部位相碰后，上升的动能使火势减弱甚至熄灭，不容易造成跑火。通常情况下，一架飞机能同时点烧两个伐区，每小时可点烧600hm^{2}的皆伐迹地。

③带状火烧法　这种方法的效果介于全面火烧法和堆状火烧法之间。具体的做法是，将采伐剩余物堆成带状进行火烧，其要求的气象条件与堆集火烧法相同。

(7)次生林改造的一种措施和手段

在我国北方广大林区，针叶林被过量采伐或者被火灾等破坏后，以杨树和桦树等为先锋树种的次生林大量出现，为以后针叶林的恢复创造了条件。随着人类对森林不合理的干涉以及自然干扰的加剧，我国北方杨桦次生林的比重不断加大。但由于自然和人为等多种因素的影响，这些次生林中残次林占有相当大的比重。从理论上讲，杨桦次生林处在不稳定的演替阶段，最终将可能会被针叶林所取代。但在实际中，如果这些残次林不能得到及时合理的抚育和改造，最终所占据这些地域的将可能不是针叶林，而可能是灌丛、草地，甚至是荒山荒地。所以，对这些次生林的改造应引起有关部门的足够重视。

黑龙江省森林保护研究所的王刚等在饶河县境内的建三江农管局胜利农场的残次杨桦林中，对使用营林安全用火改造次生林进行的试验，此次试验共设4块样地，其中1、2、3号为不同程度的火烧样地，4号为对照样地。用火的火行为以及用火效果详见表7-6和表7-7。

火烧后，1号样地幼苗株数为9632株/hm^2，达到良好更新等级，其中有8000株以上是当年更新的，同火烧前比较，每公顷净增加7457株，比对照样地多7128株/hm^2。2号样地也净增加近6000株/hm^2，达到中等更新等级，比对照样地多5518株/hm^2。即使是火烧强度最小的3号样地，幼苗也比对照样地多621株/hm^2。

表 7-6　胜利农场杨桦林内各火烧样地火行为统计表

样地号	蔓延速度(m/min)	火焰高度(m)	火线宽度(m)	火线强度(kW/m)	地表可燃物消耗量(%)	过火面积比率(%)
1	8 ~ 10	1.4 ~ 1.6	0.4 ~ 0.6	588 ~ 768	70	100
2	5 ~ 6	1.0 ~ 1.5	0.3 ~ 0.5	300 ~ 675	55	85
3	2 ~ 3	0.6 ~ 0.8	0.3 ~ 0.5	108 ~ 192	35	64

表 7-7　胜利农场杨桦林内各样地幼苗在高度和径级上的分配　株/hm²

样地	幼苗高度(cm)							幼苗径级(cm)						
	≤30	31 ~ 50	51 ~ 100	101 ~ 150	151 ~ 200	≥201	合计	0.4	0.8	1.2	1.6	2.0	≥2.1	合计
1	742	2436	3892	1789	755	18	9632	2496	3427	2320	945	261	183	9632
2	729	4270	2086	833	87	17	8022	3748	3127	1042	55	50	—	8022
3	623	1981	417	65	29	10	3125	1983	976	63	62	41	—	3125
对照	464	1668	186	95	64	27	2504	2193	186	93	32	—	—	2504

火烧后不仅幼苗在数量上有不同程度的增加，频度也有明显增加。1、2、3 号样地的幼苗总频度分别为：88.9%、79.2%和 70.8%，而对照样地幼苗的频度只有 48.1%。

调查表明，试验样地增加的幼苗主要是萌生苗，而实生苗增加的数量与对照样地差别不大。这是由于杨桦树本身有较强的萌蘖能力，火烧后，根部受到火烧的热能刺激造成创伤，使受伤处的细胞产生生长素，同时，由于内源生长素的极性运输，使创伤处的生长素含量比其他部分高，激活一些合成酶的活性，促进 RNA 和蛋白质的合成，进而使细胞加快分裂，形成愈伤组织，这种活跃状态的组织发育成芽原基，芽原基受到植物体内生理生化变化的诱发和环境条件的影响最终发育成萌生苗。正是杨桦等树种较强的萌蘖能力，为火烧改造次生林提供了有利的条件。

7.3.3　在维护森林生态系统稳定方面的应用

(1)促进死地被物、有机物的迅速分解，加速养分循环

死地被物分解的速度，直接影响森林生态系统内部的养分循环进程，不同的森林生态系统，其养分循环的速度差异是很大的，特别是在我国北方干冷立地条件下生长的阴暗针叶林(云杉、冷杉林等)，由于有机物分解缓慢，往往形成较厚的枯枝落叶层和粗腐殖质层，尽管在这些枯枝落叶和粗腐殖质中潜藏着大量的养分，但不易被林木吸收利用。在这些林分内进行安全用火，能加速死地被物的分解，加速养分循环，提高土壤肥力，改善林木生长环境，加快林木的生长发育速度。黑龙江省森林保护研究所的王立夫等，1989 年 3 月 17 日在通河县华子山林场进行对比试验，用 1000kW/m 以下的火强度点烧，地面可燃物烧除率达 80%，地表没有留下“花脸”的情况下，于 1989 年 4 月 27 日，按常规方法，随机选择兴安落叶松幼苗，以每公顷 4400 株的密度造林，在当年 5 ~ 8 月的 4 个月生长季内，对火烧试验区和对照区分别进行 2 次人工割草抚育。并于 1989 年 9 月 29 日对试验地和对照区土壤养分及林木生长状况进行了调查，结果详见表 7-8 和表 7-9。

表 7-8 通河县华子山林场火烧区与对照区速效养分比较 mg/100g 土

项 目	水解氮	速效磷	速效钾	有机质(%)
火烧区	33.92	1.34	57.71	10.94
对照区	25.74	0.55	34.60	7.51
增加率(%)	31.78	143.64	66.79	45.67

表 7-9 通河县华子山林场火烧区与对照区林木生长状况的比较

指 标	与对照区比较增加值(mm)	与对照区比较增加的百分率(%)
树 高	49.9	15
有主干茎	24.1	39
无主干茎	17.3	24
根 长	12.6	7
地 茎	0.4	9

可以看出，火烧区的速效养分 N、P、K 和有机质均有不同程度的增加，提高最大的速效 P 比对照区高出近 1.5 倍，提高幅度最小的水解 N 也增加了 31.78%。从林木的生长情况看，火烧区均超过了对照区，特别是火烧区的平均根长比对照区长 12.6mm，为造林保存率的提高创造了条件，而树高和地径均比对照区的生长幅度大，表明火烧区土壤肥力的增加，以及地面覆盖的灰烬使土壤表层温度增加，对幼树生长起到了促进作用。

(2) 火烧促进天然更新

火烧后的更新方式主要有 2 种：一种是萌生树种的萌芽(蘖)更新，火烧刺激使本来具有较强萌生能力的枝条或根蘖萌发为新的植株，这类更新方式多以杨桦等先锋树种最为常见；另一种更新方式是各种成熟林内的实生苗更新，一些成熟林内，在林下枯枝落叶层以及土壤层中埋藏着大量的林木种子，有些是由于得不到足够的水分不能萌发，有些是由于温度达不到其萌发温度而被"冷藏"，有些是由于受枯枝落叶层或土壤中某些物质的抑制，也有些种子虽然能萌发，但由于受到枯枝落叶或草根盘结层的阻挡，不能很快地接触到土壤而死亡。适度的火烧改变了长期"被压迫"的种子萌发的不利条件，消除了种子萌发的限制因子，使被压迫的种子解放出来。例如，在亚高山草类—新疆落叶松林、亚高山苔草—新疆落叶松林、高山拂子茅—新疆落叶松林等几种林型中，火烧后，由于林火烧掉了紧密的草根盘结层，增加了土壤肥力，提高了土壤温度，为喜光的新疆落叶松提供了良好的生境条件，在这几种林型的火烧迹地上天然更新都比较好(表 7-10)。

表 7-10 新疆哈密林区新疆落叶松林火烧迹地天然更新情况

地 点	原林分组成	坡 向	坡 度 (°)	平均年龄 (a)	株数 (株/hm^2)	更新评定
32 林班 5 小班	10 落	N	5	6	51 530	良好
1 林班 5 小班	10 落	NE	27	3	48 846	良好
98 林班 6 小班	10 落	N	36	7	23 077	良好
11 林班 1 小班	10 落	NE	14	6	41 000	良好
28 林班 3 小班	10 落	NE	14	5	2000	不良

此外，也有一些树种具有种子晚熟、球果迟开、果皮或种皮质地致密坚硬或者其他保存种子生命力的机制，火烧则有利于这些树种种子的释放，促使种子萌发。例如，扭叶松、班克松、沙松和黑松等，这类更新幼苗的数量与在火烧中幸存下来的具有生命力种子的数量成正比。

(3)火烧与森林演替

大多数中、高强度的火，包括每隔几十年至数百年才有可能发生一次的严重树冠火，由于所有植被彻底被摧毁，地表上大多数可燃物和大量的树冠被烧毁，火灾后出现整个林分的更新及更替，林分的树种组成有可能完全改变。多数情况下，由于原生群落遭到火灾的破坏而发生次生演替。例如，原始的天山云杉林的更新过程除少量林窗直接更新外，几乎都是中、高强度林火(天然火)发生后，毁灭了上层的天山云杉成过熟林，首先演替为由杨桦等树种为主的阔叶次生林(杂木林)，然后在杂木林中孕育着云杉幼苗，成长壮大后又淘汰了杂木，恢复了固有天山云杉的面貌。也有少数林分遭到中、高强度火烧后发生的是原生演替，这是由于火灾破坏程度太大，以致于原来的植被及其植被下的土壤也不复存在，形成了类似原生裸地的条件。研究表明，长白山的植被就是两千多年前的一次火山爆发后经原生演替而来，美国的红云杉，也是在强烈树冠火发生后，在近乎原生裸地上演替而成的。

林火在森林演替史中所起的作用不容忽视，有些森林群落甚至可以被视为是火成的森林群落。例如，林火在天山森林的发展史上很普遍，几乎所有的林场都有着面积大小不一的几十年内的火烧迹地。据新疆林业工作者多年的森林调查表明，几乎每个森林调查样地中的土壤剖面或深或浅的层次中都会发现木炭碎块。天山云杉生命期极长，可达400a以上，在此数百年的岁月内，总有机会遭受林火，也总有机会由演替而更新，这种更新类似于循环更新(Aubreville，1938)。当云杉种源丰富，又处于较荫蔽的中、小地形条件下时，火烧后的天山云杉的更新演替过程甚至可以不经过杨桦等先锋树种的演替阶段，直接出现新一代的云杉幼林。该林分火烧前属于中生草类—天山云杉林，位于海拔2250m的中山带上部，平均坡度10°，西北坡向，地形稍凹陷，20世纪30年代末遭受火烧后，残存有少量的云杉母树(1979年调查时生长健壮)，起到了天然下种的作用，加上南侧和西南侧有良好的云杉林墙，四周和迹地上并无阔叶树混生，天然更新起来的天山云杉纯林密度极大，火烧迹地天然更新40多年后，每公顷的株数仍达7000～30 000株，并处于强烈分化和自然稀疏的过程中。这片幼林中有团状分布的密集幼树群，也有连成大片而中间夹杂着300m^{2}以下小空地的均匀幼树，这些小空地是幼苗稀疏过程中最终被草本植物占据的遗迹。这一景观在天山云杉林区实属少见。

林火在天然红松林的演替中同样起着重要的作用。1990—1992年期间，葛剑平等曾在小兴安岭林场的3、10、12、13、16、17、19、22、23、28林班内，各设1块20m×20m的样地进行调查，在各样地中均发现了不同年代的木炭。进一步研究表明，火干扰对天然红松林的结构和演替起着重要的作用：火干扰后，整个林分的水平结构是一个由不同树种组成和不同红松径级结构的树木群团构成的镶嵌体，各树木群团的演替趋势不同。在火干扰较重的地点，喜光阔叶林占优势，在阔叶树下更新着大量的红松小树。在火干扰较轻的地点，耐阴性阔叶树种占优势，并有大径阶红松。火干扰轻微的地点，大径阶的红松占优势。

大量实例表明，把握好用火的条件和用火技术，人工干预森林的演替过程是有可能的，是值得尝试的。

(4)调节森林生态系统的能流和物流

森林生态系统的和谐与稳定，重要的标志之一就是能流和物流的收支接近平衡。若输入大于输出，系统内部物质库存将逐渐增加，生物量不断提高，生物种群及个体数量相应增加，系统趋于稳定。如果输入小于输出，则系统内部库存量逐渐减少，某些生物种群迁出或消亡，使系统失调甚至最后崩溃。

林火能加速或间断森林生态系统的物质转化和能量流动，但是，这种加速或间断是否有利于生态系统的和谐与稳定，主要看火作用的性质。加速不一定有利，间断不一定无利。高强度的火能毁灭几乎所有生物，一方面使生物链(网)解体，能流受阻；另一方面将生态系统所贮存的大量能量在短时间内释放，加速了物质转化。但这种间断和加速都使系统的输出大于输入，不利于生态系统的和谐与稳定。相反如果对正在受病虫侵害的林分施以火烧处理，烧掉了地表枯枝落叶层，不仅加速了物质循环速度，有利于林木生长发育，而且烧掉了病虫害滋生蔓延的基地，阻断了部分能流，改变了食物链(网)结构，有效地防治了病虫害的危害。从而有利于森林生态系统的稳定。

通常，低强度或小面积的林火不会使森林生态系统的能流和物流受阻，而且能加速养分循环和能量的合理流动，有利于森林的生长发育，有利于森林生态系统的和谐与稳定。

(5)丰富森林生态系统的物种多样性

生态学上的物种多样性由 Fisher，Corbet 和 Williams(1943)首先提出，已成为现代生态学维护和追求的目标。物种多样性能够表述生物群落和生态系统的结构复杂性。Fisher 等首次使用的物种多样性，指的是群落中物种的数目和每一个物种的个体数目。后来不同的学者赋予它不同的含义，但目前生态学家趋向把多样性理解为："群落中种群和(其个体分配)均匀度综合起来的一个单一统计量"。如果一个群落由很多物种组成，且各组成物种的个体数目比较均匀，此种群的多样性指数就高，反之则低。

高强度的火作用于森林生态系统，不仅烧毁了大量的物种，而且破坏了森林环境的多样性，从而使物种的多样性明显减少。如美国红云杉林发生高强度森林火灾后，地表上几乎所有的生物消亡，从而发生近乎从裸地开始的原生演替。相反，有时林火的作用不仅没有使森林生态系统的物种多样性减少，反而使其有所增加。这种林火多是小面积或者是较低强度的火，小的林火没有烧毁原有的物种，而且增加了环境多样性，使一些新的植物种类得以侵入，一些新的动物迁入，从而增加了森林生态系统物种的多样性。例如，草类—新疆落叶松林经低强度火烧后，出现了杨、桦、落叶松和云杉幼苗侵入的现象，丰富了这一类型植物群落火烧迹地上乔木树种的种类。

(6)提高森林生态系统的稳定性

任何一个生态系统，最重要的特性之一就是它的固有稳定性。Oriams(1975)指出，稳定性的概念通常是指系统保持平衡点或干扰后恢复到平衡状态的趋势。不同种类的林火，不同强度的林火，施于森林生态系统不同压力的作用时，森林生态系统的稳定性将做出不同的反应。从系统的恒定性看，林火必然会影响到物种数量、群落生活型结构、自然环境特点等；从系统的持续性看，林火可以使群落中长期占优势的种群失去优势甚至消失；从系统的惯性和抗性看，对抗火性强的树种，频繁的林火使其抗火性更强，对抗火性弱的树种，则毁灭了系统抵制或维持原有结构和功能免受外界破坏的能力；从系统的弹性看，高强度的林火会使系统恢复和继续运行的能力丧失，低、中强度的火有利于自我更新，增强了系统的伸缩性，新系统的伸缩性比原有系统高。因此，低、中强度林火的合理使用有利于森林生态系统稳定性的提高。

7.3.4　火在特种林经营中的应用

营林用火在用材林经营中广泛应用，并取得了较好的经济效果，是一种很好的林业技术革新。只要用火恰当，不仅对生态环境影响不大，而且还可带来许多有益的效应。营林用火在其他各类森林的经营中也有许多有益的功效，如母树林、经济林、果树林的经营，都有较好的效果。

(1)火在母树林经营中的作用

为了进一步发展林业，建立种源基地是一项十分重要的工作。我国在许多现有林区都建立了母树林，如大兴安岭林区，建立了樟子松和兴安落叶松母树林。小兴安岭和长白山林区，也建立了原始红松母树林基地。

在选择天然母树林中，主要选择林相整齐、生长发育良好的成熟林分。不采取任何其他营林措施，只是在种子年集中采种。为此，对于这些天然母树林，可以采用火来经营。如东北林区的樟子松母树林和红松母树林，年龄达到成熟龄或近熟龄时，树皮较厚，结构比较紧密，有一定抗火能力，一般能耐低强度地表火。为此利用火烧可以清除母树林下的杂草、灌木、杂乱物和凋落物，可以大大改善林内卫生状况，促进母树生长发育，同时也减少了森林火灾的危害。火烧使林地营养元素加速循环，增加了母树养分来源。一般应在结实前一年进行计划火烧，翌年种子丰收。

目前，广大林区都建立了大面积种子园，由于种子园林木株行距大，营养空间大，株行间杂草丛生，在防火季节容易发生火灾，对种子园母树威胁较大。因此，对种子园经营可以采用火烧的方法，一是可以烧出防火线；二是可以烧掉杂草和灌木，减少竞争。为此可以采用营林用火经营母树林和种子园。

(2)火在经济林经营中的应用

在我国山区，发展经济林可以脱贫致富。如发展板栗、柿子、枣、八角、黄波罗、杜仲、栓皮栎等。这对活跃山区经济，发展林业，都具有十分重要的意义。

营造经济林，一般要求土质肥沃，排水条件良好。要求较大的株行距，以保证充足的营养空间，同时还需要减少林下的植物对养分及水分的竞争。

在山区经营经济林可采用火烧的方法：一是烧除林下的杂草、灌木、杂乱物和凋落物，减少森林可燃物，提高森林抗火性；二是采用定期火烧，可以减少林内植物与经济林之间营养物质和生存环境的竞争；三是火烧可以加速土壤养分循环，增加经济林的产量，迅速提高其经济效益。

为了提高用火经营经济林的水平，一定要根据不同经济林的生长发育特点，摸清用火的频率、周期，用火季节，火行为要求，火蔓延、火强度和火烈度，以及其他营林措施，以达到最佳的经营目的。

此外，还要依据经济林的经营目的，选择好用火的方法。如杜仲、黄波罗、肉桂等，以皮为利用目的的树种，如何增加树皮的厚度，是用火的关键。一般可以在幼年期采用低强度火的刺激，增加树皮的厚度。当然，还有许多问题需要进一步摸索。例如，哪些树种可以用火，对其树皮增厚有什么效果；在什么时期用火最好，用火时间和用火强度多少为好。这些问题解决好，才可能科学地应用火生态。

(3)火在果树林经营中的应用

目前，我国农业经济十分活跃，解决林区两危问题措施之一就是大力发展果树。如在长江沿岸发展橙、橘等果树；在我国北方大力发展苹果、枣、梨、柿等果树，栽种这些果树，在较短的时间，可以改变这些地区经济落后面貌。营造果树多在山区或浅山区水肥条件良好的地方进行。种植果树林，株行距要大，以保证充足的营养空间及光照条件，并有较好水肥条件，才能保证果树大量结实。

在用火安全期，将果树四周的杂草、灌木烧除，可以起到防火的效果，又能减少果树与其他植物的竞争。利用火烧过的空地，种植蔬菜和牧草，可提高土地利用率及生产力。

目前，我国南方各地在地边、地角营造大量果树防火林带，一是可以防止农业生产性火源上山；二是可以大大增加农业的经济收入，一举两得。

营林用火是应用火生态的重要措施，它是林业经营技术的革新，也是发展我国林业的新途径。

以上仅简要论述营林用火的几个方面，许多方面还需要进一步研究和探索。

总之，营林用火是发展我国林业的新方向，使用这项措施，能加快我国森林防火现代化和林业发展现代化的步伐，使我国营林工作登上一个新台阶。

7.4 农、副、牧业中的生产用火

随着林火生态学的发展，人们对火的认识有了进一步的提升。不再认为火只具有毁坏作用，而是逐渐意识到火对森林生态系统的改善作用。大量研究说明只有高强度火烧才会破坏生态系统平衡和结构，而中、低强度的火烧可以促进群落更新，减少林内可燃物积累，降低发生森林火灾的可能性。适度的火烧可以改善土壤环境，刺激土壤内微生物活性，有利分解活动。通过人为控制的手段，在多个领域采用计划火烧的方式生产用火已经变得很常见，技术也越来越成熟。

7.4.1 农业用火

我国是农业大国，农民占总人口 80%。我国以世界 7% 的土地养活了世界 22% 的人民，并基本解决了全国人民的温饱问题。为此，进一步提高我国农业生产水平，是我国要解决的基本问题之一。农业生产用火已被提到日程，而农业生产用火不慎而引起的火灾，也屡见不鲜。我国农业用火不慎引起的森林火灾约占人为火源的50%。因此，如何管好我国农业生产用火和农业生产火源，保护好我国的现有林和生态环境，就显得更为重要。

7.4.1.1 农业生产用火概述

(1)农业生产用火的意义和作用

我国是当今世界人口最多的国家，拥有人口 13×10^8 之多，温饱问题必需依靠自立更生解决，为此迅速提高我国农业生产水平是非常重要的。

我国农田大多数与森林镶嵌，形成农林交替结构。尤其是目前我国农业生产用火较多，用火不慎常引起森林火灾。既破坏了森林，又影响了森林的涵养水源和保持水土能力。

目前，南方多为集体林，农业生产方式仍然是包产到户，农业生产用火较多，一旦火源管理不妥，往往发生森林火灾。因此，搞好农业生产用火，对于发展农业生产和林业生产均有利，同时也稳定了社会，繁荣了经济。做好农业生产用火，对于发展农林业是完全必要的。它不仅能提高我国农业的经营水平，也有利于林业的发展。

(2)农业生产用火的进展

大约 300 万年前，地球上出现了古人类不久，火就与人产生密切的联系，在人类居住的洞穴中，常有大量炭屑与灰烬。因此，火使人类能够在温带与寒温带得以生存和繁衍。由于古人类的用火，使人类的文明进程得以发展，由生食变为熟食，改善了人类卫生状况。一直到人类发明钻木取火、摩擦取火，接着就产生了第 3 种火源——人为火源。

农业生产用火大致可分为以下几个阶段：

①游耕阶段　人类已发明取火方法后，开始在森林中用火。种植农作物时，随时用火烧毁森林，然后种植农作物，此时，大地多为森林覆盖，耕地不固定，烧一块就种植一块，没有固定耕地。因为此时人口少，森林面积大，人类随时用火烧林种地，故称为游耕阶段。

②轮耕阶段　随着人口的增加，逐渐形成部落。人类居住相对稳定，烧林种地也比较稳定。连续栽种几年，土壤肥力减退后弃耕。弃耕地依靠自然力量，又重新恢复森林，当土壤肥力增加，地力恢复后，人类又重新砍伐火烧，改为农耕地。又连续耕作几年，土地肥力消耗，又弃耕，这种粗放轮作制，也称为“刀耕火种”。这种落后的农业耕作制度，至今仍然在我国西南地区少数民族中采用。

③固定耕地阶段　随着人类社会的发展，人类越来越集中。在平原水肥条件好的地区或交通发达地区，形成固定农业区。农业区集中形成固定耕地，农田采用施肥方式以提高土壤肥力。在农业生产中，也大量采用火，如烧田埂草、烧灰积肥等。由于用火不慎，引起的山火，也不断发生。目前农业生产用火仍然是我国发生森林火灾的主要生产性火源之一，需要认真对待，以减少我国森林火灾的危害。

(3)林区农业生产用火应注意的问题

在我国山区或林区多为农林镶嵌地区，因此应对农业生产用火加以管理，以免由农耕火引发森林火灾。应该制定防火期农业用火管理办法，在一般防火期用火，应注意防火，紧要防火期严禁一切农业用火，有的地区已经规定几烧几不烧制度，按林火预测预报进行用火管理，确保农业生产安全用火。

目前，我国林区有许多森林采伐后，改为农耕地。在小兴安岭林区，就有大面积的次生林采伐后变为农业耕地。在这些地区用火应有防火林网，一是防火；二是保证农业高产，保持水土，涵养水源，维护生态平衡。我国平原地区的防火林网既能提高农业产量，又可调节气候，维护生态良性循环。因此，在林区划分为农耕地的地块，应规划好，以免走回头路。

在农林镶嵌的地区，应做好土地规划，如远山森林、近山花果、平地米粮川。对于一个山体，山顶戴帽，可以保持水土，涵养水源；果树缠腰；良田铺地。做好土地规划，既有利于森林防火，又充分发挥地力，提高经济效益。

随着我国经济和高、精、尖技术迅速发展，发展农业也要运用高科枝，不断改变农业生产方式，使农业高产稳产，不断改变农业用火方式，使农业用火引起的森林火灾有明显减少。

农业的出现，使人类的祖先告别了“穴居野处”“茹毛饮血”的愚昧时代，正式步入了文明时代。人类文明的初期，农业的发展是以毁坏森林为代价的，人们用火将一部分森林和草原开垦为农业用地，促进了农业的发展，促进了人类文明的进步，火的使用在人类文明和农业发展历史过程中功不可没。尽管刀耕火种、烧荒等用火方式的确也带来许多问题，但是，火在现代农业中的应用是否已经完成其历史使命，现在下结论为时尚早。客观地总结用火的经验教训，摒弃不良的用火习惯，开拓新的用火途径，促进现代农牧业的发展，是防火工作者不可推卸的责任。

7.4.1.2 大面积烧荒、烧垦

我国人口不断增长，对粮食的需要量也不断增加，就目前来讲，解决食饱、穿暖，仍然是我国发展农业的头等大事。所以，我国要继续开荒开垦，增加耕地面积，大力发展农业。在山区、林区，大面积开垦荒地，仍然占有相当重要的地位。

(1)大面积烧荒、烧垦的好处

为了发展我国农业，一是要提高单位面积的产量，保证粮食的高产、稳产；二是要适当增加耕地面积。为此，在我国林区、山区，采用烧荒、烧垦来增加耕地，也是目前发展农业生产的一项重要措施。

①火烧可以减少大量草籽　在开垦的荒山荒地上生长着许多杂草，然而，这些杂草将来是农作物竞争的对手。因此，开垦的土地应力争消灭杂草，火烧就是消灭杂草的最好办法。为此，应选择草籽尚未成熟时点火烧之，使大量杂草种籽被烧死。火烧还可以使一些脱落地面的草籽被高温烤死，失去发芽能力，或促使一些鸟类啄食减少杂草种籽数量。

火烧过的荒山荒地应及时进行翻耕，因为多年生草本植物，借助火烧后的良好条件，又开始萌发幼草。经过及时翻耕后，将这些幼草压入土壤深层，变为绿肥，可促进农作物的生长，同时又能有效地控制杂草。

②火烧可以清除耕地上各种杂草和杂乱物　开荒、开垦必须烧掉荒地上的杂草和杂乱物，为农作物创造一个良好的生育环境，以保证农作物的稳产和高产。因此，大面积地清除杂草和杂乱物，是开荒、开垦的首要任务。

尽管清除杂草、杂乱物还有许多其他方法，但是采用火烧是最好的办法，也是最经济的办法。火烧比较干净彻底，而且速度快，适用于大面积的烧荒、烧垦。

烧荒、烧垦至今已有几千年的历史。它不需要什么精密仪器和设备，只需要掌握用火的天气条件和点烧的技术，确保用火的绝对安全，就能取得事半功倍的效果。

③烧荒、烧垦可防止病虫鼠害　荒地草甸上的杂草和杂乱物中，存在许多病菌和孢子体，有许多昆虫卵、幼虫、茧和成虫，有些病虫会影响农作物的生长。采用火烧可以将寄生在杂草中的虫卵和虫茧烧掉，使它们失去繁殖能力。同时，也可以烧掉它们隐藏处。火烧后，可迅速改变这些病、虫的生存环境，使病、虫害明显减少。

烧垦后立即进行翻耕，使土壤中的病、虫暴露在土壤表面，遭受冻热灾害，这样可使新开垦地病、虫害明显下降，确保种植农作物的丰收。此外，在许多荒山荒地，由于有大量杂草和杂乱物，形成大量鼠类隐蔽的地方。通过火烧可以清理鼠类的隐藏处，烧掉它们

的食物，改变鼠类栖息地的环境。大量的烟薰，使许多鼠类在洞穴内窒息而死。

在新烧垦地消灭鼠类，可以确保开垦地的粮食丰收。因为新开垦地鼠害十分猖獗，一旦粮食丰收，立刻会被鼠类盗走许多。

④烧荒、烧垦有利于机械化操作　大面积开荒、开垦的土地可进行机械化作业。然而，田间杂草清除不干净，会直接影响机械的施工。杂草不仅影响机械作业，有时还影响到施工进度。更严重时，由于杂草阻截，使机械发生故障，会影响到机械的使用寿命。为此，大面积开荒、开垦时，火烧一定要求干净彻底，不要留有未烧地，以免直接影响机械作业。

⑤烧荒、烧垦能增加土壤肥力　烧荒、烧垦，能将耕地上的杂草、杂乱物等有机物经过高温处理，可转变为可溶性的营养元素(灰分)，这些营养元素有的被雨淋溶到土壤中，贮藏起来，将来被农作物吸收利用。

火烧后应立即进行翻耕，使这些营养元素翻入土壤中保存，有利于农作物的充分吸收利用，并保持土壤肥力。这是烧荒、烧垦的一大好处。

总之，烧荒、烧垦是传统办法，一直沿袭了几千年，这说明烧荒、烧垦对农业生产是有益的。

(2)烧荒、烧垦的方法和步骤

在进行大面积烧荒、烧垦时，未烧之前应在靠山林的边缘先开设 50 ~ 100m 宽的防火线。可用拖拉机翻耕生土带，以防烧荒、烧垦时跑火上山。如有自然防火障碍物，应充分利用，可以节省劳力和资金。荒地上有较大的灌木应伐倒，晒干，以便火烧。在进行火烧时，应留有灭火人员，一旦遇到天气变坏或刮大风时，应立即将火扑灭，以免引起森林火灾。火烧后，不能马上将灭火人员撤离烧荒场地，以防死灰复燃，一定要等到烧荒场地无烟，不会再发生火灾时，方可撤离火场。

烧荒、烧垦时，如果还有大量杂乱物或杂草未烧干净，应该堆积后重新火烧，力争将荒地燃烧干净。在大面积烧荒、烧垦时，应先点燃四周边缘，由外逐渐向里烧，越烧越安全，不会引起山火。另外，先点烧危险地段，也会越烧越安全。因为，开始点烧时，火强度不大，人数也比较多，容易控制火势，越烧面积越大，也越安全。

若烧荒、烧垦面积过大，应区划若干小区，一般火烧面积最好在 10h 以内点烧完毕，这样，天气条件容易控制。如果面积过大，几天才能点烧完毕，一旦天气变化，火势无法控制，容易跑火成灾。在大面积烧荒、烧垦时，还应该加强领导，应有一支点烧和灭火的专业队伍。一定要做到烧荒、烧垦的绝对安全，确保不发生森林火灾，并应配备一切必要的防火、灭火设备和车辆与机械等。

7.4.1.3　火烧秸秆和茬子

在农业区或是新开垦的农场丰收时，农田里有大量秸秆和茬子需要及时进行处理。否则，放在农田里会直接影响土地的耕作，因此，对秸秆或茬子及时处理是搞好农业生产的一件大事。

(1)火烧秸秆和茬子的意义及作用

对农作物的秸秆和茬子的处理，应因地而宜。如在我国南方的大面积农业区，可以将秸秆收回，分给各家做烧柴，留给牲畜做饲料或收回用作沼气原料，再利用沼气做饭、取暖、发电、照明，剩下的沼气渣子还可以做肥料。

然而，在我国北方，农村人口较少，机械化程度高，秋收后，农田上剩下大批秸秆或茬子，如果不及时处理，就会影响农业生产。为此，及时处理秸秆茬子，就成为开展好农业生产中的一件重要工作。所以，在这些新开垦的农场上，通常采用的一种方法就是火烧。火烧秸秆和茬子有很多作用，归纳起来有以下 4 个方面：

①在较短时间内，可以快速焚烧大面积秸秆和茬子，只需掌握用火规律和天气条件，在安全期用火，就可以取得多快好省的效果。

②可以消灭病虫鼠害和杂草的危害。许多农作物的病、虫卵、幼虫、成虫、茧等，焚烧时，高温可将它们杀死，农田中的鼠类也被烧死或是薰死。同时，火烧也可以把农田的杂草、种籽烧掉，使农田杂草显著减少。火烧后改善了农田的卫生状况，有益于改善农田的耕作环境。

③大面积火烧秸秆和茬子，有利于秸秆还田。火烧后，这些秸秆、茬子的灰分归田，提高了农田土壤的肥力，可以减少农田施肥量，降低成本。

④火烧秸秆和茬子，在人员稀少、交通不便的林区，是一种行之有效的措施。目前，火烧秸秆和茬子在我国大、小兴安岭林区、三江平原、松嫩平原和西南林区广泛使用。

(2) 火烧秸秆

我国许多林区、农场，因为靠近山区，烧柴不缺乏，加上交通不便，人少地多，特别是种植高秆作物，如高粱、玉米等，秋收后，将高粱、玉米收回，剩下秸秆则放在地里。等到翌年春耕前 3～4 月，点火焚烧，可以很快将这些秸秆烧除，有利于耕作，同时又能烧灰归田，提高农田肥力。

火烧秸秆一般在地面仍有部分残留积雪时进行，此时点烧比较安全，火烧时，田内的秸秆平铺后再烧，可使农田受热均匀，烧完后的灰分分布均匀，等于均匀施肥。同时，也可以加速农田积雪融化，提高地温，有利于提前进行农业耕作。不要堆积焚烧，这样易使农田受热不均匀，因为堆积处火强度高，对农田土壤结构和微生物都有影响。在火烧秸秆时，应该选择稳定天气，风速应小于 3 级。在大风天或风向不稳定的天气条件下不宜点烧，因风大时火烧易跑火，且火烧后灰分也容易被风吹走，影响秸秆还田。火烧秸秆后，应该立即进行土壤翻耕，使大量灰分翻入土壤深处，这样可确保农田土地肥料的增加。在交通发达和秸秆可多种利用的地区，烧秸秆的做法已日益减少。

(3) 火烧茬子

我国广大农村中，烧茬子的做法比较广泛，这也是农业生产中的主要火源。

在农田收割时，留茬子过高则不宜翻耕，采用火烧茬子的方法，既快速，效果又好。如 1996 年小麦丰收时，我国南方许多省份采用联合收割机收麦子，速度快，节省大量劳动力。但留茬过高又不宜翻耕，一般农民采用烧茬子的办法将茬子清除。如果火烧不慎，会引起未收割的麦子着火，使农作物受损失。因此，火烧茬子时应注意防火，不要因烧茬子而引起农田火灾或森林火灾。一般烧茬子应选择无风或小风天气，火烧是在低火险天气下进行，应该先烧危险边缘。如果相邻森林和荒山有未收割的谷物、稻田和麦地，要避免跑火烧毁森林或庄稼，农田火烧茬子时，应注意点火的天气和点火四周的环境，有时在危险地段需要开设防火带。

火烧茬子后，应立即进行耕作，将火烧灰分翻入土中，做到茬子还田，提高土地的肥力。

农作物还有高秆作物，如玉米、高粱和大豆等作物，根部粗大，比较坚硬，不容易腐烂，因此，应该将这些茬子刨出后进行火烧，将火烧后的灰分均匀撒在田地中，再进行耕作。

7.4.1.4 农林复合经营火的应用

农业是由森林采伐、烧荒和烧垦发展起来的，由于世界人口快速增长，农业也得到进一步发展，森林面积则日益缩小。但是，至今仍然还有许多农林复合系统，它们既有较好的经济效益，又能维护生态平衡及物种的多样性，同时，还能美化环境。在经营农林复合系统时，传统用火还是一项重要措施。

(1)经营火的意义和作用

随着人口的不断增加及对粮食的大量需求，高产农业、“石油农业”等相继出现，同时，也伴随着石油、机械、农药、化学等环境污染日益严重，因而，农林复合经营则被人类所重视。农林复合经营系统不仅能够充分利用自然资源，提高光能利用率和生产力，而且，能够开展多种经营、复合经营、综合经营，以获得多种物质产品。采取农林复合经营，还能够充分利用自然力，维护物种多样性，维护天然物种基因库，提高复合生态系统的抗火性，维护群落的稳定性，防止环境污染，促进生态环境的良性循环。

火在农林复合经营中得到广泛应用，可以作为经营工具和手段，并能取得最佳效果。火在农林复合经营中若应用恰当，能获得多快好省的效果，是充分利用再生资源的好措施。为此，在农林复合经营中要充分发挥火的作用。

(2)用火的要求

尽管在农林复合生态系统中，适合用火开展经营，但是对于实际用火，仍然是有要求的。用火适当，方可取得较好的效果，如果超越用火的要求，就会取得相反的效果。一般在农林复合生态系统中，用火有以下几方面要求；

①在农林复合生态系统中用火，一般只适用低强度的小火，这样，火烧才不会烧坏林木及农作物。相反，若采用高中强度的火烧，用火过大，难于控制，对林木、农作物或野生动物都会有不良的影响。

②用火应采用游动火。即火在一定地块停留时间短，火不容易伤害植物。而固定火易产生对流热，对树木或农作物容易造成伤害。

③在农林复合生态系统中，用火应在物种休眠期进行。因为，此时林木或农作物的抗火能力较强，对火有一定抵抗能力。若在植物活动期用火，林木和农作物的细胞和组织抗高温能力低，容易被火烧伤。

(3)用火的方法及步骤

在农林复合经营生态系统用火时，在用火四周都应有隔离线(包括防火障碍物)，形成封闭区，以防跑火成灾。

农林复合经营生态系统为了达到用火经营的目的，要求对作业区进行规划，提出经营目标和用火的要求。对作业区进行调查，写出可行性报告，经上级批准方可实施。在达到报告提出的要求后，有领导在场，配备一定用火、防火设备和有后备灭火人员时，才可点烧。一旦天气突变，应立即出动后备人员将火扑灭，以防不测。

用火后，应有人看守，检查用火是否完全熄灭，以防死灰复燃。此外，还应进一步检查用火是否达到经营目的和要求。达不到标准的，需要重新点烧或采取补救措施，以致最后完全达标。

(4)用火技术指标

农林复合经营生态系统可以把火作为经营工具和手段充分利用，但技术指标多种多样，主要有以下几个方面：

①经营技术指标。首先，应明确农林复合经营生态系统不同，其用火应达到的目的也不相同。

②不同农林复合经营生态系统，用火的季节和时间标准也不同，如用火可促进森林更新，但用火时间必须在下种以前进行，别的时间火烧，则失去了更新条件，不能保证更新。

③不同农林复合经营生态系统，用火要求的天气条件也不同。如要求气温、相对湿度、风速、风向、火险预报等级等。只有适合的天气条件，用火才能保证安全和达到经营效果。

④不同农林复合经营生态系统，有不同地形条件的用火要求。如点上山火或下山火，坡度大小，点火带间距，都应明确规定，超过一定坡度则禁止火烧。

⑤在不同农林复合经营生态系统中，不同的可燃物种类和可燃物数量，用火的方法及要求应有明确规定。在火烧前还需要采取相应的准备措施，否则，达不到应有的效果。

⑥不同农林复合经营生态系统用火行为指标。如火的蔓延速度，火焰高度和火的强度。在我国许多山区、丘陵、农林交错区适合采用农林复合经营。火是开展这种复合经营的有效工具和手段。只要应用恰当，就能达到多、快、好、省的效果。

7.4.1.5 其他农业生产用火

农业生产用火有多种多样，前面介绍了大面积烧荒、烧垦、火烧秸秆、火烧茬子以及农林复合经营用火。另外，还可以用火除草、火烧田埂草、烧灰积肥和烤田等。

(1)用火除草

国外曾有人采用拖拉机，下面装有小的火焰喷射器，在垄台上种植农作物时，两侧用火焰喷射器把杂草烧死。这样，垄台旁的杂草被火烧死，而垄台上的幼苗则安全。这种中耕除草方法快速，不会污染农田。这种拖拉机火焰除草器只适合于大型机械化作业，在幼苗不算高时，除草效果好。

(2)火烧积肥

为了提高粮食产量，土地每年都需要大量肥料，用以提高地力。在农田中大量施用化肥，虽能提高地力，但对土壤结构产生不利影响，常造成土壤板结。因此，目前农村提倡多施农家肥、腐熟肥，如人粪尿和牲畜粪便等，还有的就是火烧杂乱物、杂草和垃圾，以及用于增加农田的灰分元素(如钾肥)等。但是烧灰积肥仍然是我国南方半山区和农林交错区农业生产用火引起林火的一种重要火源。因此，在广大农业区采用烧灰积肥时，应该注意防火，以免不慎发生森林火灾。

(3)火烧田埂草

在我国南方，许多农田的田埂上有许多杂草，一般在春耕前，将这些田埂草用火焚烧，既增加土壤中的肥料，又消灭了杂草，有利于耕作和肥田。但这也是南方一种主要农业生产性火源，特别是农林镶嵌地区，是容易引起森林火灾的火源，应提高警惕。

(4)烤田用火

有些农田比较湿，特别在南方有些湿度较高的山地或高山峡谷开垦的农田，温度低，直接影响农作物的生长和产量。为此，对于这种农田，为了进一步提高其产量，进行烤田是很有必要的。在春季春耕前，火烧杂草和杂乱物，可以提高农田温度，同时火烧留下灰分和黑色炭粒，有利于吸收太阳热辐射，改善农田热状况，从而加速农作物生长和产量提高。

(5)CO_2施肥

CO_2是植物进行光合作用、制造有机物的主要原料之一。自然条件下CO_2的供应是充足的，但是在温室或塑料大棚内，由于与室外空气交换不畅，在白天植物光合作用旺盛时，常常出现CO_2气体浓度亏缺，致使植物的光合作用强度减弱。

温室或塑料大棚中CO_2的来源主要是土壤中有机物的分解和植物的呼吸作用，1992年11月4日，中国农业大学就黄瓜温室的CO_2浓度做了测定：夜间，CO_2浓度高于室外(一般为300~350mg/L)，可达600~650mg/L。早晨8：40，CO_2浓度虽然有所降低，但还在600mg/L。9：00后CO_2浓度迅速降低，至10：40降为200mg/L，尽管随后进行自然通风，但此时光合作用已迅速增强，至正午光合作用达到最大值时，CO_2浓度却降到150mg/L，在这种CO_2浓度下，植物的光合作用几乎停止，发生严重的CO_2"饥饿"现象。实际上，为使温室的黄瓜高产稳产，温室内应保持CO_2浓度白天为1000~1200mg/L，靠外界补充是远远不够的。其他蔬菜生产也是如此，据报道，温室或塑料大棚内，由于CO_2的"饥饿"使蔬菜减产的幅度可达23%~36%，所以，保护地(日光温室、塑料大棚及中小拱棚等)内补充CO_2势在必行。

近年来，CO_2施肥已逐渐成为增加保护地蔬菜产量的重要手段。荷兰、比利时、丹麦、德国、美国和日本等国，早在20世纪50年代就开始了温室内施用CO_2气体肥，效果十分明显。我国从20世纪70年代初开始试用。目前，使用比较普遍的CO_2肥源有：①施用CO_2制成品，如压缩CO_2气体、干冰等；②化学方法产生CO_2，如碳酸氢盐加硫酸，碳酸盐加盐酸等；③用CO_2发生器燃烧天然气、煤油、丙烷、酒精等；④燃烧作物秸秆(或微生物分解)产生CO_2，起到CO_2施肥的作用。在我国现有的经济条件下，只能选择成本低、使用方便的CO_2施肥方法，采用化学方法虽然成本不高，但只适用小面积的生产。虽然我国一些大城市已引进荷兰、以色列等国的温室直接配置了CO_2发生器，但由于肥源昂贵，使发生器的使用处于半停滞状态。于是，利用作物秸秆来提高温室内CO_2浓度逐步引起了重视。此法简便，燃料来源可因地制宜进行选择，但不易控制CO_2浓度，并常有CO和SO_2等有害气体产生。

7.4.2　林副业生产用火

无论森林火灾还是计划火烧，都能使林地植物组成结构及森林环境发生变化。如在火烧迹地上，野果类植物和药用植物增加，一些经济植物和野生动物也发生一定变化。

在火烧迹地上，植物资源种类丰富，有利于发展林副产品及多种经营。有计划地用火，可以促使林区发展林副产品，迅速提高林区经济水平。在广大林区可以广泛应用火烧迹地加速发展林副业产品。如在林区进行野果资源开发，药用植物栽培，野生动物资源繁殖及经济作物利用等。

7.4.2.1 火烧迹地的变化

森林火灾干扰后，森林生态系统将发生一系列变化：动植物及微生物将重新组合，生态环境也发生变化。在实际应用过程中，一定要依据火烧迹地的变化特点，进一步掌握它和利用它，以便更好地发展林副业生产。

(1)火烧迹地的环境变化

火烧过后，林内林木株数减少，光照增加，气温升高，温差加大，相对湿度明显下降。由于森林变得稀疏，火烧迹地通风良好，有利于一些风播种子的传播。火烧后迹地上存留大量的黑色炭屑，增加了土壤对太阳辐射的吸收，提高了土壤温度，促使火烧迹地的积雪提前融化，林地变干，不利于森林更新。

由于火烧将林地上许多可燃物变成了大量灰分元素，从而改变了土壤的理化性质。火烧使一些不易被林木所吸收利用的有机物质变为易被吸收的无机元素，并通过雨水淋溶到土壤下层，从而改善土壤肥力。然而如果发生高强度的森林火灾，这些可溶性营养物质则容易被地表径流带走，使火烧迹地失去大量肥料。上述这些环境的变化，直接或间接地影响了火烧迹地的生态环境，植物也发生了相应变化。

(2)火烧迹地的变化特点

①由于火烧，大量林木及林下植物死亡，生态环境发生明显变化，引起许多种的侵入，从而造成火烧迹地植物竞争激烈，适者生存，不适应者被淘汰。

②在新的火烧迹地上，许多物种重新组合，产生不同的群体，因而在火烧迹地上植物演替变化迅速。

③掌握火灾迹地的变化规律，可以有效利用这些变化规律，促进这些迹地快速恢复为森林。

④掌握火烧迹地环境、动植物变化的规律，能够使我们更加有效地用火提高森林经营水平，使火真正成为森林经营的工具和手段。

7.4.2.2 利用火烧迹地与计划火烧发展野果生产

森林中有许多野果类，它们含有大量的维生素和微量元素，有些营养极其丰富，是很好的食品。它们的种类多、数量大，是一类重要的自然资源。

这些野果除鲜食外，主要用于加工饮料、罐头或酿制果酒。如红豆饮料、山葡萄酒、黑加仑酒等。因此，开发和利用野果资源，不仅有利于山区经济的振兴，而且也是解决林区“两危”的重要途径。

(1)火烧迹地的野果资源

在我国各大林区，每年森林火灾要烧掉大面积森林。在这些火烧迹地上会生长出大量的野果类植物。如东北林区的火烧迹地上有刺莓果、悬钩子、稠李、黑加仑等，南方有桃金娘。有些野果含有丰富的维生素，如沙棘果含维生素C居一切果蔬之首，是一种优良天然绿色食品。因为火烧迹地的生态环境发生变化，阳光充足，有利于野果类的开花结实。

火烧迹地野生动物增加，鸟类增多。它们啄食野果，排出的粪便里面有许多野果种子，这些种子容易萌芽，促使野果大量繁殖。这也是火烧迹地产生大量野果类植物的重要原因。火烧迹地空旷，阳光充足，土地肥沃，温度高，有利于野果类生长发育。

此外，在火烧迹地还生长有山丁子，可以做砧木，用来嫁接山楂，酸枣可以嫁接枣，山梨可以嫁接梨、苹果等。在有条件的低山丘陵、地势平缓、土壤和水分条件均好的地区，可以发展果树带，有利于林区发展多种经营及生态林业。

(2) 火烧迹地发展养蜂业

由于火烧迹地引进了大量果树，这种环境有利于放蜂、采蜜，发展养蜂业，以获得较高的经济收入。同时，蜜蜂又促进果树授粉，有利野果的丰收。因此，应该充分利用火烧迹地的生态环境，迅速开发野果资源，从而提高林副产品生产经营水平。

(3) 采用计划火烧发展林果生产

我国广大林区，除了有木材生产以外，还有大量野生植物资源。野果类是一种重要的天然植物资源。只需组织人力采集收购，并进一步加工，就可以成为良好的绿色饮料和果品。

在我国高寒的大兴安岭林区，就有一些野果类已经被开发利用，如红豆越橘饮料、都柿酒等天然绿色饮料和果酒类，已取得了一定的经济效益。在大兴安岭林区，这种天然资源极其丰富。据调查，在兴安落叶松郁闭度为 0.6 的林冠下，红豆越橘生长良好。在内蒙古兴安落叶松林下的红豆越橘产量大于黑龙江东部大兴安岭落叶松林下的红豆越橘。一般 3~5a 一次中低强度地表火，可烧掉林地枯死杂草和一些红豆越橘老枝叶，清除林下杂乱物，有利于红豆越橘萌发新的枝叶，促进其开花和结果，大大提高了红豆越橘的产量。

黑笃斯越橘分布在低湿地草甸子上或缓坡、阴坡低湿地的杜香兴安落叶松下，一般在郁闭度 0.3~0.5 的林下，株高 40~50cm，与林下喜光杂草混生，秋后果实成熟，霜后则美味无比，并含有大量维生素，属上等野果。这种野果经过几年结实后，产量有所下降。可以采用计划火烧来恢复笃斯越橘的产量。一是火烧可以烧掉老枝叶，促进新枝条萌发，增加笃斯越橘的产量；二是火烧杂草能够增加土壤肥力；三是火烧后增加了土壤温度。因为笃斯越橘分布于低湿地，火烧增加了林地温度，使其提前化冻，在加拿大就有每隔 3 年火烧一次可以促进越橘产量大增的办法。

草莓也是一种著名的野果，有“水果之王”的美称。它主要分布在山麓地带，为春季天然绿色果实，特别是通过计划火烧，更能促进草莓产量提高。

在东北林区，低湿地可以发展许多野果类，如稠李、黑加仑、悬钩子。通过计划火烧等措施，都能提高这类野果的产量，活跃林区经济。

在东北东部天然次生林区，通过计划用火，可以降低次生林的燃烧性，同时，还可以发展山葡萄和圆枣子等野果产品，又能够提高次生林的防火、阻火能力。

(4) 野果类植物在防火中的应用

计划火烧有利于许多野果植物的生存和发展，可利用这种短暂变化，发展林副业生产，发展林区经济。

在林区，有些野果植物有阻火的作用。因此，在发展林副业生产的同时，又可以充分利用这些野果植物发展生物防火带，增加森林的阻火能力。

①我国在林区有大量防火线　如铁路、公路两侧防火线、林绿防火线、乡镇居民点四周防火线和溪流两侧防火线。可以选择阻火能力强的果树形成防火带，这样既有经济收入，又有较好的阻火能力，采用这样的生物阻隔系统，可以加强防火管理水平。

②保护好防火林带　为了加速我国林火综合阻隔网的建设，在营造的防火林带两侧应开设防火带，其上种植耐火野果植物，这样既有经济收入，又能起到阻火功效，使防火林带提前发挥阻隔火灾的作用。

③发展林下野果带，增加森林阻隔林火的能力　如大兴安岭林区，增加红豆越橘数量，可以减缓林火的蔓延和扩展，有利于人工灭火。又如，在杜香兴安落叶松林内，增加笃斯越橘的数量，就减少了禾本科杂草数量，增强了森林的阻火能力。

7.4.2.3　应用火发展药用植物

我国植物资源极其丰富，素有植物王国之称。其中，中草药就是一种重要植物资源。许多名贵中草药也越来越受欢迎。因此，大力发展中草药生产，不仅有利于祖国医药的发展，提高我国人民的健康水平，也有利于我国广大农村的合作医疗，促进中西医结合治疗。

在广大林区和山区，大力发展中草药生产，能大大提高林区经济水平，是发展林区多种经营的一项重要措施。然而，由于森林资源不合理的开发和利用，天然中草药资源越来越少，而人们对中草药的需要却不断增加。为了满足广大人民的健康需要，在进一步保护、合理开发现有中草药资源的同时，大力开展人工栽培和驯化具有重要意义。可利用种植耐火中草药，来达到防火目的，这既有利于林区经济繁荣，又有利于防火，还有利于提高林地生产力，提高森林综合经营及立体经营水平。

(1)利用火烧发展中草药

许多中草药植物，尤其是喜光植物，喜生于火烧迹地上，它们能充分利用火烧迹地充足的阳光和丰富的养分(灰分)快速生长。采取人工播种的方法，可获得优质高产的中草药。

有些以枝、叶入药的中草药，经常采集枝叶，会大大影响产量，如小兴安岭的兴安杜鹃，用其嫩枝和叶制作满山红糖浆，可治咳喘病。但大量采集使其产量下降。因此，可以在早春季节，火烧兴安杜鹃，将老叶枯枝烧掉，激发它萌发幼嫩枝叶，可提高药效和产量。

火烧也可刺激树皮生产，大大增加其产量。如黄柏(其皮入药，可治腹泻)，过火后可明显增加树皮产量。

(2)利用中草药植物进行生物防火

在我国大、小兴安岭林区，有许多药用植物用于生物防火。如在比较干旱立地条件下，在火烧防火带上种植黄芪，可作为生物防火带。夏季，可以割取其幼嫩枝叶制作北芪茶和其他保健饮料。到翌年又开始萌发，这一防火带在防火季节有较好阻火作用。3年后，其根就是名贵药材——黄芪。在东北比较湿的立地条件下，可以选择龙胆草作为生物防火带，秋后收集为上等药材。

我国南方的杉木林为较易燃烧的针叶林，可以在比较潮湿的立地条件下种植砂仁、黄连等药用植物。利用砂仁、黄连枝、叶的难燃性，起到较好的阻燃效果，可防止森林火灾烧入林内。在南方比较潮湿的立地条件下，可以在林下选种魔芋。魔芋为重要药材，也是一种较好的耐火植物。在林下种植魔芋等难燃植物，可以起到阻止地表火蔓延的作用，又可发展立体林业，开展多种经营，提高复种指数，大大增加经济收入。在南方荒山荒地上，可选杜仲作为防火树种，也能收到良好的阻火效果。

人参是东北东部山地最名贵药材之一，为东北“三宝”(人参、貂皮、鹿茸角)之首。人参本身为难燃的多年生植物，在天然次生林或阔叶红松林下栽种人参，既有比较好的经济收入，又能起到良好的阻火作用，一举两得。此外，五味子也具有一定的阻火功能，它一般分布于立地条件比较潮湿的河谷或稀疏的林缘，有较好的阻火作用。

7.4.2.4 利用火烧迹地与计划火烧发展经济植物

目前，我国森林资源得到了充分地保护，森林覆被率日益提高，发展林业经济，加快林业发展步伐，已是当务之急。为此，发展林业，增加森林植物资源的利用，也是增加林业收入，解决林区“两危”的重要措施。

①发展林区经济植物，搞好林副产品生产，可增加林业经济收入，繁荣和活跃林区经济。

②大力开展林副业生产，发展山区经济植物，有利于林区多种经营、综合经营和农林复合经营，大大提高我国林区森林经营水平和经营集约度。

③大力发展林副业生产及经济植物，有利于生物防治，提高林区保护功能，加速我国综合阻隔网的建设，提高我国林火管理现代化水平。

④大力发展经济植物，还可改善生态环境，促进环境良性循环，利于大地园林化。大力开展林副业生产，发展林区经济，包括以下几方面。

(1)发展编织业

①在比较干旱立地条件下，生长有大量的胡枝子，火烧后其萌条可以做编织材料，制成各种编织品，发展编织业。在南方还可利用扫条、荆条等发展编织业。

②在潮湿或水湿的立地条件下生长的柳树，火烧后，萌发的枝条可以做编织材料，还可以烧活性炭，发展林副业生产。

(2)发展油料植物生产

在山区土壤较肥沃的立地条件下，树木的株行间可以种植油料作物，如东北次生林区，造林前1~2a，行间可以种植黄豆，增加粮油收入。

在南方荒山荒地上，可以选种油茶，油茶不仅可以榨油，又是一种较好防火灌木，可阻止火灾蔓延。也可在各种防火带或生土带上选种油茶，既能防火，又有较好的经济收入。

(3)发展香料植物生产

我国山区或林区有些香料植物，也可以发展。

①杜香主要分布在我国东北的大、小兴安岭林区，主要采集其嫩枝和叶，加工成香料。由于反复摘取影响其产量，因此，在初春即防火初期，进行火烧，烧掉老枝、老叶和杂草，刺激嫩枝和嫩叶萌发，从而增加枝叶的产量，增加香料的产量并提高质量。

②在东北林区次生林下，火烧后出现一些百合科植物，如铃兰，开花时花中有香精，大量采集，可制成香精，是一种名贵的香料。

(4)选种茶树

我国长江流域有多种茶树，是良好的防火灌木。在南方营造松茶混交林，可防止松林发生树冠火。同时还可以采集茶叶，出口创汇。

(5)种植蚕桑，发展养蚕业和丝绸业

选择土壤深厚、肥沃的土地种植桑树，可以采集桑叶养蚕，发展丝绸业。这也是我国江苏、浙江、安徽、湖南、湖北、江西、河南等地多种经营的好方法。桑树既是防火树种，又是经济植物。冬季还可在林地种植蔬菜。这种农林复合生态系统，是一种良好的防火模式，可以发挥多方面效益。

7.4.2.5 用火发展食用植物和菌类资源

我国植物资源极其丰富，有许多属于可食性植物。其中东北的山野菜尤为著名，如蕨菜、薇菜、山芹菜等，均为我国上千吨以上的大宗出口商品，远销日本等国，在国际市场上享有盛名，每年都为国家换回大量的外汇。

许多野菜都是属于天然绿色食品，营养极其丰富，含有各种维生素，同时这些山野菜生长在山野或林下，很少受化肥和农药的污染，对人体无害，深受各国人民的喜爱。因此，山野菜的开发和利用，不仅为国内外市场提供了一种美味的天然绿色食品，而且对于山区人民脱贫致富、繁荣林区经济，都有重要意义。

在我国各大林区都有许多山菜，有些山野菜的大量出现与森林火灾密切相关，如我国大、小兴安岭地区的蕨菜、薇菜的产量与该地区发生的森林火灾密切相关，为此，采取计划火烧等措施，一方面可以提高山野菜的产量，另一方面又可以减少森林火灾的发生。

(1) 火烧增加山野菜产量

在东北林区，许多山野菜常分布在山麓地带。尤其是在早春森林火灾过后，在低山丘陵的山麓地带，蕨菜、薇菜等山野菜大量生长。因为火灾后有大量灰分，有利于改良土壤，增加肥力，同时地温和光照有利于山野菜的生长和产量的提高。

我国不同地区主要可食山野菜见表 7-11。

表 7-11 我国不同地区主要可食山野菜

地 区	山 野 菜
东北地区	蕨菜、薇菜、山芹菜、刺老芽、黄花菜、柳蒿、蒲公英、猴腿菜、桔梗、刺五加、车前、东北堇菜、变豆菜、山芋头、蜇麻菜、山韭菜
华北地区	蕨菜、水蓼、鸡腿堇菜、刺五加、山莴苣、刺儿菜、何首乌、龙牙草、马齿苋、水芹
西北地区	紫萁、蕨菜、马齿苋、芹菜、桔梗、马兰、苦苣菜、刺儿菜、黄花菜、大车前
华东地区	紫萁、歪头菜、活血丹、薄荷、绿苋、朝天委陵菜、物膝、堇菜、藜、水芹、小根蒜
中南地区	紫萁、歪头菜、大车前、蕨菜、红爪、水芹、异叶回芹、何首乌、酸模、鸭舌草、羽叶金合欢
西南地区	分株紫萁、莲子草、决明、大车前、蕨菜、马齿苋、苦苣菜、酸模、牡蒿

黑龙江省林区盛产山野菜，通常采用火烧复壮山野菜来增加产量，扩大山野菜生长面积。据刘广菊等人的研究，计划火烧可以使蕨菜增产，增产达 70%，与没有火烧地区相比，火烧区蕨菜早出土 4~5d，生长更为粗壮，见表 7-12。

表 7-12 火烧促进蕨菜增产的调查

序号	项目	火 1	火 2	火 3	对照 1	对照 2	对照 3
1	重量(kg)	0.75	1.05	0.75	0.10	1.65	0.10
	最高(cm)	52.00	72.00	60.00	52.00	35.00	45.00
	均高(cm)	35.00	45.00	35.00	40.00	30.00	35.00
2	重量(kg)	0.20	0.75	0.50	0.55	0.45	0.25
	最高(cm)	59.00	50.00	58.00	54.00	55.00	40.00
	均高(cm)	35.00	35.00	40.00	35.00	45.00	30.00
3	重量(kg)	0.15	0.30	0.40	0.15	0.25	0.35
	最高(cm)	48.00	50.00	62.00	48.00	62.00	38.00
	均高(cm)	40.00	30.00	42.00	38.00	40.00	30.00

注：标准地面积为 $4m^2$（引自刘广菊等《计划烧除促进杨桦林更新和复壮山野菜的研究》）。

(2)火烧对食用菌的影响

在林区有大量菌类，如木耳、蘑菇等，这类菌类会吸收大量纤维素，降低可燃物的燃烧性，有利于防火。同时森林火灾的发生，也有利于这些菌类的大量产生。

①火烧有利于发展蘑菇类真菌　蘑菇主要吸收森林中可燃物体内的纤维素与半纤维素。这些纤维素和半纤维素主要是有焰燃烧物质，由于蘑菇的大量发生，可大大减少可燃物的数量，从而降低林分的燃烧性，有利于林区防火。

在东北林区，一般发生森林火灾较多的年份，林区蘑菇的数量有所增加。其中主要原因是早春东北林区易发生速行地表火，烧掉地表的枯枝落叶，而下层死地被物还未解冻，因此对菌丝没有影响。火灾后，火烧营养元素淋溶到下层，增加土壤的肥力，有利于菌丝大量发生。此外，火烧增加了林下光照，有利于菌丝生长发育，火烧当年就能产生大量蘑菇。

但是，发生较强烈的地表火，则不利于蘑菇的生长，因为这种强烈火破坏了腐殖质层和土壤中的菌丝体。此外，5 月的火灾，土壤已完全化冻，火能烧入下层，不利用菌丝体生长，因而蘑菇的产量较低。

②火烧促进黑木耳产量增加　黑木耳是一种菌类，为上等食品。一般情况下，木耳的产量与森林火灾有关。发生火灾后 2～3a 产量有所增加，原因是森林火灾使林木或是树枝死亡，第二、三年，木耳的产量有所增多。清理火场时，可以将一些烧死、烧伤木伐除，用来接种木耳菌以增加木耳产量。灰分是无机物，对木材的燃烧有一定的阻滞效应。因为灰分能使纤维素和半纤维素物质发生炭化反应。含有高灰分物质的燃烧特点是：燃烧速度慢，放出热量少，产生大量焦炭。木段及枝桠在生长木耳的过程中，许多有机物质被消耗，灰分则被保留，相对含量增加。木素为芳香族化合物，当受热后大部分转化为焦炭。在木耳生长过程中，木素不被细菌分解而相对含量增加，木素含量高的树种不易被引燃，即使引燃也不起明火。总之，由于木耳等食用菌的生长过程中，木段及枝桠的化学成分发生一系列变化，致使这些可燃物的燃烧性大大降低(表 7-13)。

表 7-13　木材组成成分分析结果

名　称	醚抽提物(%)	苯醇抽提物(%)	木质素(%)	总纤维素(%)	灰分(%)
未生长木耳的木材	4.510	2.185	24.08	75.29	0.1445
生长木耳 1a 后木材	2.439	1.735	25.08	74.67	0.3935
生长木耳 2a 后木材	1.325	1.550	26.59	73.35	0.4895
生长木耳 3a 后木材	0.591	1.550	30.58	69.38	1.680
未生长木耳的树皮	7.775	4.385	35.94	57.33	4.165
生长木耳 1a 后树皮	6.060	3.385	38.56	50.44	6.530
生长木耳 2a 后树皮	4.730	2.215	39.86	46.62	10.21
生长木耳 3a 后树皮	3.575	1.745	45.69	41.200	12.99

注：由于化学分析存在一定的误差，所以各组分的总和可能超过 100%。

此外，在东北林区，一般抚育采伐后，其枝桠被堆积在山麓地带与草地接壤处，并接种木耳菌，经过 2～4a，可以收集大量木耳。同时，这些枝桠不易燃烧，形成较好的阻火带。因为在这些产生过木耳的枝桠带上，也不容易再生长杂草，可防止草地火上山，有利于森林防火。

7.4.3 牧业生产用火

7.4.3.1 概述

火在草原生态系统中是最活跃的一个生态因子之一，北美的许多生态学家认为，植物对火就像其他限制因子一样，进化为不同的适应型，可划分成依赖火的、耐火的或适应火的植物种。大量的证据表明，同木本植物为主的森林生态系统相比，草原生态系统对火的依赖性和适应性更强。这一点从森林火灾发生后所产生的后果得到说明：火灾后，一些树种消失，森林被破坏甚至退化为草地。相反，火灾后，不仅草本植物的种类增加，而且许多草本植物很快“复生”，甚至比火烧前生长更加茂盛。所以，在草原生态系统中使用好“火”这个工具是非常重要的。

我国是世界上畜牧业资源最丰富的国家之一。草地面积约占国土总面积的40%，总面积约 $4\times10^{8}hm^{2}$，可概括地分为：北方草原、南方草山草坡、滩涂草地3部分。在这广阔的领域内，由于受地形、气候、土壤、水分等自然条件的影响，以及由植被所决定的草地的经济价值和人类生产活动的影响，根据3级分类原则，可进一步将我国的草地划分为19类，其中，疏林草原类、草甸草原类、干旱草原类、荒漠草原类、山地草丛类、灌丛草原类和沼泽草甸类分布最广，构成了我国最主要的牧业基地。仅从这几类草原生态系统来看就不难发现，火在不同草原生态系统中的生态作用是不同的。这也就要求我们在不同条件下采取不同的火管理措施。例如，在干旱草原和荒漠草原应该限制火的发生和存在，主要的措施应该是防火；而在疏林草原、草甸草原、山地草丛、灌丛草原和沼泽草甸则可有条件地使用火，特别是在高(山)寒(冷)草原可以将计划火烧作为草地经营的一种手段和工具。

实施计划火烧的目的因草地类型和草地管理目标的不同而不同，主要有以下几个方面：①消除非适应性植物；②促进优质牧草的生长；③复壮嫩(幼)灌木枝条；④控制非理想植物侵入或发展，促进理想牧草定居生长；⑤改良土壤和牧场；⑥控制病虫害和鼠害等。

7.4.3.2 草地火生态

草地火包括草原火、草甸火及稀树草原火。草地火的生态作用有如下几点。

(1)火对草地表面温度的影响

草地火的地表温度与地表可燃物数量有关，可燃物越多，地表温度越高，地表温度一般在70~200℃。地表温度还与可燃物含水率有关，含水率低于30%时，可以点燃，地表温度升高较少，并持续2~4min，然后迅速下降。草地火对下层土壤温度影响不大，近地表层温度较低，向上温度逐渐升高，超过火焰高度以后，温度又随之下降，但在火焰顶部温度最高。

草地火的生态影响大致有以下几方面：

①草地上有许多种子，经70~100℃火烧后，仍然有较强的发芽能力。火烧迹地表面有许多种子的发芽力比未火烧的种子发芽力更高。有些草地种子有较厚的种皮，能抵抗高温的危害，有些种子经5min火烧后，仍有较好发芽力。

②由于草地火温度不高，持续时间不长，因此草地火对地下芽库影响不大。

③一般情况下，火可将全部草地枯落物烧尽，只有枯落物积累较多，又较潮湿时，才会有剩余。

④草地维管束植物极易受高温影响致死，一般在60℃，持续10min为草地植物致死极限。

⑤草地火的温度与草地植物丛大小有关。草原大针茅丛着火，温度可高达500℃，持续时间可达2h。一般小丛草地植物着火，则温度低，持续时间也短，因而影响程度也小。

(2)火烧对草地产量、质量与开花的影响

火烧对草地产量影响不一，有的年份单位面积产量有所增加，有的年份产量反而降低，其干物质的积累极不稳定。一般认为降水量是一个限制因素，降水量在380~420mm时，草量有所增加，相反，在比较干旱的年份，草产量有所降低。然而，在火烧可以提高牧草质量方面，取得了较一致的结果。火烧后，牧草干物质中的粗脂肪、粗蛋白质、无机氮浸出物等含量增高，粗纤维、灰分等含量降低(马道贵等，1997；刘芳等，2001)，提高了牧草的有效营养成分。

同时，豆科植物又是牲畜爱吃的牧草，增强了牧草的适口性和营养价值(Lloyd，1971)。火烧还可延长牧草的生长发育期，周禾等(1997)的试验表明，火烧区比未烧区延迟枯黄15d。

火烧草地是否能使花茎增多，促使开花，结论不一。有的人报道，草地火烧促进花茎增多，促使植物开花。但也有人认为火烧不一定能促进开花。一般情况下，烧掉枯落物，使土壤增温，这样可使草地提前2~3周生长，从而使营养器官增加产量，使花茎有所增多。火烧可使土壤中磷增加2~8倍，是促进花茎增多的重要原因之一。但不同草种对其反应不一，如早熟禾，火烧后(早春)花茎不会增多，反而会减少，主要原因是早熟禾花茎形成较早，当遇火烧时，花茎生长受到抑制。

因此，火烧草地对草地的产草量和花茎的影响，因不同植物而异，用火时应依据不同的草地做具体分析。

(3)火烧对草地小气候的影响

①火对地面气温的影响　火烧可直接影响地表温度；使草原植物提早生长2~3周。而未发生火烧的地段，有枯落物覆盖，地表增温较慢，前期草本植物生长缓慢，但后期能加速弥补生长缓慢的不足。火烧使草原白天增温，但夜间由于没有枯落物的覆盖，地表温度下降快，温差较大，影响草原植物的生长和发育。

②火烧对草地空气质量的影响　火烧草地不论是草地火灾或是计划火烧，对空气质量或多或少都有影响，只是影响程度不同。计划火烧比火灾的影响要少些。其影响包括对地球的温室效应的影响。火烧产生有害气体，如二氧化碳、碳氢化合物、氧氨化合物以及芳香族化合物等。

(4)火烧对草地土壤的影响

①火烧对土壤氮的影响　一般低强度火，对氮影响较小，损失量为20%~40%，如果是高强度火，则使氮损失60%~80%。

氮的恢复主要来源于固氮植物，即豆科植物和一些草本植物，雷电产生的氮每年不到5kg/hm^2，而生物固氮，有时每年每公顷高达几百千克。

②火烧对草地pH值的影响不大，特别是火强度小时，其影响更小，持续时间更短。

③火烧对土壤阳离子影响不大，尤其是低强度火，影响就更小，因为阳离子需要高温。

④火烧草地对土壤动物和微生物有一定影响，但主要在土壤表层12cm以内。

⑤火烧对土壤有机物造成损失　土壤表层有大量枯落物，可以防止土壤受雨水的冲击，火烧后失去了枯落物的保护，可能会产生水土流失，同时也影响土壤的渗透性。

⑥火烧还影响草地的径流量　一般径流量与坡度大小有关，坡度越大径流量也大；同时与草地覆盖度有关，火烧后地面裸露，径流量大，径流的混浊度也高，从而直接影响水资源的质量。

⑦火烧对草原土壤水分的影响　由于火烧增加土壤表层温度，使表层土壤蒸发量增加。同时，由于草本植物提前生长，蒸腾作用加强，就使表层土壤水分大量消耗，因此火烧对草原表层土壤水分影响较大。

(5)火烧对草原野生动物的影响

火烧对野生动物的影响较大，但火不一定会烧死野生动物。除非它们被大火包围时，才会被火烧死，否则野生动物都会逃离火场。

①小型野生动物在火温为62℃时持续1min就会被烧死。一般湿草地植物稀疏，土壤含水率大于40%，火烧后是保留野生动物最多的场所。

②火对鸟类的影响　火烧对鸟类影响很大，特别是森林和灌木亚顶极群落，是鸟类最集中的地方。湿草地火烧后，有利于鹅类的发展，因为火烧使湿草地的嫩草叶增加，为鹅类提供了丰富的食物。

③火烧有利于食草野生动物发展　因为火烧提供大量嫩芽和乔灌木萌发的嫩枝，使食草动物种群增加。由于食草野生动物多，也导致食肉野生动物的增多。

④大叶金合欢与蚂蚁的关系　蚂蚁以吸收大叶金合欢托叶中分泌的蜜汁为食。同时这些蚂蚁又袭击对大叶金合欢有危害的昆虫，保护大叶金合欢。这些蚂蚁还会啃食大叶金合欢树下的草根，保护大叶金合欢免遭草地火灾的危害。

⑤火烧对河溪动物的影响　短期火烧对河溪是有害的。火烧草坡可使河溪堤岸崩塌。一是使河溪水温增加，从而使水分氧气供应不足，影响鱼类繁殖；二是堤岸崩塌，使鱼类繁殖受影响。火的长期影响有时是有益的，特别是针叶林的火烧可促使阔叶树增多，为鱼类提供多种生境，多次火烧使河内藻类增多，有利河溪昆虫增多，为水生动物增加了多种食物来源。

⑥在美国东南部草地和灌丛，早期演替阶段是狩猎场、野生动物栖息地和家畜天然牧场。在人类出现以前，以雷电火维持发展。如果要保存这些草地和灌木，应施用不同频次、不同强度火烧。草地周期性火烧可保持较高的区系多样性。

在早春季节，火烧使地上的饲草或嫩枝条的蛋白质和钙磷含量增高，而这些物质是野生动物和牲畜最需要的。

火烧能保持鹌鹑等鸟类抚育期所需昆虫的种群数量增大，而这些昆虫的蛋白质、钙磷和矿物质含量也较高。

世界上绝大多数草地都存在火灾，一旦人们了解了火与个别草地和草地有机体的关系，就可以再一次地开始控制和利用火，使草地生态系统保持动态平衡。

(6)火烧与草原植物群落结构

火对不同生活型植物的影响不同，对某些种群的生长发育起促进作用的同时，对另外一些种群的生长发育则可能起抑制作用，进而影响或改变草原植物群落的结构。由于此方面的研究较少，这里以羊草草原植物群落为例，就火对构成该群落的几个种群的影响做简要介绍。

羊草是一种喜氮的根茎型地下芽植物，是羊草草原占优势的禾草。由于其更新芽位于地表以下不易被烧伤，加之火烧使地表养分状况改善，所以，火烧对羊草的生长具有显著的促进作用。未经火烧的对照区，羊草的产量为30～50g/m^2，火烧区羊草的产量最高达到156.18g/m^2。

大针茅也是羊草草原典型群落和退化群落的优势种群之一。与羊草不同，火烧对大针茅有明显的拟制作用。未烧的大针茅地上生物量为30～50g/m^2，而火烧后只有10～30g/m^2。这是因为大针茅是一种密丛禾草，属地面芽植物，火烧对地面芽造成了损伤。

葱属植物通常是典型羊草草原群落的伴生植物，为地下芽植物，与羊草和大针茅等优势植物相比，它在对水分和养分的竞争中都处于次要地位。火烧对其生长未造成明显影响。

火烧对菊科植物生长有明显的抑制作用。在羊草草原典型群落中，菊科植物以麻花头、变蒿等地面芽植物为主，在羊草草原的退化群落中，则以变蒿和地上芽植物冷蒿为主。火烧对地上芽植物的破坏更大，对冷蒿的抑制，有利于促进禾草类的生长，可提高草场的总生产力，对牧业生产是有利的。

由于火烧加快了土壤有机质的分解，增加了土壤中有效氮的含量，部分抵消了因火烧损失的氮，在生长季中后期的产量高峰期内，可促进豆科草类的生长(灌木小叶锦鸡儿除外)，使豆科植物的产草量提高。

7.4.3.3　火烧促进草地更新与复壮

我国有广阔的草地，对这些草地进行更新与复壮，对我国畜牧业的发展，有着十分重要的意义和作用。

对于我国广大牧区，采用计划火烧，是建立在草地火生态基础上的。从草地火的历史、草地畜牧业以及草地的兴衰等情况来看，无不受到火的制约。许多草地在自然条件下受到雷电火的制约，人类出现后，计划火烧多数在人为控制下开展，其理论依据是建立在草地火生态的基础上的。为此，对草地的更新复壮一定要遵循草地火生态基础；否则，容易对草地的发展带来不利影响。

(1)火烧促进草地更新

火烧可以烧掉枯落物层，提高土壤表面的温度，促进草地种子提前发芽，使草地植物提前生长7～10d，草地提前放牧。

草地种子能够忍耐高温。一般高温有利于草地种子发芽，增加更新数量。北方早春火烧，有利于草地更新，秋季火烧，则不利于草地更新。因为火烧增温，促使草籽萌发，随后进入冬季，使一些发芽草籽受冻害致死。火烧可以提高分蘖植物的分蘖密度，例如，大须芒草(*Andropogon gerardii*)、黄假高粱(*Sorghastrum nutans*)等，有利于牧草的分蘖繁殖。

火烧有时增加草地草量，但有时也会使草地草量减少，其中降水量是一个限制因子。一般降水量增多草量也随之增多。

对草地进行计划火烧，可以抑制灌木和乔木的发展，促使草本植物的发生。

(2)火烧可以改善饲草可食性

火烧后草质柔软，大型牲畜啃食比平时多2～3倍，并减少奔跑消耗。火烧地春季牧草蛋白质含量是未烧地的2倍。

火烧地上放牧，牛明显增重。火烧后形成的绿草对所有动物都有吸引力，小到啮齿动物，大到大象甚至鸵鸟。

在春季火烧地上，饲草或嫩条的蛋白质和钙、磷含量较高，而这时野生动物和牲畜恰好最需要。在热带雨林和平原地区，火的作用非常小。

(3)火烧复壮草场

由于过度放牧，草场单位面积载畜量下降，可食性草量下降，使那些有毒性杂草得以繁殖，不可食性草量增加，草场质量迅速下降。为使草场提高产量和质量，对草场要进行计划火烧。一方面可以烧除那些有毒杂草，刺激可食性草的生长。同时，火烧后，可以清除草地的枯落物，有利于改善草地生境，激发草根萌发，为草地尽快恢复提供生机。

草地若几年不进行火烧，枯落物增厚，不利于草类更新。

在湿草地上，定期火烧能不断改善草地的质量。如大兴安岭林区沟塘草甸，火烧第一年没有干草母子，第二年不会发生火灾。一般积累5a，干草母子较厚，就有可能发生较强的草甸火。火烧第一年，产草量为0.8kg/m^2，第二年为1.3kg/m^2，第三年为1.6kg/m^2，第四年为1.8kg/m^2，第五年为1. 9kg/m^2。如果以当年生长量计算，第一年为0.8kg/m^2，第二年为0. 5kg/m^2，第三年为0. 3kg/m^2，第四年为0.2kg/m^2，第五年为0.1 km/m^2。因此，生长量则依年次而减少。如果多年(10a以上)未烧草甸，在大兴安岭林区，火烧当年小叶章可高达1m多高，为上等盖房草。

综上所述，火烧可以消除草地枯落物，改善草地生态环境，刺激种子发芽和草根萌发，促进生长量大增，有利于草场复壮。

对于过度放牧的草场，适当采用计划火烧，消灭或抑制那些有毒杂草和不可食杂草的生长发育，刺激草场可食性杂草萌发、更新和复壮，提高草场质量，增加草产量。

频繁的火烧不仅会过度消耗草地地力，也会使草地退化。因此，对不同牧场，采用适当火烧，是完全必要的，但要按照当地草地火特点进行。

(4)火烧消除草地病虫鼠害

草地感染病虫鼠害，会显著影响草地的数量和质量，从而影响牲畜的产量。然而合理的计划火烧就可消灭或减轻这些灾害，促使草地复壮、再生。

火烧可以消灭草地病虫害。火烧以高温作用烧除虫卵、幼虫、成虫、茧和蛹，还可以消灭病原体。因而，可以预防病虫害的蔓延，改善环境，促使牧草正常生长发育。

利用火烧消灭鼠害及啮齿类动物。有时草地的鼠害极其严重，它们繁殖过量时，不仅会破坏草场，还会毁灭草地。还有些啮齿类动物有极强的破坏草场的能力。为此，进行计划火烧，消灭和减轻啮齿类动物的危害，可以促进草地复壮。

①在草地上火烧，火是高温体，可以直接将鼠类烧死。

②有些鼠类躲在地下洞穴中，可以逃避高温灼伤，但容易遭受烟的袭击，而窒息于洞穴中。

③采用计划火烧，可以烧掉地面枯落物，使鼠类失去躲藏地，容易遭受天敌的袭击，

使鼠类大大减少。

④用计划火烧控制草地火灾。草地火灾不仅使草地着火；同时，也是引起森林火灾的策源地。

大兴安岭林区为我国主要重点火险区，也是我国森林火灾最严重的林区，其中主要原因是该林区草地面积大，分布广，为该地区火灾策源地。为此，要想有效控制草地火或森林火灾，行之有效的办法就是计划火烧。

有计划的轮流火烧，一方面可以改良草场；另一方面，也可以有效地阻止大面积草地火的发生，减少草地可燃物的积累。

总之，采用计划烧除，可以更新草地，使草地复壮，同时可以消灭草地病虫鼠害，有利于草地的恢复和复壮。火烧可以控制草原火和草地火烧入林区，减少草地可燃物，降低草地燃烧性，维持草地良好生育环境，保证牧场安全。

7.4.3.4　火烧改良草场

目前，我国不论是草原还是荒山草地，发展大牲畜，发展饲养业，可使许多贫穷农村和牧区脱贫致富。因此，为提高饲草质量，采用火烧改良草场，已是当前一项广泛应用的措施。其方法是：计划火烧、飞机播种优良草种、草场休闲轮作等来提高牧草产量和改良牧草质量。

(1) 火烧改善了草原过度放牧的局面

我国西部有许多天然草原，这是我国的重点牧区。由于 20 世纪 50 年代以来，草原的牧业不断发展，使单位面积(草场)放牧数量增加，轮回放牧草场越来越少，出现过度放牧，使草场逐渐衰退，导致可食性草种减少，草场质量降低，直接影响牲畜的数量和产量。

为此，对于这些过度放牧的草场，应进行休闲改良和火烧。火烧要选择有利时机进行，火烧后，会促使那些过度啃食的草场复壮，刺激可食性草类萌发和生长。

(2) 火烧与飞机播种更新草场

在我国西部广大的草原，由于过度放牧，引起草场退化。一是草场数量明显减少；二是草场质量衰退，可食性草的质量也明显下降。如何迅速提高草场质量，是我国目前发展牧业的一项关键性问题。要进一步改善草场的牧草质量和数量，应该选择优良食草品种，取代那些质量不高的牧草品种。因此，在我国西部大面积草原上，对过度放牧草场及退化的草场，采用计划火烧，利用飞机播种优良草种以取代退化的低产草种，从而达到改良草场，更新草场的目的。

我国东南部和东部与森林镶嵌或毗邻的地区，有许多荒山荒地，有些是荒山草地，有些则是草甸子和沼泽地。一般农民都将这些土地利用起来发展畜牧业，作为饲养大牲畜的基地。现在南方利用这些草地饲养乳牛、肉牛、山羊、绵羊和许多毛皮动物，发展养殖业；并将这些草地改良种植饲料草，或是多年生豆科饲料草，以增加饲料生产基地。这样，既搞活了林区和山区经济，又充分发挥了土地的综合利用效益。

(3) 采用休闲轮作等综合措施，改良草场，提高草地生产力

对于大面积衰退草原，可以采用轮作措施，促使衰退草原恢复生机。如火烧促进草地恢复再生能力，通过休闲，恢复土地生产力。

在衰退草原杂草生长季节施撒肥料，增加土地肥力，促使草原禾本科草类再生，增加

其产量，使草场恢复生产力。

对于许多草地，改种豆科植物可改善饲料质量，同时又改良了土壤，增加地力，促使草量增加。

目前，我国东部各省农业发展迅速，同时，又大力发展养殖业，其发展迅速，大有超越西部的发展趋势。采用种植、养殖与利用沼气等多层结构，形成生态农业，既解决能源，又改善环境，还能促进生产发展，已成为我国各地的发展趋势。

我国西部有许多沙漠，附近的草原应严格控制计划火烧，否则，容易形成沙丘。这是由于火灾或火烧草被后容易引起风沙流动，使被固定的沙丘转变为流动沙丘，进而风沙吞食农田、村庄。

7.4.3.5 草原火管理

人类用火已有几十万年的历史，但古人在野地用火只有 1 万~2 万年的历史。因为自人类发明了摩擦取火、钻木取火后，人为火源才开始产生。计划火烧是近期采用的火管理方法，强调计划，即注意可燃物的种类、数量、气候、地形以及火行为。

目前，计划火烧在北美洲、大洋洲、非洲、欧洲应用较多，而亚洲和南美洲在计划火烧方面应用比较少。世界各地还广泛开展了土地用火管理。草原计划火烧的目的有以下几点：

①清除以前生长季节存留的非适口性植物。

②在限定的范围内，促进牧草生长。

③控制病虫害。

④控制非理想植物的侵入或发展，促进理想牧草，如豆科牧草的生长，既可改良土壤，又可改良牧草。

⑤促进优质牧草生长或控制灌木果实生产。

⑥帮助动物在牧场或某一管理地点上良好地分布。

⑦消除天然积累的可燃物。

⑧促进种子生产或果核开裂，并为其生长提供种床。

(1)管理目的

澳大利亚学者在雷电火、火山火以及土著人用火的影响下，发现植物在周期性火烧中幸存的性状：受热促进发芽，土壤种子长寿、受热促进果实中种子释放及与火相关的繁殖周期。每种植物都有自己延续生存的性状。从进化观点看，火是草地的一种自然现象，所有植物种群都有在某一火性状中生存的能力。

计划火烧要明确管理目的，并作为某一生态系统、景观区域或牧场长期管理策略的一部分。清晰的计划火烧，有助于选择正确的火性状，火烧效益也可被定量估计，并降低成本。管理目的有以下 5 项：

①控制木本植物。

②刺激饲草生长。

③减少野火发生。

④隔离火敏感的植被。

⑤保持生物多性样。

(2)制订计划

制订计划包括以下 2 个方面：①预计火生态影响；②估计火烧产生的经济效益。

火行为由可燃物类型和数量及当时气候条件决定。火生态作用决定于植物生活史和它们被火烧以后的反映，动物的生境和对食物的需要等。经济效益评估时，必须考虑火烧成本和长期经济效益。

①可燃物动态　可燃物连续有效火烧，面积不少于 80kg/hm²，从生禾草为 1500～2000kg/hm²。

②火频次　植物生活史是讨论火频次的一个重要因素，一般植物种类都适应本地火频次。

③火烧时间　一般情况下，大多数火烧选在干旱季节早期，干旱季节后期的火烧产生的强度大，难以控制。湿润季节早期的火烧可以杀死最近定居的幼苗。每年一次的湿润季节火烧能清除 1 年生植物。不同季节的火烧产生不同的牧草、树种组成和草地中不同的植物组成。在无季节性降雨地区，只要可燃物积累充足，全年都可进行计划火烧。

④火强度　高强度计划火烧可使木本植物死亡率最大，而低强度火烧可使灌木种子发芽率最少，范围最小。火强度受风速、温度、相对湿度的影响。

⑤计划火烧经济分析　要看短期效果，也要看长期效果，一次计划火烧能管 10 多年，但还要预测更长期的经济效果。

(3)火后管理

火烧后植被组成比例和分布范围主要受土壤湿度和温度影响，也取决于抽条和分布密度、土壤种子库中的种子数量及分布。

植被未覆盖之前，土壤易受到风蚀和水蚀，如果有潜在侵蚀问题，可进行斑块点烧。陡峭坡地、沙丘等易受火危害区应进行防火。

(4)大面积火烧方法

大面积火烧成功的关键是经验和准备。计划火烧经验可以从举办用火培训班和用火现场获得。

①制订火烧方案　在进行计划火烧前 6～12 个月，有必要制订一个实施计划火烧的方案。第一步是参观考察即将进行计划火烧的地区，了解植被分布、可燃物数量，要考虑景观地形的特点和风向，确定要火烧的地段，绘一张比例合适的地图，然后申报县级以上防火部门批准。

②准备防火隔离带　特别危险地区要开设防火隔离带，以防跑火成灾。防火隔离带应充分利用自然的和人为防火障碍物，防火隔离带宽度取决于火焰高度和飞火距离。在丛生禾草草地顺风方向 5～10m 宽为宜。

③点烧　决定何时点烧，依据可燃物燃烧信息和预测的湿度、风速、风向、风的持续时间及有效人力而定。火烧当天要听天气预报，在太阳落山前结束计划火烧。对没有经验的操作者，可以点烧一小片确定火速。点烧可采用滴油式点烧器或直升机投掷燃烧乒乓球。

④人力组织和物资准备　点烧现场要有指挥人员，指挥员要有经验或受过培训，对上级要负责。点烧要配备水车、通信设备及车辆，火场熄灭后，不能马上撤离现场，以防死灰复燃。

7.5 用火经济效果和生态效果评价

目前，开展计划火烧的效果究竟是好是坏众说纷纭，各地的效果也不一样。计划火烧后的效益评价，一般应包括：用火安全效益、技术指标、经济效益、生态效益、综合效益。但目前只能从经济效益、生态效益2个方面来评估。

(1)用火安全效益

采用计划火烧，应该达到安全用火的目的。点燃林地应在事先指定范围内。如果点火烧出了规定范围，就不是安全用火，应该按照超越面积计算负效应。各地进行火烧沟塘林地或火烧防火线等时，将火烧跑火的面积算为计划火烧的面积是错误的，这些超过的面积应该属于不安全的范围。只要正确计算，才能确保计划火烧安全程度。如果火烧不严格执行点烧标准，就会给计划火烧带来损失。同时，也会给计划火烧带来负效应。

(2)技术指标

应用火生态或者计划火烧都应该达到其经营目的。因此，火烧都要求达到一定的技术要求和技术指标。如火烧防火线，应将防火线上的可燃物和杂草完全烧尽，才能起到隔火作用。如果烧防火线还有5%以上的杂草和可燃物未烧尽，就需要再次进行烧除，否则无法达到标准。

火烧清理采伐剩余物和火烧清理林场，如果大枝桠没有完全清除，就需要返回继续工作。

(3)经济效益

计划火烧用于消除林内可燃物的积累和火烧防火线，只要掌握好用火安全窗口和火窗，就可获得明显效益。这是一种多快好省的方法。如用火烧防火线，按单位面积计算，火烧法要比人工割打法或翻生土带或用化学除草法，均便宜，只有几分之一、十几分之一或几十分之一。但火烧法有一定危险性，必须有严格的操作规程，必须有经专门培训的专业队伍。

评估经济效益的最简单方法是投入产出指标对比法。如清除林内可燃物，它的产出就是将积累的林内细小可燃物或采伐剩余物全部清出林内，减少林分的燃烧性；其投入可有多种方案，人工搬运或计划火烧，只要对比人工搬运和计划火烧的投入总价值就很容易得出谁优谁劣的结论。据大量经验表明，用计划火烧法清除林内可燃物要比人工法经济(便宜)得多。火烧法除有经济效益外还有其他效益，因此，世界各国都在推行计划火烧。

(4)生态效益

火烧的影响有的是短期的、有的是长期的；有的是明显的，有的是隐蔽的。因此，研究火的生态效益，只能通过长期固定观测，才能掌握。长期观测项目主要有植被的变化，土壤理化性质、养分、微生物变化，水流和水质变化，气象因子(微气象)变化等。火烧后是否对生态系统发生影响，可按下列几条标准衡量。

①火烧后树种更新情况，若能自我树种更新，则有利于维护森林生态系统良性循环。如兴安落叶松林火烧后仍为兴安落叶松林更新，则有利于维护生态系统良性循环；如火烧后破坏了森林生态系统功能和结构，则不利于维护森林生态系统平衡。

②计划火烧后是否逆行演替，若逆行演替则不利于维护生态系统平衡。若火烧后发生

顺行演替，则有利于维护生态系统平衡。

③计划火烧后能否维护物种的多样性，若能维护物种的多样性，则有利；相反，火烧后物种的多样性明显减少，则不利于生态系统的平衡。

④火烧是否超过系统的抵抗力和恢复力，若火烧超过了系统的抵抗力和恢复力，则不利；没有超过，则有利。

⑤火烧后是否能维持系统的自我调节能力，若火烧后不能维持系统的自身调节能力，则不利；能维持，则有利。

(5)综合评估

综合评估是对用火效果的全面评估，为此，应该将上述各项评估的效果折算成货币形式。将各种效益折合出总金额，才能计算出总经济效益。

本章小结

本章主要介绍了林火的应用，包括用火理论基础，火在减灾防灾中的应用，林火在森林经营中的应用，农、副、牧业中的生产用火 4 个方面。其中，用火理论基础从用火生态理论、植物的燃烧性、森林群落火性状 3 个方面来介绍，火在减灾防灾中的应用从以火灭火、以火防火、以火控制虫害、以火控制病害、以火控制鼠害、利用火控制气象灾害几个方面来介绍，林火在森林经营中的应用从营林用火工程概述、林火在森林培育领域的应用、在维护森林生态系统稳定方面的应用、火在特种林经营中的应用几个方面来介绍，农、副、牧业中的生产用火从农业用火、林副业生产用火、牧业生产用火 3 个方面来介绍。通过对本章的学习，可以学习到林火在各行各业的作用和地位，让学生深刻地理解林火和生产的息息相关。

思考题

1. 简述火的二重性。
2. 火在减灾防灾中都有哪些方式?
3. 林火在森林经营中的应用都有哪些?

推荐阅读书目

1. 应用火生态．郑焕能．东北林业大学出版社，1998.
2. 草原管理．哈罗德·F·黑迪．农业出版社，1982.
3. 草原火灾的预防和扑救．阎登云，李焕臣．内蒙古人民出版社，1987.
4. 草原防火．周道纬．中国农业出版社，1995.

第8章 气候变化与森林火灾

【本章提要】气候要素直接影响森林火灾发生的可能性，气候变暖增加森林火灾发生的频率、强度。气候变化通过影响可燃物理化性质来影响森林易燃性和燃烧性，对森林物种组成分布产生影响。本章通过介绍气候变化定义、厄尔尼诺和拉尼娜特征，阐述气候与森林火灾之间的关系。在章末提供森林火灾蔓延模型的学习，以供通过气象等因素预测火行为。

8.1 气候变化的定义

气候变化是指长时期气候状态的变化。通常用不同时期的温度和降水等气候要素的统计量的差异来反映。政府间气候变化专门委员会(IPCC)对气候变化的定义为，气候随时间的任何变化，无论其原因是自然变率，还是人类活动的结果。有别于《联合国气候变化框架公约》(UNFCCC)的用法。

《联合国气候变化框架公约》第一款中，UNFCCC将因人类活动而改变大气组成的“气候变化”与归因于自然原因的“气候变率”区分开来。气候变化(climate change)主要表现为3个方面：全球变暖(global warning)、酸雨(acid deposition)、臭氧层破坏(ozone depletion)，其中全球气候变暖是人类目前最迫切的问题。

改变地球能量收支的自然和人为物质与过程是气候变化的驱动因子。辐射强迫(RF)量化了1750年相比在2011年由这些驱动因子引起的能量通量变化。正辐射强迫值导致地表变暖，负辐射强迫值导致地表变冷。辐射强迫的估算是基于实地观测和遥感观测、温室气体和气溶胶特性以及基于利用可代表已观测到的各种过程的数值模式的计算结果。根据《气候变化2013：自然科学基础》中，IPCC报告指出，相对于1750年，2011年由混合充分的温室气体(CO_2、CH_4、N_2O和卤代烃)排放产生的辐射强迫为3.00。由这些气体浓度变化造成的辐射强迫为2.83。

气候系统的自然变化中，大气与海洋环流的变化是最重要的影响因素。这种环流变化是造成区域尺度气候要素变化的主要原因，大气与海洋环流的变化有时可伴随陆面的变化。人类活动对气候变化有着必然联系，近百年人类活动加剧气候系统变化的进程，人类活动与近 50a 气候变化的关联性达到 90%。

气候变化的主要表现：①全球变暖通过增加蒸发而增强水循环，蒸发速率越高，越多土壤会变得干燥，植被变得干枯。温度升高和植被变干枯又会导致该地区变得更加干旱。②气候变化引起森林植被和可燃物类型与载量的变化，从而改变林火行为。而森林燃烧排放的大量温室气体又对气候变化产生反馈作用。生物质燃烧释放的二氧化碳、一氧化碳和甲烷分别占人类活动排放总量的 50%、40%、16%。③天气变暖引起雷击火的发生次数增加，防火期延长。极端火险天气增加，导致大面积森林火灾更加频繁。

8.2　气候变化对森林草原火灾发生的影响

森林火灾是当今世界发生面广、突发性强、破坏性大、处置扑救较为困难的灾害。目前，全世界每年发生森林火灾数万次，被烧森林面积达数百万公顷，森林火灾导致的森林资源经济损失每年达几十亿美元。近年来，气候变暖和极端气候事件不断，也对森林火灾产生重大影响。气候变化对林火活动的影响，包括气象要素、上层大气模式和全球循环模式等对火动态的影响。

随着全球平均气温上升，日和季节尺度上，大部分陆地区域的极端高温事件将增多，极端冷事件将减少。在 IPCC 第五次评估报告中，认为很可能热浪发生频率更高、时间更长。到 21 世纪末，高纬度地区和赤道太平洋年降水可能增加。很多中纬度和副热带干旱区平均降水将可能减少，很多中纬度湿润地区的平均降水可能增加。

科学家撰写了一部关于全球变暖的危害报告，系统描述地球气温升高 1～6℃后，全球面临的灾难风险。其中，当气温升高 3℃，气候彻底失控。由于气温上升，现今占地 $100 \times 10^4 km^2$ 的热带雨林将频繁遭遇火灾。干旱导致亚马孙热带雨林无力防火，一个雷击都有可能引发热带雨林大火。一旦树木消失，亚马孙林地上取而代之的将是荒漠。

2010 年，全球出现一连串高温极值。美国国家海洋和大气管理局(National Oceanic and Atmospheric, NOAA)报告，2010 年的 6 月，是连续 304 个月全球表面气温超过了 20 世纪平均水平。2010 年夏季，北半球普遍高温，从 6 月开始，出现罕见的高温和干旱天气，俄罗斯莫斯科在 7 月 29 日的气温创造历史新高，达 39℃。整个夏季俄罗斯备受煎熬，森林大火在各处爆发，从远东到乌拉尔山脉都发生了火灾。过火面积达 $19 \times 10^4 hm^2$，造成 150×10^8 美元经济损失，相当于国内 GDP 的 1%。同年，中国西南地区发生严重干旱，降水少、气温高、持续时间长、干旱面积大。2011 年中国长江中下游异常大旱，浙江、湖南等地降水量为 1954 年以来同期最少，达到极端气候事件标准，很多干旱地区发生森林火灾。

气候变化引起全球变暖，极端事件发生的强度和频率增加，对森林生态系统尤其是高纬度的寒温带森林带来很大影响。自 20 世纪 90 年代以来，北大西洋表层水温上升与美国西部的干旱现象密切相关。极端天气和高频率、高强度的灾害存在某种联系。全球变暖、气候异常导致的长时间干旱增大了森林火灾发生的频率，加重了猛烈程度，同时也增加了扑救难度。

气候变暖不仅为火干扰发生发展提供直接的气象条件，而且为森林火灾提供间接的可燃物条件和火源条件。气候变暖背景下的火险天气出现的频率加剧、火源增加、可燃物不断积累和易燃性增强都对火干扰发生的频率和强度产生重要影响。

8.2.1 气候变暖对森林可燃物影响

(1)影响可燃物燃烧性

可燃物的燃烧性是由理化性质决定的，气候变暖将对可燃物理化性质产生重要影响，增加可燃物的易燃性，促成火灾发生发展可燃物条件的形成。气候变暖使降水格局重新分配，风速加快，导致长期干旱、高温和大风等火险性天气出现的频率增加。

气候变暖还会通过影响可燃物的燃点、热值和挥发油含量来影响森林燃烧性。干旱导致植物体内挥发油含量和油脂含量增加，增强可燃物易燃性。干旱胁迫下的苏格兰松，其挥发油含量和油脂含量比正常状况下分别增加 39% 和 32% 。火险高的地区长期处于干旱、高温之中，将进一步改变森林可燃物的燃烧性。

(2)影响可燃物积累

森林生态系统的生产力将随着气温和二氧化碳浓度的升高而变化。气候变化促进生产力提高，从而影响森林生物量的累积速率，改变可燃物的供给。随着全球性气温与湿度的变化，造成气候带及相应生态系统向两季移动。植被带迁移过程中，由于部分植被无法适应新的生境而死亡，导致大量可燃物积累。

气候变暖导致森林病虫害、干旱、洪涝等灾害，造成大量植被死亡，为森林火灾的发生提供充分的物质基础。

全球变暖引起大气二氧化碳浓度增加，土壤水热动态和养分发生变化，交互作用对凋落物分解产生重要作用。大气二氧化碳浓度增加可通过对植物和土壤生物的直接和间接作用而对凋落物的分解产生影响。"施肥效应"对森林凋落物产量和质量及根系分泌物具有不同程度影响，从而增加森林可燃物整体数量。

8.2.2 气候变化对火源影响

气候是火干扰的主导因素，全球气候变化导致可燃物空间分布与林分燃烧性发生变化，从而影响自然火源和人为火源的分布。气候变暖导致地表气温上升，使得地面和大气之间的对流增强，提高了发生雷击的概率。气候变暖使闪电的频率增加 30% ~ 40%，随着雷击频率增加，尤其是干雷暴频发，雷击火发生频率加剧。

气候变暖导致防火期延长，火险等级增高，极端火险天气增长，导致森林大火不断，因此火源管理变得更加困难。近 20a 加拿大的火险期延长 30d，中、高纬度地区，特别是北方林区对气候变暖尤其敏感。气候变暖导致我国大兴安岭林区雷击火增多，防火期延长。与过去相比，发生在非防火期的概率增大。

8.2.3 气候变暖对火环境影响

气候变暖为森林火灾的发生和发展提供适宜的火险天气，创造火环境，为森林燃烧提供气象条件。气候变暖对火环境的影响主要表现为火灾天气、火险期、火灾季节、引燃条件、林内小气候和氧气供应等。火干扰的动态变化往往是对气候变化的响应，通常，森林火灾频发出现在气温高、降水少的暖干时期。当气候为冷湿时期时，森林火灾频率极低。

气候变暖使林内小气候干燥，主要特点表现为：高温干旱天数增加、降水减少、相对湿度降低、风速增大，导致火险期延长，有利于火灾的发生和蔓延。

8.2.4　气候变化对草原火灾影响

气候条件的地带性分布决定植被类型分布特征。草原植被分布状况决定了火灾发生的空间分布。在全球变化背景下，气温逐渐增高而降水愈为减少是当下最显著的特征，导致我国大多数草甸草原和典型草原的退化趋势加剧。随着植被高度、盖度的降低，牧草产量也随之降低。草原地面可燃物的增减直接影响草原火灾发生的可能性。

据李兴华等人研究，以内蒙古草原火灾情况为例，表明在气候变暖条件下，草原火灾发生次数随着气温升高而降低。气候变暖导致该区域暖干化，牧草高度、盖度、地上生物量降低，从而使地面可燃物在减少；年降水量的增加导致草原火灾次数增加，在这一点上和森林火灾与降水量的关系不同；气候变暖而风速减小，使草原火灾发生后火蔓延速度减慢(李兴华等，2014)。

8.3　气象和森林火灾的关系

8.3.1　气象要素与森林火灾

与林火相关的气象要素很多，包括气温、降水、风向风速和空气相对湿度等，以及它们的各种组合。气象要素是决定林火发生发展的直接因子。

(1)气温

气温越高，水分越易蒸发，森林中的枯枝落叶和细小可燃物就会越干燥，越容易点燃。气温低时，即使有林火燃烧也缓慢。火险预报中经常用日最高气温来反映每日的火险气象等级，日最高气温越高，日火险等级越高。日最高气温和日最低气温之间的差值称为气温日较差，当气温日较差较小时，往往阴、雨、雾天气较多，火险较低；当日较差较大时，往往受高压控制，天气晴朗，白昼增温剧烈，午后风速增大，火险维持较高。

(2)降水

降水量越大或连续降水日数越多，火险越低。较大的林火绝大多数都是由自然降水或人工增雨作业增加降水量以后被浇灭的。连旱日数(即林区连续无降水日数，或降水量低于某一临界值的最长连续日数)越多，地被物越干燥，火险程度越高。

(3)风向、风速

在森林可燃物干燥易燃的情况下，风向和风速是制约林火蔓延速度、林火强度、火灾面积和扑救难易程度的决定性因素。风速大空气乱流强，很容易发生火旋风和飞火，火向上空窜，地表火就易发展成为树冠火，增加扑救难度。而突然改变的风向，则会将扑救人员置于非常危险的境地，极易造成人员伤亡。

(4)空气相对湿度

湿度越大，森林可燃物的含水量越高，越不易被引燃，火险越低。空气相对湿度是气温、降水等气象因子共同作用的结果：气温高，则湿度低；降水多，则湿度大。

天气是指一个地区各种气象要素在一段时间内的综合体现，地面天气状况与高空气温和气压场的变化紧密相连。易产生干燥、高温、大风的天气系统易诱发林火，如影响我国南方的副热带高压系统。这个系统处于副热带地区，水平尺度上千千米，是下沉空气压缩增温形成的燥热暖高压，它移动缓慢，甚至停止不动。由于辐散作用，终日碧空无云，日射增强，蒸发量大，地被物较为干燥，易发生森林火灾，江西、湖北、湖南、四川西部7～8月多有森林火灾发生，主要是受副热带高压带的影响。相对湿度与森林火灾发生关系见表8-1。

表8-1 相对湿度与森林火灾发生关系

相对湿度(%)	火灾发生状况	相对湿度(%)	火灾发生状况
>75	不会发生森林火灾	30～55	可能发生较大森林火灾
55～75	可能发生森林火灾	<30	可能发生特大森林火灾

一个地区的气候状况是指在一段较长的时间内(如季、年或更长的时间尺度上)，所表现出来的冷、暖、干、湿等气候要素的趋势和特点，既包括一般或平均情况，又包括极端状况。它与天气状况既有区别又有联系，气候是天气变化的背景，天气则是气候背景上的振动。事实上，大面积森林火灾，特别是特大森林火灾的发生，绝不是偶然的。从气候角度来考察，它都有一个孕育的过程。森林火灾的发生往往具有明显的地域性和季节性的特点，并且随着气候条件的准周期变化，森林火灾的多发年和少发年也有准周期的振动。就北半球来讲，较大的森林火灾一般发生在北回归线以北直达北极圈。在高纬度地区，夏季由于日照时数增加，在气候干燥的时段也可以发生森林火灾。从冰岛开始，经过北欧的斯堪的纳维亚半岛、俄罗斯欧洲部分和西伯利亚、我国的大小兴安岭和长白山、朝鲜、日本北海道、加拿大、美国的落基山脉及加利福尼亚与华盛顿等州形成一条“森林火灾带”，在干旱年份，火灾大量发生。

8.3.2 厄尔尼诺与森林火灾

厄尔尼诺是一种反常的自然现象。主要指太平洋东部和中部的热带海洋的海水温度持续性异常变暖，导致世界气候发生变化，造成一些地区干旱另一些地区降水量过多。厄尔尼诺现象具有周期性，全过程包括发生期、发展期、维持期、衰减期，大约2～7a发生一次。

森林火灾的发生需要具备一定气象条件、可燃物条件和火源条件。其中，气象条件是引发森林火灾的决定性因素(图8-1)。据统计，厄尔尼诺现象导致全球性气候异常，使许多地区出现一系列气温升高、干旱现象，对森林火灾的发生具有重要影响。人们称持续时间超过5个月的为“厄尔尼诺事件”。厄尔尼诺事件导致全球降水量高于正常年份，这将导致太平洋中东部及南美太平洋沿岸国家洪涝灾害频繁，而印度、印度尼西亚、澳大利亚一带出现严重的干旱。1976年，澳大利亚受厄尔尼诺现象影响，发生森林大火，烧毁森林及草原面积达$1.2\times10^8hm^2$，占国土面积的1/7，有“世界火海”之称。

厄尔尼诺的主要影响范围包括美洲、东亚、大洋洲和非洲西部部分地区，特别是太平洋两岸与洋中岛屿受到的影响更为明显。中国华北地区、印度尼西亚、美国南部、巴西、非洲西部和澳大利亚大部分地区气候变干，东亚、北美和南美大部分地区气候变暖，太平洋两岸有小部分地区气候变湿。在气候同时变得干燥和温暖的地区，就越容易发生森林火灾，包括印度尼西亚、巴西、美国南部。如1994年澳大利亚新南威尔士州森林大火和

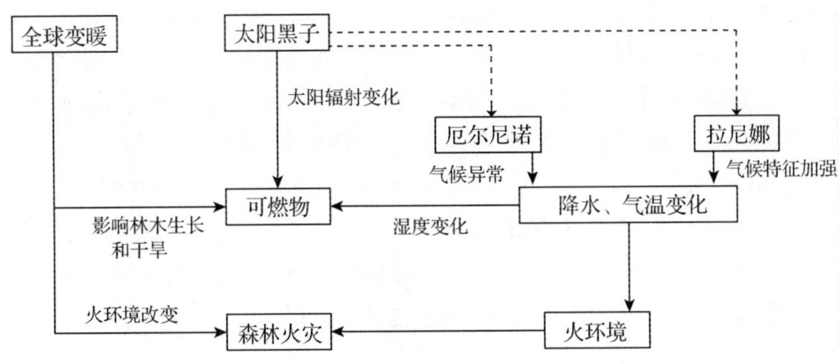

图 8-1　气候异常对森林火灾的影响途径

1997 年印度尼西亚和马来西亚的森林大火都是由厄尔尼诺现象引起的干旱导致的森林火灾。

从历史火灾数据看，我国特别重大森林火灾大多发生在黑龙江和内蒙古大兴安岭林区，并且集中出现在“厄尔尼诺年”，这表明我国东北林区的气候在很大程度受厄尔尼诺现象影响(表 8-2)。

表 8-2　厄尔尼诺现象与我国东北森林火灾

年份	地　点	过火面积 ($\times 10^4 hm^2$)	ENSO 事件
1955	黑龙江省呼玛县	10	
1966	黑龙江省大兴安岭	54	厄尔尼诺
1972	黑龙江省大兴安岭	47	厄尔尼诺
1977	黑龙江省绥棱	35	
1987	黑龙江省大兴安岭	133	厄尔尼诺
1994	内蒙古呼盟红花尔基	6. 71	厄尔尼诺
1995	内蒙古大兴安岭大杨树	6. 71	拉尼娜
1996	内蒙古	30	
1997	内蒙古大兴安岭	5. 8	厄尔尼诺
1998	内蒙古大兴安岭	5. 8	厄尔尼诺
2000	黑龙江省大兴安岭	1. 21	
2000	黑龙江省黑河	3. 52	
2002	内蒙古大兴安岭	1. 31	

厄尔尼诺的出现时常伴随极端气候发生，是导致亚洲季风异常和中国旱涝发生的关键因素。当厄尔尼诺发生时，赤道中东太平洋大气对流活动变得活跃，出现异常上升运动，而西太平洋处于高气压，此时对流活动受到抑制。这样的海—气相互作用直接影响热带地区的气候，导致对流活跃的地区发生暴雨洪涝灾害，而对流受到抑制的地区则会出现干旱。厄尔尼诺持续的时间将会延长洪涝发生时间，出现暖冬现象。

自 1951 年赤道中东太平洋发生 14 次厄尔尼诺事件后，全球很多地方出现极端干旱、洪涝灾害。据资料显示，1983 年全球性厄尔尼诺导致南美洲多国洪水频发，东南亚大部分地区、印度南部、澳大利亚和新西兰等地区出现持续干旱；1998 年中国长江流域和东北松花江流域出现特大暴雨洪涝。2015 年海温异常，赤道中东太平洋对流活动变得活跃，西太平洋对流活动受到抑制，导致我国华南地区、长江以南大部分地区秋季和冬季降水明显增多。2014—2015 年我国冬季气温普遍偏高，2015 年全球地表气温和中国路面温度创下观测以来最高纪录。使得我国华北地区、河套地区、内蒙古中部和环渤海地区降水显著减少，造成一些地区夏季严重干旱。此次厄尔尼诺持续时间长达 20 个月，于 2015 年 11 月达到峰值，强度超越 1983 年和 1998 年，成为 1951 年以来最强一次厄尔尼诺。

我国 9 月 15 日至 11 月 15 日为秋季森林防火期，生长季已过，植物体内水分较低，树木开始落叶，造成林内可燃物堆积、干枯，变得易燃。此时，如果气温升高，将会导致可燃物更加干燥，发生森林火灾的可能性大幅增加。

8.3.3 南方涛动和森林火灾

南方涛动(Southern Oscillation)指印度洋地区气压与南太平洋地区气压呈反向变化。

南方涛动指数(Southern Oscillation Index，SOI)是指太平洋厄尔尼诺或拉尼娜事件在太平洋发生的发展和强度。使用塔希提岛和达尔文两个观测站的海平面气压之差来表示。SOI 值的大小表示南方涛动的强弱。SOI 为正值时，对应拉尼娜事件；SOI 为负值时，对应厄尔尼诺事件。厄尔尼诺事件主要发生在海洋，南方涛动则主要发生在大气，两者存在着紧密的“海—气”相互作用，相关系数在 -0.75 ~ -0.57。

南方涛动与厄尔尼诺合称为 ENSO。ENSO 发展过程划分为 3 个阶段：

①先兆阶段　春季初南美沿岸出现增温之前的时段。

②发展阶段　异常条件发展时期。

③恢复阶段　异常条件衰亡，正常条件逐渐恢复时期。

ENSO 引发世界范围内多处区域极端天气。尤其是太平洋沿岸国家受到影响最大。西玛德博士(A. J. Simard)收集全美国 53a 的森林火灾数据，将全美国森林火灾活动值标年际变化与 ENSO 进行对比分析。第一次揭示了美国森林火灾年际变化与厄尔尼诺现象之间存在的关系。

1990 年，Thomas W. Swetnam 和 Julio L. Betancourt 以美国西南部地区近 300a 历史火灾数据，从南方涛动指数(SOI)角度，进一步研究森林火灾年际活动和 ENSO 的关系。他们的研究表明，亚洲大陆上的森林燃烧并非仅决定于发火当时的气候气象条件，也与南方涛动的活动有关。森林火灾活动与南方涛动异常的关系似乎在 SOI 极值时期反映最强烈。

1991 年，Jim Brenner 是首位提出用中太平洋海表温度(Sea Surface Temperature，SST)和塔希提—达尔文(SLP)指数建立森林火灾季节预报模型设想的人。

国内首次正式提出森林火灾重灾时段概念及可预测性的，是东北林业大学的王述洋。1989 年，王述洋根据我国大兴安岭地区森林火灾年际变化的分析，运用灰色系统理论中灾变预测的思想，提出森林火灾“重烧年”的概念(该提法已不再使用，而是以“重灾年”或“重灾年景”代替)。这是国内外关于森林火灾年过火面积可能异常突出年份中长期预测的首次成功尝试。ENSO 期间及翌年，由森林火灾引起的过火林地面积异常突出，其中所有重灾时段均伴随厄尔尼诺事件发生。

针对 ENSO 事件和太阳黑子对森林火灾的影响和其他灾害引起的森林火灾，更应该注重做好预防灾害工作：

①加强对森林火灾长期预测的研究，提高对灾害的认识。灾害不是单一存在，经常还

会引发其他性质的灾害，使灾害复杂化、多样化。因此，全球气候升高和气候异常会打破地球水循环，引起局部洪涝和干旱。而干旱直接导致森林火灾的发生，洪涝则会引起可燃物载量增加，进而增加发生森林火灾的概率。

②建立森林火灾预测系统，做好森林火灾监测工作，做好森林火灾预测预报，有利于为扑火资源储备与调配提供指导，提升森林火灾扑救成功率，减少森林火灾面积与火灾损失。

③加强森林火灾预防，根据森林火灾发生规律，采取适当措施，减少易燃可燃物的积累。利用生物措施，提高森林抗火性，减少森林火灾发生概率。

④加强我国林火扑救能力。较大森林火灾往往与特殊天气条件密切相关，及时注意火灾影响因素。同时，注重初始扑火能力，减少因火灾蔓延而造成的进一步损失。

8.4　气候变化对森林火灾成灾面积的影响

气候变化在一定程度上影响了自然火源和人为火源的分布，影响了可燃物的空间分布及燃烧特性。有研究表明未来气候变化可能导致我国东部植被带的北移，尤其是北方落叶松林的面积减少，这种植被分布的改变将在一定程度上影响森林火灾的分布。

森林火灾的发生于气候和天气条件密切相关。气候变化会引起森林植被和可燃物类型与在两的变化，改变林火行为。随着温度的升高，大部分区域的发生火灾频率将增加。气候变暖会增加潜在的火灾风险，并导致火险期延长，进而引起可燃物干燥，导致林火发生次数与强度增加。Spracklen 根据历史数据，认为 21 世纪 50 年代美国西部年均火烧面积将增加 54%，太平洋西北森林和落基山脉森林火灾面积将分别增加 78% 和 175%。中国东北地区 2071—2100 年潜在火灾将增加 10%～18%，火险期延长 21～26d；2081—2100 年中国寒带森林的火发生密度将增加 30%～230%。Parisien 根据加拿大区域气候模型进行模拟，在二氧化碳倍增情景下，出现潜在极端火行为的天数将增加 4 倍，平均火烧强度增大。火强度增加导致火蔓延速度增大、特殊火行为增多、火烧面积增加。Flannigan 根据不同生态区的历史天气与火天气指数和火烧面积的分析，结合 2 个全球气候模式(CGCM1 和 HAD-CM3GGA1)预测，认为 21 世纪末加拿大火灾面积将平均增加 74%～118%。

全球气候持续变暖，特别是极端天气事件增加，导致森林火灾频发。2007 年希腊发生 150 年来最严重森林火灾；2010 年俄罗斯发生 130a 来最严重森林火灾。2007—2010 年美国发生一系列大面积、高强度森林火灾。中国的夏季森林火灾与全球趋势一致。近些年，大兴安岭林区火险天气日益严峻，火险期延长、发生火灾频率增加，经常形成重、特大森林火灾。特别是 2002 年 7 月，内蒙古大兴安岭北部原始林区发生建国以来最大一场夏季火，先后出现大小 19 个火场、几十个火点，造成 $1.6 \times 10^4 hm^2$ 的原始林被烧毁。火灾共投入扑火人员 16 678 人，动用 7 架直升机，此次火灾扑救规模仅次于 1987 年“5・6”大火。

东北林业大学杨光等人对 1961—2010 年大兴安岭历史森林火灾数据分析后，预测大兴安岭夏季火险期平均 FWI 值高于春季、秋季火险期平均值。2010—2099 年夏季火险期平均 FWI 值比 1961—2010 年增加 34%，夏季火险期成为高火险期。随着时间推移，高森林火险涉及的区域将不断扩大，增加的比重也会不断加大。

气候变化背景下，中国极端天气气候事件的频率和强度出现明显变化。自 1950 年以来，全国平均霜冻日数减少大约10d，寒潮时间频数显著下降，长江中下游流域和东南丘陵地区夏季暴雨日数增多比较明显，而中国西北东部、华北大部分和东北南部干旱面积呈增加趋势。

8.5 森林火灾趋势模型及预测

从近年火灾数据显示，森林火灾次数、受害森林面积均有上升趋势。当前和今后一段时间内，受气候变化影响，森林可燃物分布格局、载量均有显著变化，导致火险等级提高。2002 年以来，森林火灾发生有所增加，1999—2007 年年均火灾次数为 8700 次，年均森林受害面积为 145 671hm^2；其中，1999—2002 年年均火灾发生次数为 6468 次，年均受害森林面积为 56 905hm^2；2002—2007 年年均次数为 10 486 次，年均受害森林面积为 220 285hm^2。后者火灾次数增加 62.12%，受害森林面积增加 287.11%。Stocks 使用加拿大森林火险等级系统(FWI)和气候模式输出结果进行耦合，用来预测未来加拿大森林火险变化，得出未来森林火险严重程度将增加。

火险天气等级，是根据每天主要火险要素，如气温、相对湿度、风速、风力、降水、可燃物含水率等因素，按照特定方法计算得出的级别。以森林火灾和气象等资料为基础，制定《中华人民共和国气象行业标准森林火险气象等级》，于 2006 年 6 月 22 日发布，2007 年 10 月 1 日实施(表 8-3)。

表 8-3 森林火险天气等级划分

级别	名称	危险程度	易燃程度	蔓延扩散程度	表征颜色
一级	低火险	低	难	难	绿色
二级	较低火险	较低	较难	较难	蓝色
三级	较高火险	较高	较易	较易	黄色
四级	高火险	高	易	易	橙色
五级	极高火险	极高	极易	极易	红色

森林火险是森林火灾发生的可能性和蔓延难易程度的一种度量指标。

林火天气指数 FWI (fire weather index)是影响林火天气的各个气象要素的有机结合，是指示林火发生危险程度的量化指标。FWI 是研究气候变化对林火动态影响的重要媒介，文献报道中各国学者所应用的林火天气指数有所不同，加拿大、美国、澳大利亚、西班牙等都有应用于全国范围的林火天气指数系统，且各系统都有几十年的应用历史，长期资料的积累非常有利于研究林火天气指数对气候变化的响应。

预期气候情景下林火动态的预估主要是通过计算预期气候情景下的林火天气指数来进行的，研究方法为把 GCM 和 RCM 相结合产生的预期气候情景下的模拟气象数据输入 FWI 系统，结合 FWI 与林火动态各因子的统计相关性，在假设林火动态对当前及未来气候具有相同响应方式的基础上，对未来的林火动态各因子作出预估。预估结果表明，21 世纪更暖的气候条件下，加拿大北方林地区林火状况将更加严峻，至 2050 年过火面积将比现在增加 44%，火险期延长 22%，林区西部的林火周期将由现在的 25 ~ 234 a 缩短至 80 ~ 140 a；至 2100 年过火面积会比现在增加 118%~ 740%。俄罗斯、美国西部、澳大利亚、地中海等区域的研究中也得出了基本一致的结论。预估结果也表明，未来林火状况的变化存在很大的区域性差异，如2050年加拿大东部地区林火周期将延长至700 a。

林火蔓延模型是应用数学的方法对各项参数进行处理，从而获得各变量之间的关系式，通过把数据输入关系式来预测一段时间、一定环境条件的火行为，从而为林火管理部门提供决策的依据。国外常见的林火蔓延模型有美国的Rothermel地表火蔓延模型、加拿大林火蔓延模型、澳大利亚草地火蔓延模型、Van Wagner树冠火蔓延模型和我国的王正飞林火蔓延模型。

(1)澳大利亚草地火蔓延模型

1960年以来，麦克阿瑟(A. G. McArthur)、诺布尔(L. R. Noble)、巴雷(G. A. V. Bary)和吉尔(A. M. Gill)等人，经过一系列研究和改进，最终得出草地火蔓延速度指标，公式如下：

$$R = 0.13F \tag{8-1}$$

当$M<18.8\%$时，$F=3.35We^{(-0.0897M+0.0403V)}$

当$18.8\%\leqslant M\leqslant 30\%$时，$F=0.299We^{(-1.686+0.0403V)\times(30-M)}$

式中　R——火蔓延速度(km/h)；

F——火蔓延指标，量纲为1；

W——可燃物负荷量(t/hm^2)；

M——可燃物含水率(%)；

V——距地面10m高处的平均风速(m/min)；

e——自然对数的底。

(2)王正林林火蔓延模型

王正林先生通过对林火蔓延规律研究，得出林火蔓延速度模型为：

$$R = \frac{R_0 K_w K_s}{\cos\theta} \tag{8-2}$$

$$R - \frac{I_0 l}{H W_0 W_t} \tag{8-3}$$

式中　R——林火蔓延速度(m/min)；

R_0——水平无风时林火的初始蔓延速度(m/min)；

K_w——风速修正系数，量纲为1(表8-4)；

K_s——可燃物配置格局修正系数(表8-5)；

θ——地面平均坡度；

I_0——水平无风时的火强度(kW/m)；

l——开始着火点到火头前沿间的距离(m)；

H——可燃物热值(J/g)；

W_0——燃烧前可燃物质量(g/m^2)；

W_t——燃烧后余下的可燃物质量(g/m^2)。

(3)加拿大火蔓延模型

林火蔓延面积(t时间内)的计算模型为：

$$A = K(Rt)^2 \tag{8-4}$$

表 8-4 风速修正系数 K_w

风速(m/s)	1	2	3	4	5	6	7	8	9	10	11	12
K_w	1.2	1.4	1.7	2.0	2.4	2.9	3.3	4.1	5.0	6.0	7.1	8.5

表 8-5 可燃物配置格局修正系数 K_s

可燃物类型	K_s
枯枝落叶厚度 0~4cm	1
枯枝落叶厚度 4~9cm	0.7~0.9
枯草地	1.5~1.8

式中 A—— t 时间后的林火面积(m^2 或 km^2);

K——面积形状参数(长短轴比);

R——林火蔓延线速度(m/min, km/h);

t——时间(min, h)。

其中,K 与风速(林内 10m 处)呈曲线关系,或根据风速查出 K。

林火蔓延周边长计算公式为(t 时间内)

$$P = K_p D \tag{8-5}$$

式中 P——t 时间后的林火周边长(m 或 km);

K_p——周边形状参数;

D——林火蔓延距离(m 或 km)。

其中,K_p 可由 $K(V/B)$ 表查出,D 可由蔓延速度乘以时间得出(R_t)。

(4) 罗森迈尔(Rothermel)地表火蔓延模型

它要求可燃物是比较均匀,$\varphi < 8$cm 的各种级别的混合物,且假定较大类型可燃物对林火蔓延的影响可以忽略。应用“似稳态”概念,从宏观尺度描述林火蔓延,因此要求燃烧床参数、地形地势等在空间分布是连续的;动态环境参数不能变化太快。

Rothermel 的林火蔓延模型如下:

$$R = \frac{I_R \xi (1 + \varphi_w + \varphi_s)}{\rho_b \varepsilon Q_{ig}} \tag{8-6}$$

式中 I_R—— 火焰区反应强度[kJ/(min · m^2)];

ξ —— 传播通量与反应强度的比值(无量纲);

φ_w—— 风速修正系数(无量纲);

φ_s—— 坡度修正系数(无量纲);

ρ_b—— 可燃物排列的颗粒密度(kg/m^3);

ε —— 有效热系数(无量纲);

Q_{ig}—— 引燃热(kJ/kg);

R —— 林火蔓延速度(m/min)。

(5) Van Wagner 林冠火蔓延模型

$$I_0 = [0.010CBH(460 + 25.9M)]^{\frac{3}{2}} \tag{8-7}$$

式中 M —— 树叶的湿度;

CBH—— 树冠基地高(m),通常用枝下高代替。

如果在第 i 个节点地表火的强度达到或超过 I_0，将引发树冠火。

树冠火的类型依赖于主动树冠火的开始速率 RAC，计算公式为：

$$RAC = 3\frac{O}{CBD} \tag{8-8}$$

其中，CBD 是树冠火密度（kg/m^3）；3.0 是经验值，由树冠层连续火焰的临界流动速度[$0.05kg/(m^2 \cdot s)$]和转换因子（60s = 1min）相乘得到。一共定义了 3 种树冠火，但是最后一种独立树冠火发生概率极低，所以主要介绍前 2 种：

①被动树冠火（$I_b \geq I_0$，$R_{cactual} < RAC$）；

②主动树冠火（$I_b \geq I_0$，$R_{cactual} \geq RAC$）。

本章小结

本章主要介绍了气候变化与森林火灾，包括气候变化的定义、气候变化对森林火灾发生的影响、气候变化对森林火灾成灾面积的影响、森林火灾趋势模型及预测。其中气候变化对森林火灾发生的影响从气象和森林火灾的关系、厄尔尼诺和森林火灾、南方涛动和森林火灾三方面介绍，森林火灾趋势模型及预测从火险等级系统和火蔓延模型两方面来介绍。

思考题

1. 简述气候变化的定义。
2. 气候变化对森林火灾的发生都有哪些影响？
3. 厄尔尼诺和拉尼娜事件具有什么特征？
4. 简述火蔓延模型的种类。

推荐阅读书目

1. 变化中的生态系统：全球变暖的影响．Julie Kerr Casper．高等教育出版社，2012.
2. 气候变化地球会改变什么？肖国举，张强．气象出版社，2013.
3. 中国区域极端天气气候事件变化研究．管兆勇，任国玉．气象出版社，2012.
4. 气候变化情境下中国林火响应特征及趋势．王明玉，舒立福．科学出版社，2015.

草原概况与火险区域

【本章提要】草原生态系统是全球重要的生态系统组成之一，也是地球分布最广的一种植被类型，对植被分布、气候调节和生物多样性各方面起着重要影响。草原受气候等因素的影响，在全球有广泛分布范围。其中，中国也是世界上草原最为丰富的国家之一。本章从基本定义、草原特点与分布对全球草原分布状况做一定介绍。

9.1 中国草原分布

中国是世界上草原资源最丰富的国家之一，草原总面积将近 $4\times10^{8}hm^{2}$，占全国土地总面积的40%，为现有耕地面积的3倍。据中华人民共和国国家统计局2016年统计年鉴数据，截至2014年年底，我国草原总面积为 $3.92\times10^{8}hm^{2}$，累计种草保留面积为 $2.31\times10^{7}hm^{2}$，当年新增种草面积为 $7.57\times10^{6}hm^{2}$。从气候和地理位置来看，中国的草原主要分布在西北部高山峻岭地区，那里气候干旱、风沙较多。其中，草原火灾受害面积达 $1.18\times10^{5}hm^{2}$。

9.1.1 中国草原分区

中国草原一般可以划为五个大区：东北草原区、蒙宁甘草原区、新疆草原区、青藏草原区、南方草山草坡区。在员旭江《草原防火》一书中，根据草原植被和自然环境条件，另分为5个地区，和上文提及的划分方式相似，下文的草原划分以《草原防火》中内容为主。

(1) 东北、内蒙古东部温带半湿润半干旱草原区

该地区位于我国东北部，包括东北三省以及内蒙古东部以及陕甘黄土高原部分。东北平原海拔在200m，四周山地高700~1500m。内蒙古高原、鄂尔多斯高原和黄土高原海拔在1000~2000m之间。东部的气候属于半湿润，西部则属于半干旱。年降水量750mm，平原部分500mm，大兴安岭以西的草原300~350mm，高原中部200~250mm，≥10℃积温南北变动于1300~3200℃。

草原是该地区的主要植被，分布于东北平原的中北部及其周围的低山、丘陵、台地上及内蒙古高原的中东部、鄂尔多斯高原和黄土高原。分为3个亚型，由东向西呈带状分

布，东北及内蒙古东部边缘为草甸草原。内蒙古中部、鄂尔多斯东部和黄土高原为典型草原。内蒙古的乌盟、巴盟和鄂尔多斯西部为荒漠草原。

草甸草原水分充沛，土壤肥沃，牧草产量较高，产干草1000~2000kg/hm^2。典型草原的草群高度、盖度以及产草量均不如草甸草原，产干草800~1500kg/hm^2。荒漠草原由于水分贫乏，草裙盖度一般不大于30%。高度20~30cm，产草量每公顷300~750kg。

(2)内蒙古西部甘新温带干旱荒漠区

该区位于我国西北部，包括内蒙古阿拉善盟、河西走廊、新疆及青海的柴达木盆地，地域非常广阔，区内地形单调，主要是高原、盆地、高山、谷地相间分布。气候干燥，山地外年降水量在200mm以下，≥10℃积温2200~4500℃。

本区地带性植被是荒漠，由于土壤和基质不同，形成不同的荒漠类型。草原类型以山前平原和高平原荒漠、山地荒漠草原和典型草原、高寒草甸为主。

(3)青藏高寒草原、荒漠区

该区位于我国西南部，包括青海、西藏及甘肃的西南部，四川、云南的西北部，地理上通称青藏高原。全区地形复杂，周围大山环绕，内部山岭重叠、河流交织，主要由高山、高原、湖盆和谷地组成复杂的地形。气候极端恶劣，气温年较差小、日较差大、干湿季和冷暖季变化分明。

植被分布由东南峡谷区的常绿阔叶林、寒温针叶林到高原上的高寒灌丛、高寒草原、高寒草甸，最终抵西北部的高寒荒漠。

(4)华北暖温带半湿润、湿润落叶林灌木草丛区

该区位于我国华北地区，北起西辽河、冀北山地，南至秦岭淮河，包括河北、山东全省以及辽宁、山西、陕西、甘肃和安徽等省的一部分。区内地形西部多山地，东部为丘陵，中间为华北平原。≥10℃积温为3200~4500℃，无霜期6~8个月，雨量东部沿海为600~900mm，西部为400~500mm。

天然植被为落叶阔叶林及干草原。由于人类长期垦殖，天然草地罕见，能供放牧利用的草地多为山地暖性灌木草丛。

(5)华南亚热带、热带湿润常绿林灌木草丛区

该区包括我国秦岭—淮河以南广大的亚热带和热带地区。区内山地、丘陵、峡谷、盆地交错，河流纵横，地形极为复杂，海拔除西部云贵高原为1000~2000m之外，其余地区均低于1000m，南岭山地1000m，最高峰1500m。气候受印度洋季风和太平洋季风影响，热量丰富，雨量充沛，≥10℃积温在4500℃以上，年降水量1000~1500mm，北部降雨将少，南部沿海珠江流域雨量增加，高达2000mm。植被在海拔500~700m以下的丘陵坡地上，因森林长期遭受破坏而不能恢复，而形成了热性灌木草丛植被。

9.1.2　中国草原类型

根据生物学和生态学特点，可以将草原划分为4个类型：

(1)草甸草原

草甸草原主要分布在松辽平原和内蒙古高原的东部边缘。种类组成丰富、覆盖度大、生产力较高、草群中含有大量中生杂草类。

(2)典型草原

典型草原主要分布在内蒙古高原、东北平原西南部、黄土高原中西部及阿尔泰山、天山和祁连山的一定海拔高度地区。与草甸草原相比，种类丰富程度显著降低、盖度减小、生产力降低。草群中以旱生禾草占绝对优势。

(3)荒漠草原

荒漠草原主要分布在内蒙古高原中部、黄土高原北部、祁连山和天山等地。它是草原植被中旱生程度最强的一类。在种类丰富程度、草原高度、群落盖度和生产力等方面都比典型草原明显降低。群落生态组成除旱生丛生禾草外，出现大量旱生程度更强的超旱生小半灌木。

(4)高寒草原

在海拔较高、气候干冷的地区所特有的草原类型。主要分布在青藏高原、帕米尔高原和祁连山及天山海拔较高处。以耐寒旱生的多年生草本、根茎苔草和小半灌木为建群种，并出现垫状植物和其他高山植物种，草群稀疏、低矮、盖度小、层次结构简单、生产力低。

9.2 世界草原分布

草原是地球生态系统的一种，也是地球上分布最广的一种植被类型。草原与相关植被类型之间通常会出现一种动态平衡。通常干旱、火灾或放牧密集的时段有利于形成草原，其他时间段，比较湿润的季节和没有重大干扰时，有利于木本植被生长。草原夏季温和、冬季寒冷、春季或晚夏有明显的干旱期。由于土壤层薄、降水量少，草群较低、植物无法广泛生长，地上部分高度大多不会超过1m，以耐寒的旱生禾草为主。其他草原类型出现在气温低寒，乔木无法生长的地方，如高山或者高处林木线以上。南半球湿冷部分的典型草原为丛生草原，以丛生或群集的禾草为主；热带草原主要出现在高山林木线上方。气候是制约草原分布的关键因素，世界上各种草原的形成都与气候条件密切相关；同时，气候又制约着草原的分布。

按照气候干旱程度，世界上的草原主要分为热带草原和温带草原等多种类型，热带草原通常位于沙漠和热带森林之间，温带草原通常位于沙漠和温带森林之间。热带草原主要出现在非洲撒哈拉沙漠以南和澳大利亚。温带草原主要出现在北美洲、阿根廷和横跨亚欧大陆乌克兰到中国的一大片区域带，但是这些地区的草原因为受到农业活动而大幅改观。具体分布如下：

(1)北美洲草原(Prairie)

北美洲草原，从加拿大一直到美国得克萨斯州，跨30°~60°N，89°~107°W，海拔100~400m，受大西洋水汽影响，年降水量在600mm以上。

(2)南美洲草原(Pampas)

南美洲草原地势平坦。南美洲西部有安第斯山脉，东部受大西洋气流影响，降水量很大。南美洲潘帕斯平原分布于南部和中部，主要在阿根廷和乌拉圭境内，位于29°~39°S之间。巴西占据南美大陆北部，亚马孙河流经其中部，植被是热带雨林，然而南部为稀树草原。

(3)非洲草原(Vold)

非洲大陆的草原位于大陆南部的南非境内，是海拔1000~2000m的侵蚀高平原，受印度洋气流影响，降水量由西北向东南递增，最高可达1000mm。非洲大陆中部则是大片稀树草原(Savanna)。

(4)大洋洲草原

大洋洲位于赤道以南热带地区。澳大利亚的地形为台阶式海岸平原，由不高的山脉围绕，阻挡海洋气流侵入。广大内陆是中央低地，海拔在100~200m之间，年降水量在250mm以下，以大面积荒漠为主，占总土地面积的44%。只有草原四周边缘，特别是东南及北面有茂盛的草原。

新西兰是多山国家，地理位置适宜、气候温和、全年有雨，因此草地终年常绿。人工草原面积比农业耕地面积大14倍，所以新西兰的畜牧业高度发达。

(5)欧亚大陆

欧亚草原带自欧洲多瑙河起，经俄罗斯的欧洲部分，南起黑海，北接北高加索和伏尔加一带向亚洲延伸，东达鄂毕河，与蒙古和中国北部草原相接，形成欧亚草原带。

9.3　草原特性

(1)草原构成的整体性

草原是由大气、土地、生物和生产劳动4种因素构成的整体。不同的气候条件，形成不同土壤并生长相应的植物群落，以及与此相适应的生物，并形成一定的草原类型和草原畜牧业生产形式。当其中一个因素发生变化，草原整体将发生相应的变化。

(2)草原分布的区域性

受太阳辐射与地球自身的地理环境特点影响，在地球上形成多种多样的草原生态环境。草原形成的条件不同，其性质、数量、组合特征和生产性能也不同。同一类草原，不同的海拔、坡度、坡向，其生态环境也不尽相同。

(3)草原资源的可更新性

大气条件变化具有周期性，受年际和季节变化，使土壤肥力也可以周期性恢复。牧草、家畜和野生动物的不断繁殖、生长与死亡，使草原资源也在不断更新变化。

(4)草原资源发展过程的不可止性

草原资源在人类生产活动干扰下，由不断运动和发展的大气因素、土壤因素和新陈代谢的生物因素所构成。在人类能够干预之前，草原的发展比较缓慢，在人类有能力对草原干预后，随着社会生产力的发展，草原的发展变化也更加迅速、激烈和明显。

(5)草原资源有限性与生产潜力无限性

在一定时间内，地球上的陆地面积、水资源和到达地面的太阳辐射在数量上是一定的。同时，在一定社会发展和技术水平条件下，人们能利用的草原范围和类型也是有限的。但随着社会的发展，人类可以利用现代科学技术改善草原生产条件，培养优良品种，提高光合利用率和单位面积的草原生产力，因此，从这方面来说，草原生产潜力是无限的。

9.4 我国草原火险区域

中国是典型的季风性气候，夏季盛行海洋热带气团，湿热多雨；冬季盛行大陆极地气流，干燥寒冷；春秋处于大陆季风流的过渡时期。

降水量分布，由南向北有规律地逐渐降低，由东向西，随着距离海岸线越远，降水量逐渐减少、蒸发量增强。

气候、土壤、地形等自然因素对植被的生态作用，决定了草地类型呈地带性分布，因而决定了农牧业的结构方向，也决定了草原火险区域的地带性分布。

我国草原火灾区域性分布大致可分为：东北区、内蒙古区、暖温带区、新疆区、青藏高原区和南方草山区，分述如下：

(1)东北草甸草原火险区

东北区三面山脉环绕，只有南面临海，形成明显的环状地形。东部为绵延的长白山地，西部以大兴安岭和内蒙古高原为界，北部至大兴安岭林区，中间包围着侵蚀和冲积相互构成的广大平原。东北草原火险区，北部主要分布在东北平原的中北部及其周围的丘陵，以及大、小兴安岭和长白山脉的山前台地，南部在西辽河区域。草地类型多样，生长茂密，水分充足，土壤肥沃，牧草产量较高，可燃物很多，为重要的畜牧业生产基地。

(2)内蒙古干草原火险区

本区包括大兴安岭以西、阴山山脉以北，呼伦贝尔高原、内蒙古高原，以及河北坝上地区。主要由森林草原带、干草原带和山地草原带组成，生产能力较高，产鲜草3750～7500kg/hm^2，是天然的优良草原。历史上曾多发草原大火。

(3)暖温带灌木草丛火险区

主要分布在甘肃东部、宁夏、陕西、山西、河北的部分山丘、沟谷，介于燕山和秦岭山脉之间，地形割裂、沟塘纵横。灌木和草本结合，为牛羊等牲畜的放牧场。

(4)新疆草原火险区

主要分布在阿尔泰山，准噶尔界山的山地草甸，在天山为不完整的，以及塔里木盆地北部边缘，准噶尔盆地西部和北部边缘的草原牧场。塔城南湖、库尔勒博斯腾湖周围的滨湖草场常有地下火存在，时隐时现。

(5)青藏高原草地火险区

包括西藏东部、青海大部，四川西北部、云南西北部以及甘肃南部等地的森林草原过渡带和沼泽化草甸。

(6)南方草山火险区

本区以秦岭—淮河阴山一线为界向南，主要包括亚热带和热带地区的山地，自然生长可供畜牧业利用的各类草地，以热性灌木草丛和稀树草丛为主。

本章小结

草原生态系统是全球重要的生态系统组成之一，也是地球分布最广的一种植被类型，对植被分布、气候调节和生物多样性各方面起着重要影响。草原火险区域主要分布在我国东北区、内蒙古区、暖温带区、新疆区、青藏高原区和南方草山区。草原火灾不仅对经济和社会带来巨大损失，也影响畜牧业的发展和森林草原安全与生态系统平衡。

思考题

1. 简述世界草原的分布。
2. 简述我国草原火险区域划分。

推荐阅读书目

1. 变化中的生态系统：全球变暖的影响．Julie Kerr Casper．高等教育出版社，2012.
2. 草原管理．哈罗德·F·黑迪．农业出版社，1982.
3. 草原火灾的预防和扑救．阎登云，李焕臣．内蒙古人民出版社，1987.

草原火灾基本理论

【本章提要】燃烧的发生都遵循三要素，即可燃物、助燃物和一定温度。森林火灾与草原火灾在具体特征下有所差异。本章从草原燃烧发生原理、特征、影响因素等方面介绍草原火灾。同时，从发生原理的角度学习如何防范和扑救草原火灾，培养火灾发生前后的意识和准备。

10.1　草原火原理

草原火灾基本理论主要是研究草原火的性质、燃烧现象、火行为、草原火发生发展的基本规律和环境因子之间的关系。研究和掌握草原火灾基本理论，在草原火预防、扑救和管理用火的工作中，都具有重要意义。

10.1.1　草原燃烧

燃烧是一种发光发热的化学反应，在燃烧过程中，可燃物质与氧化合生成新物质。燃烧反应不仅强调是一种化学反应，而且还强调必须伴有发光和放热现象。

燃烧时发光的原因，一是由于白炽的固体粒子，如火焰中的碳粒；二是某些不稳定的中间物质。燃烧放热是因为在化学反应时有旧化学键断裂和新化学键生成。断键时要吸收能量，成键时又放出能量。燃烧反应中，断键时吸收的能量要比成键时放出的能量少。所以燃烧都是放热反应。

10.1.1.1　燃烧分类

燃烧分类在不同书中有不同分类方法，但主要是以下几种：

(1)着火方式

按照着火方式不同，燃烧可分为强制着火和自发着火。

①强制着火　是通过一个外部的能源引起，可燃物质在接近火源处，火焰局部地开始起燃，然后开始传播。

②自发着火　可燃物质不需外界提供能量，靠自身内部的某种物理或者化学过程提供能量自发着火。一般可燃物质和空气接触会发生缓慢的氧化过程，但速度很慢，析出的热

量很少，同时不断向四周环境散热，不能像燃烧那样发出光。如果温度升高或其他条件改变，氧化过程就会加快，析出的热量增多，不能全部散发掉就积累起来，使温度逐步升高。当到达这种物质燃烧的最低温度(着火点)时，就会自行燃烧起来，这就是自发着火，又称为自燃。

(2)燃烧时可燃物状态

按照燃烧时可燃物的状态不同，燃烧可分为气相燃烧和固相燃烧。

①气相燃烧　燃烧反应在进行时，如果可燃物和助燃物均为气相，那么这种燃烧叫做气相燃烧(又称为均相燃烧)。气相燃烧的特征是有火焰产生。气相燃烧是一种最基本的燃烧形式，多数可燃物燃烧时呈气相燃烧。

②固相燃烧　燃烧进行时，如果可燃物质为固相，那么这种燃烧为固相燃烧(又称为表面燃烧)。固相燃烧的特点是没有火焰产生，只产生光和热。

(3)燃烧过程的控制因素

按燃烧过程的控制因素不同，可分为扩散燃烧(物理混合控制)和动力燃烧(化学反应控制)两类。

①扩散燃烧　如果可燃物与助燃物的混合是在燃烧过程中进行的，即一边混合一边燃烧，那么这种燃烧称为扩散式燃烧。在这种燃烧体系中，化学反应速度相当快，在短时间内不能消除在空间中的气体成分和温度的不均匀性，结果，在空间存在着物质的浓度梯度和温度梯度。这种梯度造成热量的传递和物质的扩散，其方向分别指向温度和浓度比较低的区域。即反应物向火焰区扩散，而燃烧产物和热量向背离火焰区的方向扩散。显然，在这种燃烧中，化学反应速度要比扩散速度快的多。因此整个燃烧速度的快慢由扩散(物理混合)速度决定，扩散的数量决定烧掉的数量。

②动力燃烧　如可燃物与空气(或其他氧化剂)均匀混合好，并且完全是气相，那么遇火源发生的燃烧称为动力式燃烧。在这种燃烧中，混合物已经均匀分布，不需要再混合，所以燃烧速度主要取决于化学反应速度和热扩散速度。动力燃烧特征是反应物质不扩散，而反应区和热在混合物中向未反应区运动。

10.1.1.2　草原燃烧

草原燃烧是自然界中燃烧的一种现象，草原中的任何可燃物在氧化时能放热和发光的化学反应，都称为草原燃烧。

火具有两重性，在草原燃烧中也有体现，一方面具有破坏性，一方面则是有益的。草原火灾是指失去人为控制，在草原开放系统内，自由蔓延和扩展，给草原生态系统和人类带来一定损失的破坏性燃烧。在草原管理中，利用火烧作为一种工具，我们必须灵巧的利用它，并将火限制在预定的区域内。必须控制火的强度和蔓延速度，以达到规定的目的。这就是规定的火烧，即计划火烧，是一种有益的草原燃烧。

草原贮存能量过程是缓慢的，而草原燃烧释放能量的过程十分迅速。草原燃烧是在高温作用下，进行快速的氧化反应。它们用化学反应式来表示，即为颠倒的光合作用的化学反应过程。

10.1.2　燃烧原理

燃烧现象的发生需要一定的条件，如果不具备这些条件，燃烧就不会发生。

草原燃烧必须具备3个要素，即可燃物、助燃物和火源(一定温度)。这三者构成燃烧三角，如果破坏其中任何一边，燃烧三角就会破坏，燃烧就会停止。

因此，人们可以通过改变某个要素来控制燃烧，例如，在可燃物挥发的可燃气体与空气的混合物中，如果减少可燃气体的比例，那么燃烧速度会减慢，甚至停止燃烧。

燃烧在空气中进行，是可燃物与空气中的氧进行反应，至于氮气或其他气体不参加燃烧。如果改变空气中氧的含量，便可以改变物质的燃烧速度。可燃物在纯氧中能获得最大的燃烧速度，而空气中的氧含量低至14%~16%时，可燃物就会停止燃烧。

通过改变体系的温度也可以达到控制燃烧的效果。如果给燃烧体系供给更多的能量，燃烧会更加剧烈。相反，如果将燃烧体系的能量不断地大量取出，燃烧速度会越来越慢，直至停止燃烧。

燃烧要素是制定防火措施和灭火措施的主要依据，一切防火措施都是不使之引起燃烧的条件所形成；一切灭火措施都是破坏已经形成的燃烧三角来达到灭火目的。

草原燃烧过程是相当复杂而不易控制的。从被点燃到熄灭的整个燃烧过程是一个化学反应过程。点燃是热量输入速度大于热量输出速度，导致燃烧系统的温度急剧增高，而熄灭则相反。草原可燃物都是固体燃料，在着火之前，必须转化为气体状态，才能开始燃烧。气体本身在生成的不同阶段，其化学与物理性质不同，这些差异又取决于时间、温度和供氧状况。

就一般而言，可燃物的燃烧可划分为以下3个燃烧阶段：

(1)预热阶段

在外界火源的作用下，可燃物温度逐渐上升。开始时大量水分被蒸发，温度上升缓慢，伴随产生大量的烟，有部分可燃性气体挥发，还不能进行燃烧，这时可燃物呈现收缩而干燥，是处在点燃前的状态，这段时间为预热阶段。

(2)气体燃烧阶段

随着可燃物的温度继续上升，可燃性气体被点燃，当可燃物达到燃点之后，大量可燃性气体挥发，温度急剧上升，燃烧产生黄红色火焰，并产生二氧化碳和水蒸气，这段时间即为气体燃烧阶段。

(3)木炭燃烧阶段

木炭燃烧即固体燃烧，也就是表面炭粒子燃烧，也称表面燃烧。其特点是温度高、热量大，最后剩下灰分，燃烧即熄灭。

草原火灾的燃烧过程虽然遵循这3个阶段，如果可燃物非常干燥，这3个阶段的时间会很短。这一特点决定草原火灾的易发性和扑救的艰难性。草原燃烧是在开放系统中的燃烧，与氧的混合速度不易得到准确控制。另外，草原火灾的燃烧是随着时间而增加其能量的，又受到当地环境的相互作用，形成一种变化复杂的现象，因此草原火灾的燃烧过程是难以控制的。

10.2 草原火源和火灾种类

10.2.1 草地火源

火源是草原燃烧的三要素之一，当草原中存在一定量的可燃物，并且具备引起草原燃烧的火险天气条件时，草原是否能着火，关键取决于火源。因此，研究火源对草原火灾预防有着重要意义。草原火灾的火源虽然很多，但是总体分为人为火源和天然火源两类。

(1) 人为火源

由于人类活动形成的火源称为人为火源。草原火灾 95% 以上都是人为火源导致，由人们用火不慎所引起。主要分为生产性用火火源和非生产性用火火源。

生产性用火火源是指人类从事农、林、牧、副业及工矿交通运输等企业单位生产用火；非生产性用火火源，一般有在山区草地狩猎、发展副业、吸烟、生火做饭、取暖、上坟烧纸、小孩玩火等。

(2) 天然火源

它是一种自然现象，天然火源主要是雷击火、滚石撞击火花、火山爆发、陨石坠落、草原中堆积的草垛和杂草长期腐败以及地下腐殖质干燥发生自燃等。

10.2.2　草原火灾种类

10.2.2.1　根据草原火灾发生地表上下位置分类

草原火灾的种类由草原植被的性质决定，草原火主要以地表火为多，一些有腐殖质层和泥炭层的草场，也有地下火。

(1) 地表火

地表火按照蔓延速度分为 2 类：

①急进地表火　火蔓延速度快，速度通常可达 4km/h 以上，这种火往往燃烧不均匀，常留下未烧的地块，危害较轻。火烧迹地呈长椭圆形或顺风伸展呈三角形。

②稳进地表火　火蔓延速度缓慢，速度一般在 1 ~ 3km/h，火烧时间长、温度高、火强度大、燃烧彻底，能烧毁所有地被物，对草原危害较重，火烧迹地为椭圆形。

在森林草原地带，当火的强度较高时，可形成间歇型树冠火；在有腐殖质层和泥炭层的地带，也可形成地下火。

(2) 地下火

草原地下火是指草原地表以下可燃物的燃烧现象。根据燃烧深度的不同可分为浅层地下火和深层地下火。

①浅层地下火　浅层地下火一般是由地表火通过圈底、沟塘杂草落叶腐殖质层而引起的地下可燃物燃烧，一般深度不超过 50cm。

②深层地下火　深层地下火常常发生在泥炭层比较厚的草原地区，如滨湖草场。多为地下水位下降、腐殖质和泥炭层变干，可燃气体积聚而自燃引起，也有地表火烧入地下可燃物而引起。其特点是持续在地下蔓延或燃烧，一旦地面有大风天气，地下通风条件增强，地下火可烧出地面，引发地表火。如新疆博斯腾周围的芦苇草场，由地下可燃物自燃和地表火烧入形成的地下暗火，已存在多年，时隐时现，形成无数灰坑，深度 50 ~ 200cm 不等。遇到大风天气，时常会引发地表草原火灾。

10.2.2.2　根据草原火灾的受害面积和危害程度分类

据此草原火灾可分为 4 类。

(1) 草原火警

受害草原面积 $100hm^2$ 以下，并且直接经济损失在 10 000 元以下的。

(2)一般草原火灾

受害草原面积100~2000hm^2、直接经济损失10 000~50 000元、造成重伤10人以下、造成死亡3人以下、造成死亡和重伤合计10人以下(其中造成死亡3人以下)的。

(3)重大草原火灾

受害草原面积2000~8000hm^2、直接经济损失50 000~500 000元、造成重伤10~20人、造成死亡3~10人、造成死亡和重伤合计10~20人(其中造成死亡10人以下)的。

(4)特大草原火灾

受害草原面积8000hm^{2}以上、直接经济损失500 000元以上、造成重伤20人以上、造成死亡10人以上、造成死亡和重伤合计20人以上(其中造成死亡10人以下)的。

10.3 影响草原燃烧的主要因素

10.3.1 草原可燃物

草原可燃物的理化性质包括以下几点:

(1)可燃物的化学成分

草原可燃物所含的有机物质，一年生草，纤维素含量约占95%；多年生草本植物纤维素占8%~39%；木本可燃物中纤维素占75%，木质素占15%，其余10%为油类、蜡质、树脂、松节油以及矿物质。

(2)燃烧热(也称发热量或热值)

草原可燃物在燃烧时，单位重量的可燃物完全燃烧掉所产生的热量。发热量是在燃烧时能量的一个重要指标。在一般情况下，以1kg的可燃物完全燃烧时产生的热量来计算，发热量与可燃物的种类和含水量有关，可燃物的发热量大小取决于可燃物本身的理化性质。在草原中，以木本植物最高；其次是草本植物；最低为地衣苔藓类。

(3)可燃物含水率

草是吸湿性物质，它能快速吸湿并与周围空气交换水分。因此，当可燃物含水率较高时就不易燃烧。反之就容易燃烧，蔓延速度也快，强度也大。

10.3.2 草原的可燃性分析

草原上的草本和木本植物都是可燃物质。按照草原火的燃烧程度，以草原植被生长情况和燃烧条件可以把草原分为三大区类，即易燃区类、可燃区类和难燃区类。

10.3.2.1 易燃区类

易燃区类是指草高在50cm以上，亩产干草量在200kg以上，气候干旱多风的高草区。这包括:

(1)疏林(林缘)草甸

在森林与草原接壤地区，地形起伏割裂，受森林与草原气候的交替影响，形成了植物种类复杂的林缘草甸，森林分布是稀疏散生的，或岛状存在。如大兴安岭两侧林缘杂草类草甸，沿高原侧坡向西南延伸的山坡林缘草甸等。

林缘草甸植被类型多种多样，生长茂密，覆盖度可达90%以上，一般高度在60~

80cm 或以上，发生火灾多，常以草原、森林火灾并发或相互蔓延，火势凶猛，是我国草原火灾的多发区。

(2)草甸草原

一般出现在森林附近。由旱生的多年生禾草占优势，并有大量杂草类群落的重要成分，主要分布在内蒙古和北部丘陵状高平原，东北松嫩平原的缓丘坡地、大兴安岭山前台地、丘陵。草群发育茂盛，草高达 60～80cm，覆盖度达 70%～90%，产草量高，容易发生火灾，是我国草原火灾多发地区。

(3)干草原

我国干草原具有广阔的景观，植被有均匀的一致性。处于半干旱的气候环境，热量充分，春旱现象严重，多年生丛生草本植物占优势，混有一定数量的旱生小灌木，草原高度可达 60～80cm，覆盖度约 50%～60%，生产能力较高，亩产草约 125～250kg，草原燃烧条件和程度比较高。我国干草原在内蒙古高原有广泛的发育，向西南延伸至黄土高原。是我国草原火灾的多发区。

(4)大陆草甸类

大陆草甸是在地形起伏、平原低地，水分、温度都处于中度条件，生境适宜，植物可以茂盛生长。主要由中生的多年生草本植物组成，生境适宜时，常发育为高大的草群。草层高 50～80cm，覆盖度 70%～90%。草甸分布广泛，但多分散片状。在东北三江平原、辽河平原的低湿地、坨甸地以及华北区林缘等有广泛分布，为良好的割草场和放牧场，干枯季节容易发生火灾。

(5)山地(亚高山)草甸类

山地草甸发育在地势倾斜，排水良好的中山和亚高山山坡。常是森林被破坏后，不能恢复而生成的次生植被。主要由温性中生的多年生草本植物组成，在山地垂直带，疏林、草原和草甸植被交错分布，草层高度达 60～100cm，可分为两层，上层主要为高大的禾草，亚层在 60cm 以下，主要由杂草类组成，覆盖度达 70%～90%，产草量高。燃烧条件和程度较高，为我国草原火灾多发类型。山地草甸在我国北方山地、沟谷有广泛的分布。

10.3.2.2　可燃区类

可燃区类是指草高在 15cm 以上，亩产干草 75～200kg 的低草区或旱季的南方草山区。

(1)灌木草丛类

灌木草丛出现于暖温带的山上、沟谷、严重侵蚀、地形割裂、潮湿的砾石基质的地区。主要由喜暖温的、旱中生的多年生草本植物和一定数量的中生的灌木，形成明显的草本层和灌木层结构。草本层高 60～80cm，覆盖度 60%，常为分散片状。灌木层高 1m 以上。主要分布在暖温带地区，如冀北山地、华北地区、晋东南山地、黄土高原中西部等地，燃烧条件和燃烧程度一般，为可燃区类草原。

(2)山地草原类

山地草原植被具有混合性质，出现在山地垂直带上，兼有高山、森林、干草原和荒漠草原各类型特具的植物，植被类型复杂多样，草层高度 15～70cm 不等，覆盖度 30%～50%，产草量中等，燃烧条件和程度一般，在我国新疆天山、阿尔泰山、内蒙古、甘肃、宁夏等山地，山间盆地都有分布。

(3)山丘草丛类

山丘草丛主要分布在我国南方亚热带和热带的低山丘陵，向北延伸至暖温带地区，西部高原出现在垂直带上。气候温热的旱中生多年生草本为优势种，经常伴有灌木和稀疏的乔木种类。草本层一般高 50~60cm，总覆盖度 60%~90%，有时完全由草本层层。气候干燥季节，可发生火灾。

(4)山地稀疏草丛类

山地稀疏草丛主要发育在亚热带山地的上部、林线以上。并向南北延伸至热带和暖温带的山地，海拔一般在 700~1000m 以上。气候湿润多雨，枯草期 3~5 个月不等。主要由中生的多年生禾草和杂草类组成，有稀疏的灌木。草本层一般高度 60~80cm，枯草季节可发生草原火灾。

(5)沼泽草甸类

沼泽草甸发育在土壤潮湿、地下水丰富、溢出为短期的地表水或为季节性积水造成潮湿的生境。草群高 15~35cm，常伴有芦苇等禾本高草。覆盖度 60%~90%，沼泽草甸多分散片状，主要分布于四川西北部高原，散见于我国温带地区，如东北、华北及其他平原低地沟谷、溪流河岸、湖泊滩地。泥炭积累可形成地下火，长期隐伏，时隐时现。在干枯或冰冻季节，可能发生地表火。

(6)低位草本沼泽类

低位草本沼泽发育在平坦低洼潮湿的地面，湖泊附近和冲积的谷地，有机物质分解困难，促进泥灰的积累。草层高 30~50cm，覆盖度 60%~80%，主要分布于东北三江平原的低地、高河漫滩、河岸阶地的低洼地，青藏高原的东北部和散见于各地平原低洼部分，枯草或冰冻季节可能发生火灾。

(7)丘状草本沼泽类

在过湿和低湿的环境中草本植物残迹有机质不能完全分解，泥炭逐渐积累，高出地面，形成丘状沼泽植被。草层高 10~30cm，覆盖度 70%~80%，主要分布于青藏高原东北部、若尔盖高原、东北三江平原、大兴安岭北部。丘状草本沼泽植被在干枯季节和冰冻季节可发生火灾。

(8)附属利用的草场和人工草场

林间草场等附近利用的草场和人工草场，分散、片状分布，燃烧条件和程度一般，有时可发生草原火灾，分布连续性差的人工草场很少发生火灾。

10.3.2.3 难燃区类

难燃区类是指草高 15cm 以下，亩产干草 75kg 以下的荒漠草原区和低温的高密草甸区。

(1)荒漠草原类

荒漠草原生境干旱，总覆盖度 30%~40%，高度约 20~30cm，亩产草 40~60kg，产草量随降水量很不稳定。主要分布在内蒙古中北部和鄂尔多斯高原的中西部地区，以及宁夏中部、甘肃东部、黄土高原北部及西部，新疆的低山和坡麓产草量较低，燃烧条件和程度较低。

(2)草原化荒漠植被

主要在新疆盆地北部，内蒙古荒漠的边缘为狭窄的带状分布。产草量较低，可燃物不多。

(3)干荒漠类草原

在我国西北部有广泛的发育，主要以旱生的小灌木和小半灌木为优势种，地表裸露，产草量低，不容易发生火灾。

(4)高寒荒漠类草原

主要在青藏高原西部和北部，喀喇昆仑山脉地区的主要盆地，海拔4500~6000m，植物生长环境十分严酷，燃烧条件不足。

(5)高寒草原类

高寒草原主要分布在青藏高原的北部、东北部、西北部以及我国西北部高山，如昆仑山、天山、祁连山的上部，草层高度一般在15~20cm，覆盖度30%~50%，燃烧条件和程度较差，不易发生火灾。

(6)高寒草甸类

主要生长在高原和高山上部。主要分布在青藏高原的东北部、四川西北部，其他在我国西北、西南部的高山也有广泛分布。草群高度3~10cm，覆盖度70%~90%。常为分散的片状。这一地区气候低温，草层低矮，不易发生火灾。

10.3.3 天气

天气条件的变化，能直接影响可燃物的湿度变化和火灾发生的可能性。对草原火发生有明显影响的主要气象要素，有如下几种：

(1)风对草原燃烧的影响

风能加速水分蒸发，促使地被物干燥，风能助燃。有风空气流畅，增加助燃剂——氧气。风不但能降低草原湿度而且还能提高火险等级，使小火可以迅速扩展为大火。草原火灾扑灭后，由于个别隐火的存在，在风的作用下还能产生死灰复燃。草原失火发生燃烧，风可以补充燃烧过程中所消耗的氧气，促使燃烧速度加快，提高可燃物的燃烧性。

火借风势，风助火威。风还可以加快气流交换，大风可以使草原失火转嫁于建筑物、动力机械设备、森林、畜群和人类等。

(2)温度对草原火灾的影响

大气温度对草原火灾也有一定影响。草原植被在生长之后，高温高热的天气，可使绿色植物干旱而枯荒至死，成熟植物水分迅速蒸发，进而提高可燃物的温度，增加发生火灾的因素。大气温度直接影响空气湿度和草原的相对湿度。温度高相对湿度低，草原植被就容易形成燃烧现象。根据一些地区的调查统计，白天与夜晚有温差变化，相对湿度也随之变化。白天比夜晚温度高，白天草原容易发生火灾，同时，白天的火灾蔓延速度比晚间快。内蒙古历年来发生的草原火灾，有80%是发生在10：00到16：00，早晚发生的火灾很少，夜间几乎没有。

(3)降水量对草原火灾的影响

降雨(雪)能直接影响草原可燃物湿度的变化。雨水、冰雪可使树木、杂草、地被物失去燃烧性。即便是防火紧张期，经常下雨、下雪也会减少草原起火的危险性。因为雨雪可以浸湿地面，使植被包含水分，杂草、灌木及树木的枝叶挂满雨滴雪片，可燃物内部水分过高，空气相对湿度明显增大，因此就不易发生火灾，有火也不易传播扩散。另外，天降大雨、大雪会明显降低气温，火势逐渐减弱。水是天然的灭火剂，它的性能和作用，在自然界中也曾有过惊人的显示。我国南方草原区火灾多发生在干旱、少雨季节的上午。内蒙古、东北草原区火灾集中在春秋两季。青藏草原区常集中在11~12月。新疆草原区一般火灾发生在4~9月。

霜、露、雾等对草原植被也有一定影响，使可燃物含水率增加10%。经有关部门试测，可燃物含水量小于10%，极易发生火灾。

(4)连年干旱对草原火灾的影响

一般连续干旱的天数越长、气温越高、湿度越小，地被物也越干燥，促使绿色植物死亡加剧，易发生草原火灾。但是低草区、高草区、荒漠区因干旱亩产草量要相对减少，从这方面看，干旱年份提供的可燃物量也受到强烈的限制，因此，如若失火由于产草量不足也不易广泛蔓延，扑救比较容易，火灾损失和危害相应的会减小。

10.3.4 地形

影响草原火灾的地形因素主要有坡向、坡度、坡位。

(1)坡向

燃烧物质向着太阳和风时易干燥。实践证明，阳坡易引起火灾且传播速度快。阴坡却相反。

(2)坡度

坡度大小可影响可燃物湿度的变化。坡度大可燃物容易干燥，同时，燃烧时的对流气柱向高空扩散程度高，这样易使坡度大的坡面上的可燃物接近气柱辐射热量的机会相对增加，从而上山火燃烧猛烈而迅速。且又由于存在斜面，燃烧物还会滑动滚下点燃新的燃烧点。

(3)坡位

坡位不同，地被物多少和干旱程度也不同，火灾蔓延的速度也不同。在低凹地，丛草多、产量高、火燃烧猛烈，不易扑救。山顶和陡坡岩石裸露处，可燃物稀少，不易燃烧，火到自灭。在平原，随着产草量的多少而会直接影响其燃烧程度。

10.4 草原火行为

草原火行为是指可燃物点燃后，所产生的火焰和火蔓延以及发展过程的特征，也就是一场火从开始发生到发展直至减弱而熄灭整个过程所表现的特性。草原火行为包括火焰高度、宽度、长度、深度、火的蔓延速度、火的强度和火烈度等。

草原火蔓延速度极快，易形成暴发火，甚至在草并不高的情况下也是如此。草类可燃物在温度并不太高、风也不大的情况下会迅速引发一场大火，其火焰高度为1~1.3m，并能产生200℃以上的高温。

草原火潜在蔓延速度大，方向不定，速度多变。

10.4.1 草原火蔓延

草原在着火之后，火就会向四周不断扩展和蔓延，这与热的传播方式有着密切关系。

热的传播方式一般有 3 种，即热对流、热辐射和热传导。对草原火蔓延起作用的主要是热对流和热辐射。

(1) 热对流

热空气比冷空气轻，草原火发生后，燃烧的热空气就向上运动，周围冷空气随着不断补充便产生对流，并往往在燃烧区的上方产生对流柱，这种对流柱要积聚燃烧释放的大部分热量(大约 75%)，在风的作用下，容易产生飞火现象。

(2) 热辐射

是以电磁波的形势向各个方面进行直线传播，辐射热的强度与两物体间距离的平方成正比，即离燃烧区 10m 的可燃物得到的热量，只是离燃烧区 1m 的可燃物所得热量 1/100，因此，燃烧越快，辐射传热就越强烈。

10.4.2　火焰的发展

火焰发展有 3 个基本类型。

(1) 无风、无坡火焰

这种火焰形态的特点是形成垂直火焰，它是辐射对流热能在有限范围内传播所造成的。清晨与夜间发生在无风、无坡、高湿条件下的草原火具有这种火焰形态。火缘近似于等距的向火源四周传播蔓延。

(2) 坡地火焰

由于火焰垂直发展，无风、无坡情况下发生的草原火用于预热周围可燃物的辐射、对流热数量有限。草原火发生在坡地，情形就不同，此时的火焰形态以水平方向为主。这种火焰形态差异扩大了用于预热可燃物的辐射、对流热能。发生在坡地上的草原火蔓延形状呈椭圆形、火头窄。

(3) 风驱火焰

风驱火焰的特征是形成水平火焰。水平火焰中以辐射、对流形式传播的能量最大。风助火势常常会形成跳跃的火团，间歇性放出高能热量。跳跃的火团实际上是对流柱底部有超热气团飞速移动的明显征兆。这种现象只有在空间气温极高的情况下才能出现。

10.5　火对草原发生发展的影响

天然植被的局部火灾是经常发生的。我国南北各地冬春季节气候干燥，草类处于枯萎状态，经常发生火灾。自然界由于闪电或腐殖质自燃引起的火灾也不断发生，但远不如人为火灾的频繁。无论自然的或人为火源引起的草原燃烧，火灾蔓延，破坏了森林和草地，对草原的发生发展产生不同程度的影响。火灾发生的影响随植被类型。土壤种类、火烧的季节、天气情况和其他原因而不同。

10.5.1　草原火灾对经济和社会的影响

(1)给草原人民生命财产带来巨大危害

草原火灾不仅吞噬了千百万亩草场牧草资源，对自然环境和生态平衡造成影响，而且烧毁大量国家、集体和个人的财产，直接危及人民生命安全。

(2)直接影响畜牧业生产的稳定发展

火灾发生时，牧草大量损失，大批牲畜被烧死、饿死。尽管草原资源具有可更新的特点，但火灾是要给当地畜牧业生产带来损失。

(3)威胁森林安全

我国草原多处于森林的上风带，草原一旦着火，容易向林区蔓延，引起森林火灾。我国是一个森林资源贫乏的国家。由于草原蔓延引起的森林重大、特大火灾次数，大约占森林重特大火灾总数的70%。

10.5.2 火对草原生态系统的影响

火对草原神态系统的影响具有明显的两重性。一般情况下，综合经济、社会因素。火灾发生具有强烈的破坏性。但在某些环境条件下，火烧是有益的。

火烧时，地面有机物被烧毁，使土壤表层物理性状破坏，土表裸露，蓄水作用减少，干旱季节更易受到旱灾影响，而且径流可以增加，加速土壤表面的侵蚀。火烧后有不少的观测可供参考。如土壤表层，火烧前有机物占土壤干重的88.5%，火烧后占9.7%；总含氧量在火烧前占0.9%，烧后占0.3%；pH值火烧前4.9，烧后为7.6；水溶性盐类含量在火烧之前为1116，火烧后为1330。

火烧温度如果很高，直接伤害植被，枯枝落叶和半分解的植物全部烧毁。营养物破坏，表层土壤的钙、磷、钾的化合物变成可溶性状态，易于流失，氮素气化而损失。需氮量少的植物，前期可以充分生长，但恢复原来的植被需要很长的时间。没有火焰的和地下燃烧的火，可以烧伤植物的浅层根系。

火烧如温度不高，土壤肥力短期内可以增加。燃烧的结果，土壤盐基性增加，土壤的pH值上升接近于众星，有利于细菌的活动，有助于消化作用的进行。土壤条件改善，短期内营养物可增高，促进植物生长，但亦为暂时现象，不致使土壤性质长期改变，火烧后可以增加地面接收的阳光，能迅速发展的植物，多为喜光植物。

火烧的高温，可以消灭地表害虫，有一些病害可以消灭或受到抑制。在农业上有时需要火烧一些农作物残留物，消灭病虫害的保存物，起到以火灭病、平茬和增高地表温度的效果。如豌豆象鼻虫、玉米钻心虫、病毒、锈病、黑穗病以及腐败性真菌等，都需要保留在植物残体上以待时机再生，兼性寄生的真菌和昆虫，也常需要在植物的残体上寄生一段时间，以待有利的时机，侵袭活寄主。

火烧之时，贮存的草量减少，如高茎阔叶性草类，灌木和半灌木类，反应更强。但有些根茎发达的禾草和一部分杂类草，如丛生的和莲座状的草类，则有增长的趋势。烧草对牧草的产量的影响，烧草时，土壤温度增高，促进土壤微生物的活动，植物提早返青，促进了生长。

火烧与有些环境因子和有机体的关系不稳定，不能作一般的定论。烧草在各种类型的草地反应也不同。以禾本草为主的草，如针茅、羊茅草原及根茎性禾草(如羊草、披碱草等)组成的草原，表现为有益的作用，但由灌木及半灌木为主组成的草原，如茅类、豆科组成的草原，植物的更新茅保留在土壤表层及地面，火烧产生极大的损害。火烧后应立即以适应当地环境的优良牧草种子进行补种，则可建成优良的草场。

总之，一场猛烈的草原火灾，除造就直接的经济损失外，随着火灾后土壤流失，植被、土壤都需要一定时间才能恢复。连年火烧，只有耐火的植物种类可以发生，因此常常引起植被类型的变化。

10.5.3　草原管理中火的利用

在草原管理中，利用火烧作为一种工具或改良草场的措施，把火严格控制在预定的区域内，控制火的强度和蔓延速度，以达到预定目的，这就是规定火烧，也叫计划烧除。

计划烧除的目的如下：

(1)减少不需要的植物

对自然植被规定的火烧，最普通的目的也许是消除不合需要的植物。在美国南部松林中，土地管理人员利用火来消除阔叶树的再生，在加利福尼亚州，用来消除沙巴拉群落，在亚利桑那州和新墨西哥州，用来使美国黄松群丛变得稀疏。在非洲，草地规定的火烧，是为防止木本植物侵入和形成更多的草地。

(2)有利于某种植物的繁衍

火烧往往助长非气候演替优势种植物和那些幼苗生长需要空旷地面的植物。不耐阴的和耐阴性弱的乔木的更新，在采伐之前或之后，都受到规定的火烧的促进。美国东南部海湾沿岸沼泽的火烧，减少网茅属，促进豆科和一年生植物的生长，从而增加水鸟的食物。利用规定的火烧为许多合乎需要的植物准备场地并促进其再生。

(3)草灰可作肥料

草原火烧释放出的矿物质可左肥料加以利用，但这种释放很少是规定火烧的主要目的。

(4)生产较多的家畜饲料

规定的草原火烧，增加牲畜饲料数量的能力，几乎完全决定于植被的植物组成的变化，如代替木本植被，草地的开辟。给家畜和狩猎动物提供嫩枝叶的灌木，往往生长在动物不能及的范围，利用火烧把较高的生长物烧死，刺激抽条并促进幼苗的生长，使灌木保持在可以利用的高度，这些更新嫩枝叶的生产，对植物组成没有太大的改变。

(5)提高家畜饲料的质量

粗禾本科植物火烧之后，牲畜生产的增加，大概是由于饲料质量的改善，而不是由于饲料数量的增加，春秋火烧比冬季火烧更能获得质量较好的饲料。草高而粗的地方，必须把它们烧掉，以减少质量低劣和不分解的物质积累。火烧可使生长季节中较早的有新生长物。

(6)控制牲畜的分布

家畜和野生动物都较喜欢在新烧过的地区采食。它们可能受食物类别和食物比较容易获得所吸引。

(7)减少火灾的危险

由于未分解的有机物的积聚，有害的火灾的危险就增加了。有很多枯死的草地，燃料丰富时，火灾有烧起来不能制止和对生命、财产和自然资源造成很大损害的较大的可能性。利用规定的火烧，以减少燃料供应，从而减少大额灾难性火灾发生的可能性。

10.6 草原火灾的扑救

防止草原火灾发生的根本办法是认真贯彻和落实“预防为主，防消结合”的方针，即在草原上想尽一切办法控制和管理好人为火源，因地制宜的加强灭火技术准备工作，根据草原火灾的特点采取相应的战术训练，做好扑救草原火灾的方案，一旦草原发生火灾能够及时扑灭，进而减少人身伤亡和财产损失。

10.6.1 草原火灾特点

草原火灾受可燃物、气候、地形等条件的影响，在蔓延速度、面积等方面具有相应特点，这些不同的特征会给扑救人员带来不同程度的困难，尤其是高强度、大面积、长时间的火灾往往会造成扑救人员伤亡。

(1)火场面积大且移动迅速

草原着火后，火场面积往往很大而且处于移动状态。一场火灾不是烧毁几十平方米、几百平方米或者几千平方米的问题，而是几百平方公里，甚至几千平方公里的草原在短时间内化为灰烬。一次性的燃烧不存在第一火场和第二火场，通常由草场亩产量来决定草原火烧的强度、面积和时间，哪里亩产量高，火就会向哪里燃烧。草原中如果没有河流、公路、荒漠等自然阻火器，也没有被人工阻止，那么草原火会一直燃烧至自行熄灭。这种燃烧有时会将一个地域或几个地域的草原通通烧光。例如 1986 年 5 月 8 日，内蒙古自治区锡林郭勒盟西乌旗乌拉盖草原，因牧民用火不慎引起火灾，一直向东蔓延，烧到兴安盟，历时 8 天 8 夜，烧毁草原面积 2400km^2。

(2)蔓延迅速

由于草原是一个大而无边的燃烧体，虽有地域区别，但是从宏观来看，它仍然是自然地连在一起，一旦着火，不存在防火分隔，飞火从四面八方处处可以飞溅。一般蔓延速度在 5～10m/s 以上。所以草原火燃烧起来，其蔓延速度往往是人追赶不上去的。

(3)顺风燃烧是草原火蔓延的主导方向

草原火是顺风燃烧蔓延，风向哪个方向刮，火向哪个方向烧。蔓延虽受草的高度和密度影响，但火势主要向下风方向发展，一旦风向转变，火势蔓延方向也相应改变。

(4)地域变化对草原火也有影响

地域变化不仅局限于某地产草量的多寡，山林、坡向、坡度、河流等对草原火也有相当的影响。例如一般草原火，窜燃到山林灌木，会引起更大的火害；坡度越高，火势越旺，坡度起到了烟囱的作用；坡向对燃烧物的湿度影响很大，向阳面的草干燥易燃，容易引起火灾。阴面草潮湿，相对比较，在燃烧程度上就表现出一定的差异；河流石草原火的天然阻隔，草原火燃烧起来，若遇到河流阻碍即会停止燃烧或向其他方向燃烧。

(5)草原火灾发生具有季节特点

草原不是在任意季节都可以发生，它有自己的发生规律，人为的草原火灾总是发生在植被成熟或枯黄时节，在生长季的绿色植物一般不容易酿成火灾。夏季火灾主要是由雷击和森林火窜燃引起。我国南部广东、广西、福建、浙江、江西、湖南、湖北、贵州、云南、四川的草原火主要集中在 2～3 月；中部、西部的安徽、江苏、山东、河南、陕西、甘肃、青海的草原火灾主要集中在 2、3 和 12 月；东北、内蒙古自治区的草原火灾主要集中在 3、4、5 和 11、12 月；新疆地区的草原火灾多发期主要在 7 ~9 月。

(6) 容易造成人、畜伤亡

草原火灾发生后，由于蔓延速度快、燃烧面积大，如果此时通讯等条件差，可能还会出现甲地失火而乙地还不知晓的情况。因此，人、畜极易被大火包围，造成伤亡。有时因扑救不当或风向改变、地形变化等条件的影响，扑救人员被火包围，造成灭火人员伤亡。

(7) 燃烧时间较长

草原火灾一般燃烧时间比建筑物、构筑物和财产的火灾燃烧的时间长。这是因为可燃物条件不同，存在有限与无限、易灭和难灭之分。

(8) 容易引起复燃

草原火灾的火场面积大，在有限的时间内不容易彻底清理好火场，在一定的额人力条件下也不容易守护好火场。火场上往往残存一些灌木灰烬积落在山洼、沟坑，一旦遇到大风，很容易复燃。一些畜群放牧区，牛、羊、马的粪便积贮多年，虽然表面不燃，内部却在燃烧，肉眼不能面面俱到，这些死角再遇大风猛吹，很快重新起火；要是草原夹杂一些山林、灌木群，其灰烬处理不好，也是潜在的复燃因素，因此草原火灾极易引起复燃，再度引起大火会造成更大的损失。

(9) 扑救难度大

草原是一种自然资源，目前人类对草原的开发和利用还处在不断认识的阶段，因此不论天然草场还是人工草场，在装配消防设施方面还不够完善。所以一旦草原着火，扑救仍旧很困难，常常要出动几百辆车辆和几千人进行扑救。

(10) 草原火灾主要影响当年牧草生产

与建筑物火灾相比，一旦被火烧掉，要恢复其原来的状态，人类需要重新投入劳动、付出相应代价才能实现。而草原不同，在古诗中对草原有这样的描述："离离原上草，一岁一枯荣。野火烧不尽，春风吹又生。"通常情况下，草原火灾一定程度上只影响当年的牧草生产。

10.6.2　草原火灾扑救准备

草原火灾有其发生特点，想要有效地将其扑灭，需要遵循正确的指导思想，"救人第一，科学施救"，灭火原则是"有害灭之，无害控制"和尽量"打早、打小、打了"的原则。

10.6.2.1　灭火指挥

草原灭火指挥也相当重要，是灭火战斗的成败关键。草原，既没有相应的防火设备，又没有固定预备的水源，更没有现代化的灭火机具和专职消防队。大面积的草原燃烧，家用的有限灭火器材无济于事。灭火需要众多人力就地取材进行扑救。如果指挥不当，不仅延误扑救时机，而且还会付出生命代价。因此，必须在灭火前就确定火场指挥。指挥员应该具备下列条件：

①具备沉着、冷静、富有扑灭草原火灾丰富实践经验的人来担任；

②必须熟悉本地区草原特点，包括草的高度、密度、地形、气候信息等，果断地采取扑救办法，不可犹豫不决久思不定。

③时刻学习，研究和预想草原火灾可能发生的新情况，善于掌握火场的发展趋势。

10.6.2.2 灭火战术

草原火焰的蔓延和扩展方向受风向影响，草原火灾的灭火战术可以概括为“先截火头、再堵火尾、后清火场。”在灭火过程中，要结合有利时机采取灵活策略，根据火灾发生情况、地形、可燃物类型以及分布情况、天气情况，灭火过程中掌握“四先”和“两保”原则。“四先”即先控制火头、先打草塘火、先打外线火、先打明火；“两保”即保证汇合、保证不复燃。

①先控制火头　火头主导火场蔓延方向，只有消灭火头才可以有效的避免火场扩大。

②先打草塘火　草塘沟不仅容易发生火灾，还是火灾蔓延的通道。草塘沟的火发生特点为发生发展快、火焰高、蔓延速度快，因而必须先消灭草塘火。

③先打外线火　受可燃物、地形、气候等因素影响，草原火具有多种蔓延形式，形成外线火、内线火。相对而言，外线火具有更大危害，会无限制蔓延。而内线火危害相对较小，因而应当先将外线火打灭。

④先打明火　明火容易蔓延，为了实现对火场的有效控制，必须将明火先扑灭。

⑤保证汇合　为了提高灭火效率，参与灭火和各扑火小组必须汇合，充分配合、协作，以确保灭火工作的高效。

⑥保证不复燃　有的明火表面看似已经扑灭，但还有复燃的可能，因而要彻底清理，保证不会再发生复燃现象。

发现死灰的方法，以肉眼观察，如果同时具备无烟、无气、无热感，可认为是完全熄灭。对深层羊砖还需要挖坑分片观看。

10.6.2.3 灭火方法

1)第一种灭火法分类

目前草原灭火方法主要应用的有两种，一种是直接灭火法，一种是间接灭火法。两种方法在灭火时可以单独使用，也可以同时运用。

(1)*直接灭火法*

直接灭火法是通过人运用灭火机具，直接与火交锋。常用的方法有扑打法、砂土埋压法、水灭法、化学药品喷洒和风力灭火法。上述方法同时进行效果最佳。风力在五级以下，火发生在可燃和易燃草区，第一出动力量最好用风力灭火机。如没有风力灭火机，可以使用二号工具和树枝、扫帚、拖布进行扑打。其方法是灭火队员站在火头两侧用上列工具在火苗上来回扑拉。切忌上下扑打，这样容易将火四处飞溅，不易将火扑灭。如果火焰蔓延方向和风的方向相同，灭火人员应站在上风头，顺风扑打；如果火焰蔓延方向与风向相反，灭火队员可站在火头前方，迎风扑打；人与火苗的距离以不宜烧着衣服、不能烧到头和脸为度。第二出动力量要紧跟第一出动力量，用铁锹、铁铲挖土、挖沙埋压残火；有水源的还要充分利用水源，配合洒水；平坦草原如有条件还可以利用消防水罐车进行灭火。

使用风力灭火机时，首先将鼓风对准火焰底部，其次是根据火焰蔓延方向、风向确定鼓风位置，一般和火线水平呈60°，上下呈45°，灭火效果会比较好，交叉鼓风效果更佳。

出动力量的人员派备，要根据火场大小来确定。火场大、火焰蔓延迅速，则需要多配备一些人员；火场小、火焰蔓延速度不大，则可以少配备一些人员。

如果遇到大风天，采用上述方法仍然控制不住火头时，就要考虑充分利用地形、地物将火头赶到道路、河流、荒漠等地带达到阻止燃烧的目的。充分利用这种天然的阻火屏障，这也是扑灭草原火灾的一种方法。如果没有这种便利的天然条件，就应该果断考虑使用间接灭火方法和调集森林警察部队和灭火装备；特别是草原火危及林区、居民住宅、畜群点和其他建筑设施时，更应果断采取扑救措施。

出动力量都要分组进行扑救，每组以3～5人为宜，这样便于充分发挥协同作战，提高战斗力。

(2)间接灭火法

间接灭火法是指打防火道方法。防火道起阻火墙和通道间距作用。草原火灾在人工直接扑救中，如控制不住火势蔓延而又有可能燃烧更大面积的草场，或有窜燃森林、居民点、畜群场地的危险，应果断采取打防火道的方法，阻止火势蔓延。火场指导员应抽出一部分力量，迅速撤离火场，在距火头前进方向的一定距离外立即采取各种措施开设防火道。这段距离就是在估计打成防火道所需时间和在这段时间内火头前进到达的最长路程。在这段时间内打设防火道的人员应分片、分段包干，一字长蛇摆开，采用镰刀割、火烧或用推土机、拖拉机等机具开设当地草高10倍宽的并列平行道路3条，每条间隔2m，其长度为火头蔓延宽度的1.5～2倍。

烧防火道时要百倍警惕，严防管理控制不当酿成火灾。3级风以上不宜采取烧防火道措施。烧防火道点火要以小组进行，一人点火，其他人监护，分段点烧。

2)第二种灭火法分类

灭火方法也可以分为物理灭火方法和化学灭火方法。

(1)物理灭火方法

物理灭火方法是从物理效应出发，采用物理的方法切断或破坏燃烧三要素中的一个或多个要素，并最终使火熄灭的方法。主要包括：

①隔离的方法　通过清除或移走未燃可燃物，切断其与燃烧可燃物间的联系，从而使火熄灭的方法。

②冷却的方法　通过喷洒水或化学灭火剂给正在燃烧的可燃物降温，降至可燃物的燃点以下而使火熄灭的方法。

③隔热的方法　用隔热屏阻止热的传播，使临近的可燃物达不到着火的温度。

④覆盖的方法　用不燃或不易燃的物质覆盖在正在燃烧着的可燃物表面，从而使火熄灭的方法。常用泥沙覆盖或化学灭火剂形成不燃薄膜进行覆盖。

⑤气体稀释方法　可燃物产生的可燃气体要达到一定的浓度才能燃烧，增加过量的空气，使可燃气体浓度降低而不能燃烧，从而达到灭火目的。

据报道，日本和英国还采用高频声波进行灭火，有超声波灭火法和电磁波灭火法等。

(2)化学灭火方法

化学灭火通过切断燃烧的化学反应链，从而达到灭火的目的。主要方法有：

①窒息　燃烧是一种强烈的氧化反应，需要源源不断地氧气供应。窒息法就是通过向火场增加不燃烧的气体或惰性气体，使空气中的含氧量降到14%～18%以下，导致燃烧因氧气供应不足而自然终止的方法。

②切断反应链　有焰燃烧阶段，可燃性气体的燃烧是瞬间进行的循环连续反应，这种循环连续反应称为燃烧链式反应，或者燃烧反应链。燃烧的顺利进行以反应链的完整为前

提，切断其中的某一个环节，燃烧就会终止。在火场高温的作用下，可燃性气体分子被活化，在有氧条件下产生大量游离基或活性基团，如烃基(R—)、氢氧基(—OH)、氢基(—H)、氧基(—O)等。由于带有未成对电子，这些游离基倾向与别的物质结合而形成键，在结合的过程中释放大量的热，而产生的热量又会激活产生更多的游离基，从而使燃烧反应持续进行。某些化学物质如溴化物、碘化物的游离基能捕捉到前面提到的那些燃烧游离基，如溴离子、氯离子能捕捉到氢基和氢氧基。燃烧游离基被别的游离基捕获后，就使得燃烧游离基的消耗速度大于产生速度，由于缺乏燃烧所必须的活性游离基，燃烧反应链就会中断，燃烧终止，火焰会迅速熄灭。

③改变燃烧反应途径　纤维质物质受热分解产生可燃性气体，可燃性气体燃烧形成明火。某些化学物质能催化纤维物质脱水形成碳，在此过程中无可燃性气体产生，也就不能形成有焰燃烧。

具体来讲，森林草原火的扑救方法主要有：风力灭火法、以火灭火法、以水灭火法、爆破和爆炸灭火法、化学灭火法、航空灭火法(包括航空喷洒灭火、跳伞灭火、机降灭火、索降灭火等)、人工催化降水灭火法、隔离灭火法、以土灭火法、人工扑打法等。

10.6.2.4　安全避险和自救

在扑救火灾过程中，地形、气候因子如风速、风向等多种综合因素的影响，经常会将扑救人员置于危险境地，所以一定要注意安全避险。在扑救过程中，如果遭遇大火突袭，要尽快转移到火烧迹地上，以保证人身安全；也可以利用附近的沙地、沼泽、裸露石块地带、河流、火场前方下坡、植被较少的地段、公路等位置进行避险。若遭遇险境，周围一时找不到可以避险的地形时，可以在林间植被较少的地方点顺风火烧出一片新的火烧迹地，以达到安全避险的目的；若周围既没有可以利用的地形避险，又不具备顺风点火的条件，则一定要及时冲越火线避险，可以使用湿毛巾或者用衣物将头部护住，从地形相对平坦、火焰相对较弱的位置逆着风向快速冲出火场，进入火烧迹地内。

具体注意事项如下：

①扑救人员尽量随身携带火柴或者打火机，当被火包围时，可以点烧一片草地，人站在烧过的空地中，可以避免烧伤和伤亡事故的发生。

②每个扑救小组至少有一人携带铁锹之类的工具，防止被火包围时没有其他解救方法。使用铁锹迅速挖坑，掩蔽人体，防止烧身。

③扑救人员最好每人携带一个装水的水壶，一旦被火包围，立即脱下衣服，用水浸湿，看准方向，保护好头部，逆风从火中冲跑出去。这个办法可能造成烧伤，但是一般不会致死。

④扑救人员不要穿化纤类衣物。

10.6.3　森林草原火灾扑救技术

目前我国不管是南方林区或是北方林区，森林草原火的扑救主要是依靠地面扑火队(包括机降灭火)。根据火行为的变化采取相应的战术对策是十分必要的。在扑救森林草原火的过程中，常把火焰高度在1.5m以下的火叫做低强度火；火焰高度1.5~2.5m之间的火称为中强度火；火焰高度在2.5m以上的火称为高强度火。火的类型和强度不同，火的扑救方式和方法也就不同。如树冠火具有蔓延速度快、火强度高、火线不规则及火蔓延方向多变等特点，而地下火则隐而难见，有时连烟也见不到，针对这两种扑救就要运用不同的扑火工具并采用不同的扑火技术。

10.6.3.1　地表火扑救技术

地表火主要是林地表面的枯枝、落叶、杂草、灌木等可燃物燃烧起来的。稳进地表火蔓延得较慢，可燃物燃烧的比较充分，火场比较规则，火线比较清楚，扑救的时候比较容易控制。急进地表火蔓延较快，但往往燃烧不均匀，常常留下未燃烧地块，易造成反复燃烧或大火场包着小火场的现象，不容易判断出真正的外围火边，给扑救带来极大的不便。

(1)地表火的燃烧特点

地表火主要是地面上燃烧，在地面上蔓延，能将幼树地表植物烧毁，烟呈浅灰色。其蔓延速度分速进和稳进两种，这两种蔓延速度的产生主要取决于风速和空气的相对湿度。

①速进地表火　速进地表火，多发生在宽大草塘沟、疏林地和丘陵山区。其特点是温度高、烟雾大、火势猛，烟火很快被风吹散，不易形成对流柱。火势蔓延速度快，在 7 级风以上时火势蔓延的最快速度可达 20 ~ 30km/h，因蔓延速度快，使燃烧条件不充足的地方不发生燃烧，常常出现“花脸”，大火灾和特大森林火灾，多是由速进地表火造成。火场的形状多为长条形和椭圆形。

②稳进地表火　稳进地表火通常出现在火场风力较小(4 级以下)的情况下，其特点是火焰低、燃烧速度慢，火场上空常见蘑菇状烟云，这种烟云在很远处便可看见。稳进地表火燃烧时产生的热空气垂直上升，四周空气立即补充，冷热空气对流，形成对流柱，对流柱上升到露点时，便形成蘑菇状烟云。由于稳进地表火蔓延速度慢，可燃物受火作用时间长，过火后几乎所有植被均被烧毁，因此这种地表火对森林危害严重。

(2)扑救地表火的常规措施

扑救地表火时，可采用扑打、土埋、水浇和使用化学灭火剂等方法直接消灭火焰。

如果火场风力强、风速快、火强度大、蔓延速度快、火的发展趋势较明显，可一面扑打火焰、控制燃烧速度，一面派人在火势发展、蔓延的下风方向，距火头适当距离开设隔离带，阻止火势蔓延。

如果植被少，火势较弱，可利用灭火工具直接消灭火焰的方法。使用二号工具、一号工具、扫帚等在火线的边沿扑打。扑打时，从侧面 45°倾斜落地，一打一托，防止将火挑起飞到别处，引起燃烧。扑救时，扑火队员要分成两路，沿火推进方向的两侧，进行突击扑打，直至两路汇合，将火焰彻底消灭为止。

如果扑火力量充足时，可将火区分割成数段，同时扑打，逐片消灭。

如果火势较猛，靠简易工具难以控制火势发展和消灭火焰时，可结合土埋法。如果火场附近有水源，可调消防车，手抬机动泵，用水枪或干粉枪直接向火焰喷射，效果更好。

用直接扑打的方法很难控制火势发展时，可根据火场的实际情况，在火势蔓延的下风方向，依托河流、公路和一切可以利用的有利地形，迅速开设临时防火线，阻止火势蔓延。

扑打速进地表火，应将扑火人员分为三路，两路从火区两侧面进行突击扑打两翼，一路在火势蔓延的下风方向，选择适当距离，开设防火线，截住火头。

在打火头和两翼的同时，应派少数人携带灭火工具，尾随火焰，紧紧追踪进行扑打和消灭残火，以防止因风向突变，使火尾变成火头给扑火工作造成措施不及，陷于被动。对于扑打过的地段，要派人看守，防止复燃。

10.6.3.2 树冠火扑救技术

地表火在强风作用下，火焰会变得异常猛烈，沿针叶幼树、枯立木、站杆、风倒树和低垂枝桠等可迅速蔓延至树顶，并沿着树冠成片发展，形成树冠火。

(1)树冠火燃烧特点

树冠火和地表火经常同时发生，树冠火的蔓延速度相当快，一般情况每小时可达到5～25km，燃烧猛烈，热辐射强，扑救困难。根据燃烧的速度快慢，树冠火分为速进树冠火和稳进树冠火。

①速进树冠火　速进树冠火，火焰跳跃似地向前蔓延，容易产生飞火，飞火和跳跃的火焰距离与风速有关。顺风时，蔓延速度可达8～25km/h，火势呈带状向前伸展，容易形成大面积火灾。

②稳进树冠火　稳进树冠火，因为火焰向前推进的速度较慢，火势发展的幅面较宽，而且易全面扩展，顺风时蔓延速度达5～8km/h。

(2)扑救树冠火的基本措施

因树冠火燃烧猛烈，火焰高、火强度大、蔓延速度快，一般不能采用直接灭火的方式。

扑救树冠火的常用方法是开辟阻火隔离带以阻隔火势的蔓延。开辟阻火隔离带时，要根据火势蔓延的速度和开辟阻火隔离带所需的时间，存留出相应的间距的情况下合理确定适宜的位置。例如，火的蔓延速度是8km/h，开辟阻火隔离带需要的时间是3h，隔离带的位置，应选择在火头前方24km以外的地方。

开辟防火隔离带时，要首先迅速地将隔离带上的所有树木伐倒，树木倒向火一边，将树头、树干清理到防火隔离带以外的地方，以防火蔓延。隔离带的宽度，应视树的高矮及当时风力大小而定，一般为30～50m。防火隔离带的外侧还应开辟1～2m宽的生土带，防止地面火蔓延。

防火隔离带处，应配有主要灭火力量，当火头接近隔离带时，火势受阻、蔓延速度减缓，火势减弱，应迅速出动迎击火头，消灭临近燃烧物，防止火头突破隔离带。

10.6.3.3 地下火扑救技术

地下火是由地表面以下的腐殖质层和泥炭层燃烧起来的火。地下火不是任何林区都可以发生的，只有高寒地区林地，因为有较厚的腐殖质层和泥炭层才能发生地下火。

(1)地下火的燃烧特点

地下火因不受风的影响，在地下缓慢燃烧扩展，在地表面一般不易看见火焰，只见烟雾，只有在微风天的夜晚有时可以见到零星的明火。地下火燃烧慢，但燃烧持续的时间较长，有的几个月，有的一年，有的甚至更长。往往秋季起火，在冰雪覆盖下，仍旧继续燃烧，所以又称为越冬火。由于地下火燃烧不易被发现，发现后不易确定火场边界，更难确定火的流向。由于土坡中的泥炭和腐殖质层的深度不一，含量多少不等，一旦发生火灾，容易造成人身伤亡事故，危害极严重，所以扑救地下火很困难，彻底扑灭则更不容易。

(2)扑救地下火的措施

根据地下火的燃烧特点，扑救工作基本是两大任务，一是摸清火场边界，确定火的流向，以便正确投入扑救力量；二是挖沟隔火，切断火势蔓延的路线，以便分片消灭。

扑救地下火之前，首先进行火情侦查。侦查时，应着重摸清火场边界，准确估算火场面积；确定火的流向和蔓延速度；查清腐殖质层和泥炭层的深度；在火场周围划出危险区，立上标记，防止扑火人员误入火场而造成烧伤事故。

当接到地下火情报告时，应立即选配有扑火经验、训练有素的骨干队员，组成若干个精干的扑火队，每队 10 人(4 人带铁锹、2 人带水桶、2 人带耙子、2 人带钩子)迅速赶赴火场，进行扑救。

用铁锹挖隔火沟，用钩子通地下火，用耙子把易燃和已燃物搂到隔火沟，用水浇灭引燃最深的地下火。在有机械的条件下，可用开沟犁机沿着火场四周挖深 30～40cm、宽 70～100cm 的隔火沟，其深度必须达到矿物层为止。

根据火场面积和扑火力量，将火场划分成若干个小区，每个小区配备足够的扑火力量，必须把所有已燃和未燃的腐殖质、泥炭全部控制在固定位置上。最后要集中扑火力量彻底清理火场，清理完一遍后，每隔数小时再检查一遍，防止留有残火，引起死灰复燃。为了防止死灰复燃的发生，在撤离火场时，要留下一部分扑火人员坚守火场，直至再不可能出现复燃为止。

10.6.3.4　草原火的扑救技术

草原火是突发性强、危害大的自然灾害，给草原地区的经济发展、社会安定带来巨大影响。

(1)草原火的燃烧特点

草原生态系统主要由细小植物种群构成。草原火具有燃点低、起火快、燃烧时释放能量迅速等特点。在外界火源作用下，可燃物可在极短的时间内被点燃，并迅速形成连片燃烧。草原火多发生在春秋两季牧草干枯的季节，可燃物被点燃的时间一般是几秒钟，并在非常短的时间内自由扩散燃烧转为动力燃烧，进而迅速蔓延开来，形成一个火区。草原上可以阻碍或者减缓风速的高大地物很少，发生火灾后局部地区增温，不断补入的气流在形成风的同时，也将丰富的氧气源源不断地补入燃烧区，产生助燃作用，使火灾很快蔓延。草原火在大风的作用下，如遇草原植被较密的地段，易形成暴发火。大风的作用也会导致飞火发生，引发新的火灾，使火区面积迅速扩大。草原火速度一般为 5～10m/s，若遇 8 级以上大风，可达 10～25m/s。

(2)不同类型草原火的扑救措施

①低矮草原火　一般发生在稀薄或低矮的草原地带，火焰高度不超过 50cm，这种火对扑火人员不会造成大的威胁，即使风向突变，也可冒烟穿越火线逃生。一般采用树枝、扫帚等一切可利用的简便工具从外向火烧迹地内扑打的方法，也可采用铁锹等工具铲土连续不断的向明火撒压，以达到灭火目的。

②高原地或塔头草地的火　火焰高度超过 1m 的高草地或塔头草地火不易扑打，因为这些地区草高且厚，火势旺，特别是塔头草地，高低不平，又不易取土。一般使用风力灭火机灭火，3 台风力灭火机联合为一组，依次连续的向明火猛吹，直至明火熄灭为止。用废汽车轮胎剪成条(每条长 35cm)捆绑在木杆上(即二号工具)抽打火苗，效果很好。当火势猛、火速快、烟雾大、温度大，灭火队员无法直接靠近火线时，应果断采取“以火攻火”的方法拦截火头，此方法的实施要有简易公路、河流等天然阻隔条件为依托。有情况紧急，特别是重点保护目标受到威胁时，可阻止开设人工依托条件。

10.7 森林草原火灾扑救危险源

森林草原火灾扑救时，由于高温烤灼、浓烟熏呛以及连续作战筋疲力尽等因素，稍有不慎，扑火队员极易发生伤亡事故。因此，在森林草原火灾扑救中，如何加强扑救队伍的安全防范工作，确保不发生人身伤亡事故，减少意外伤残事件，是每个指挥员必须高度重视的问题。

在扑救森林草原火灾过程中，扑救队员经常面对高温、烟气和疲劳这个“危险三角”。

①高温　可燃物燃烧能产生200℃以上的地面温度，并能轻而易举地产生1000℃以上的空气温度，而人体在高于120℃的环境中就会丧失功能。

②烟气　浓烟更是致命的因素，它除了呛眼和令人窒息外，还含有大量致命的一氧化碳。

③疲劳　扑火人员参加扑火，经过长途跋涉、持续工作6~8h是司空见惯的事，极度紧张和疲劳使他们极易受伤。

扑救森林草原火灾的危险源围绕高温、烟气和疲劳产生。具体在火场中，造成扑火人员人体伤害的危险源主要来自高温、一氧化碳中毒和浓烟窒息等。

(1)高温伤害

高温伤害主要指扑火时的热烤、烧伤和烧死。据研究，当气温高于28℃，绝对湿度大于30hPa，人就会感到闷热。如果在45℃饱和湿空气中停留1h，就会发生中暑昏迷。高温会引起扑火人员大量出汗，在极端高温条件下，每小时可排除2kg的汗。如果水分得不到及时补充，或热辐射使体温升高2℃，就可能产生中暑现象，危及人身安全。扑火人员在火焰烧伤中失去战斗力和死亡的主要原因是热负荷过度，热负荷过度类似中暑，但发生的时间过程要短得多。

有关研究表明，当火焰温度为1000℃时，人可以有18s的挣扎时间，最少有9.5s的活动时间。一般的森林火温度在800℃，以百米的速度冲越火线，可以跑出122.5m，最少可以跑出74.5m。

(2)一氧化碳中毒

一氧化碳是燃烧不完全的一种产物，它直接危害人体健康，其危害程度依停留时间和浓度而定。森林燃烧时每千克可燃物可产生10~250g一氧化碳，暗火产生的一氧化碳比明火要大10倍。

扑救林火时，灭火人员如长时间在高温和浓烟状态下工作，可能会引起一氧化碳中毒，主要症状是呼吸困难、头痛、胸闷、肌肉无力、心悸、皮肤青紫、神志不清、昏迷等。中毒后，往往需要较长时间才能恢复到正常状态，严重的可导致死亡。

(3)烟尘窒息

林火产生的烟尘对灭火人员的生命威胁极大，它常使人迷失方向，辨别不清逃生路线，造成呼吸困难，往往因浓烟将人呛倒而被火烧伤、烧死。呼吸高温浓烟会使喉管充血、水肿，严重时使人窒息死亡。

(4)危险气象条件

干旱时间越长，空气越干燥、温度越高，发生林火的可能性越大，燃烧蔓延速度越快，扑救的危险性就越大。空气相对湿度在 75% 以上时不会发生林火，55%～75% 时可能发生林火，在 55% 以下时可能发生大火，小于 30% 可能发生特大火灾。中午时气温最高，湿度最低，可燃物含水量最少，森林最易燃烧，林火蔓延速度最快，最不容易扑救，最容易造成灭火人员伤亡。通常，每天 10：00～16：00 是灭火危险时段，特别是 13：00 左右是高危时段。火场风力每增加一级，火头蔓延速度就会增加 1 倍，如风力增加到 5 级，林火就会失控。在能见度低、风向不稳定、地面有气旋等不稳定的天气条件下扑火，易导致灭火伤亡事故发生。

(5) 危险可燃物

通常情况下，草类最易燃，蔓延速度最快，因此扑救草地火造成人员伤亡往往大于林地火，灌木林地火蔓延速度仅次于草地火，幼林特别易燃。郁闭的中龄林，透视性很差，不能轻易进入林内直接扑火，应采取间接灭火的方式。林内火的蔓延速度较慢，当林内火蔓延到林缘或灌木林地、草地时，火蔓延速度会突然加快，危险程度增加。森林可燃物含水率越低、载量越大，火灾蔓延速度越快。森林有效可燃物载量增加 1 倍，火蔓延速度就会增加 1 倍，火强度增加 4 倍。当火从可燃物较少的地方蔓延到可燃物较多的地方，火蔓延速度和强度就会突然增大，直接威胁扑火人员的安全。

(6) 复杂地形

随坡度、坡向、坡位等因素的变化，地形将影响温度、湿度、风速、风向等气象因素的变化、土壤湿度的变化及植被种类和生长状况的变化，进而导致森林燃烧性的变化。坡度越陡，上山火的蔓延速度越快，下山火则相反。通常坡度每增加 5°，上山火的蔓延速度就增加 1 倍。坡向不同，发生林火的可能性和燃烧蔓延速度就不一样，扑火的安全程度也不一样。一般南坡林火发生的可能性最大，其次是西坡，然后是东坡，最后是北坡。在陡峭的峡谷地带、鞍部、单口山谷往往形成高温、大风、浓烟环境，灭火人员容易被大火包围，极易发生险情。山地常形成越山气流、绕山气流、反山气流、上升气流。越山气流是风越过山脊而形成的气流，绕山气流是风吹过孤山时形成的气流，这两种气流易造成火旋风；反山气流是风越过山脊，在山的背坡形成的反向地形风，易加快迎风坡下山火的蔓延速度；上升气流是由热、地形或突出部位而形成的，它会加快上山火的燃烧速度和强度。不同地形还会产生山风、谷风、峡谷风、渠道风和海陆风，使火场环境越加复杂，加大扑救难度，易发生安全事故。

(7) 危险火行为

由于气相、植被和地形条件不同，森林火灾燃烧状况即火行为也会发生变化，扑火队员要特别注意火焰高度和蔓延速度的变化，并时刻关注飞火和火旋风等特殊火行为是否发生。

当出现以下征候时，不能直接灭火，防止发生伤亡：①火焰高度超过人的身高，蔓延速度大于 2m/min 时；②因燃烧才产生的强大上升气流形成飞火时；③热动力不均衡引起火旋风时，常见的火旋风包括地形火旋风、林火初始期的火旋风、林火熄灭器的火旋风等；④灭火过程中，发现附近有火，而不了解准确方位，无法判断火行为时。

本章小结

本章系统的介绍了草原火发生原理、草原火行为、草原火类别以及草原火灾的预防、扑救方法和注意事项。草原火灾的发生也遵循燃烧三要素，即火三角，需在可燃物、助燃物和一定温度同时具备的条件下才会发生燃烧，只要任何一个条件不具备时，都无法燃烧，这也是扑灭草原火灾的原理。影响草原燃烧的主要因素为可燃物、天气和地形，不同的可燃物性质影响燃烧效果。草原火行为是可燃物点燃后，所产生的火焰和火蔓延以及发展过程的特征，具体包括火焰高度、火蔓延速度、火强度和火烈度等。在扑救草原火灾时要遵循争取的指导思想，既及时、高效的扑救火灾，又尽最大可能降低财产损失和人员伤亡。

思考题

1. 简述草原火灾燃烧的原理以及影响燃烧的主要因素。
2. 简述草原火灾的分类及每一种火灾的特征和影响。
3. 草原火灾扑救前应该做何准备？

推荐阅读书目

1. 草原管理．哈罗德・F・黑迪．农业出版社，1982.
2. 草原火灾的预防和扑救．阎登云，李焕臣．内蒙古人民出版社，1987.

参考文献

陈锋．2015. 云南省森林火灾对气候变化的响应及趋势预测[D]. 北京：北京林业大学．

陈水良．1999. 世界史上的森林火灾[J]. 消防月刊(4)：45－45.

陈涛，谢宏佐．2012. 大学生应对气候变化行动意愿影响因素分析——基于6643份问卷的调查[J]. 中国科技论坛(1)：138－142.

邓湘雯，孙刚，文定元．2004. 林火对森林演替动态的影响及其应用[J]. 中南林业科技大学学报，24(1)：51－55.

邓湘雯，文定元，邓声文．2003. 林火对景观格局的影响及其应用[J]. 火灾科学，12(4)：238－244.

邸雪颖．1992. 火生态学的发展与未来展望[J]. 森林防火(2)：44－45.

高瑞平．1994. 澳大利亚森林火灾的管理与火生态的研究[J]. 应用生态学报，5(4)：409－414.

葛晓改，曾立雄，肖文发，等．2017. 模拟N沉降下不同林龄马尾松林凋落叶分解－土壤C、N化学计量特征[J]. 生态学报，37(4)：1147－1158.

郭怀文，刘晓东，邱美林．2012. 福建三明地区森林火险区划[J]. 东北林业大学学报(11)：70－73.

胡海清，魏书精，孙龙，等．2013. 气候变化、火干扰与生态系统碳循环[J]. 干旱区地理(汉文版)，36(1)：57－75.

胡海清，魏书精，孙龙．2012. 大兴安岭2001—2010年森林火灾碳排放的计量估算[J]. 生态学报，32(17)：5373－5386.

胡巍巍，王根绪，邓伟．2008. 景观格局与生态过程相互关系研究进展[J]. 地理科学进展，27(1)：18－24.

金琳，刘晓东，任本才，等．2012. 十三陵林场低山林区针叶林地表可燃物负荷量及其影响因子[J]. 林业资源管理(2)：41－46.

金琳，刘晓东，张永福．2012. 森林可燃物调控技术方法研究进展[J]. 林业科学，2：155－161.

李德，牛树奎，龙先华，等．2013. 四川省森林火灾与气象因子的关系[J]. 西北农林科技大学学报(自然科学版)，41(6)：67－74.

李少魁．2014. 长江三角洲地区极端气候事件及其成因分析[D]. 南京：南京信息工程大学．

李顺，吴志伟，梁宇，等．2017. 大兴安岭人为火发生影响因素及气候变化下的趋势[J]. 应用生态学报，28(1)：210－218.

李兴华，武文杰，张存厚，等. 2011. 气候变化对内蒙古东北部森林草原火灾的影响[J]. 干旱区资源与环境，25(11)：114－119.

联合国粮食及农业组织. 2015. 2015 年全球森林资源评估报告世界森林变化情况[R]. 罗马：联合国粮食及农业组织.

联合国粮食及农业组织. 2015. 2015 全球森林资源评估报告案头参考[R]. 罗马：联合国粮食及农业组织.

刘斌，田晓瑞. 2010. 林火碳排放模型研究进展[J]. 世界林业研究，23(6)：35－39.

刘广菊，沙庆益，刘桂英. 2008. 计划烧除促进杨桦林更新和复壮山野菜的研究[J]. 中国林副特产(4)：71－73.

刘广菊. 2004. 计划烧除在森林经营中应用的初步研究[D]. 哈尔滨：东北林业大学.

刘晓东，张彦雷，金琳，等. 2011. 北京西山林场火烧迹地植被更新及可燃物负荷量研究[J]. 林业资源管理(2)：36－41.

马丽. 2014. 气候变化和 CO_2 浓度升高对森林影响的探讨[J]. 林业资源管理(5)：28－34.

马子平，郝文进，郭松岩，等. 2016. 山西忻州 7 至 8 月极端降水与厄尔尼诺事件相关性分析[C]// 中国气象学会年会 s6 东亚气候变异与极端事件及其预测.

邵勰，周兵. 2016. 2015/2016 年超强厄尔尼诺事件气候监测及诊断分析[J]. 气象，42(5)：540－547.

史培军，孙劭，汪明，等. 2014. 中国气候变化区划(1961—2010 年)[J]. 中国科学：地球科学(10)：2294－2306.

舒立福，田晓瑞，寇晓军. 2003. 林火研究综述(Ⅰ)——研究热点与进展[J]. 世界林业研究，16(3)：37－40.

舒立福，田晓瑞，马林涛，等. 1999. 林火生态的研究与应用[J]. 林业科学研究，12(4)：422－427.

舒立福，田晓瑞，吴鹏超. 1999. 厄尔尼诺现象对森林火灾的影响研究[J]. 森林防火(4)：27－28.

宋亚莉. 2001. 森林火灾的另一面[J]. 湖北林业科技(4)：63－63.

孙龙，王千雪，魏书精，等. 2014. 气候变化背景下我国森林火灾灾害的响应特征及展望[J]. 灾害学，29(1)：12－17.

唐晓春，袁中友. 2010. 近 60 年来厄尔尼诺事件对广东省旱灾的影响[J]. 地理研究，29(11)：1932－1939.

田晓瑞，Douglas，Mcrae，等. 2006. 森林火险等级预报系统评述[J]. 世界林业研究，19(2)：39－46.

田晓瑞，代玄，王明玉，等. 2016. 多气候情景下中国森林火灾风险评估[J]. 应用生态学报，27(3)：769－776.

田晓瑞，舒立福，阿力甫江. 2003. 林火研究综述(Ⅲ)——ENSO 对森林火灾的影响[J]. 世界林业研究，16(5)：22－25.

田晓瑞，舒立福，李红. 2001. 全球林火国际合作[J]. 世界林业研究，14(4)：18－24.

田晓瑞，舒立福，王明玉，等. 2006. 林火与气候变化研究进展[J]. 世界林业研究，19(5)：38－42.

王明玉，舒立福，田晓瑞，等. 2004. 林火干扰下的大兴安岭呼中区景观动态分析[J]. 山地学报，22(6)：702－706.

王秋华，舒立福，李世友. 2009. 林火生态研究方法进展[J]. 浙江林业科技，29(5)：78－82.

王述洋. 1993. 厄尔尼诺——南方涛动异常对森林火灾年际活动规律的影响[J]. 世界林业研究，6(1)：31－38.

魏志锦，刘晓东，李伟克，等. 2015. 计划烧除对野生动物栖息地影响的研究综述[J]. 内蒙古大学学报(自然科学版)，03：331－336.

息哲，刘红梅. 2009. “厄尔尼诺”和“拉尼娜”现象对森林火灾的影响及如何提高森林火灾的预防和扑救的能力[C]// 中国林业学术大会.

肖化顺，刘小永，曾思齐，等. 2012. 欧美国家林火研究现状与展望[J]. 西北林学院学报，27(2)：131－136.

谢克勇，黄志辉，周勇平，等. 2008. 森林火灾与气象因子的相关性分析[J]. 南方林业科学(5)：53－55.

信晓颖，江洪，周国模，等. 2011. 加拿大森林火险气候指数系统(FWI)的原理及应用[J]. 浙江农林大学学报，28(2)：314－318.

闫德民，张思玉，何诚，等. 2015. 林火生态学课程教学改革探索[J]. 森林防火(4)：35－38.

杨光，舒立福，邸雪颖. 2012. 气候变化背景下黑龙江大兴安岭林区夏季火险变化趋势[J]. 应用生态学报，23(11)：3157－3163.

杨光，舒立福，邸雪颖. 2012. 气候变化影响下大兴安岭地区 21 世纪森林火险等级变化预测[J]. 应用生态学报，23(12)：3236－3242.

殷丽，田晓瑞，康磊，等. 2009. 林火碳排放研究进展[J]. 世界林业研究，22(3)：46－51.

袁媛，高辉，贾小龙，等. 2016. 2014—2016 年超强厄尔尼诺事件的气候影响[J]. 气象，42(5)：532－539.

翟盘茂，余荣，郭艳君，等. 2016. 2015/2016 年强厄尔尼诺过程及其对全球和中国气候的主要影响[J]. 气象学报，74(3)：309－321.

张晨，牛树奎，陈锋，等. 2016. 基于 GIS 的景观格局对云南省森林火灾的影响[J]. 林业科学，52(7)：96－103.

张敏，胡海清. 2002. 火对地下生态系统可持续性的作用[J]. 森林防火(2)：32－35.

张强，韩永翔，宋连春. 2005. 全球气候变化及其影响因素研究进展综述[J]. 地球科学进展，20(9)：990－998.

赵凤君，舒立福，邸雪颖，等. 2009. 气候变暖背景下内蒙古大兴安岭林区森林火灾发生日期的变化[J]. 林业科学，45(6)：166－172.

赵凤君，舒立福. 2007. 气候异常对森林火灾发生的影响研究[J]. 森林防火(1)：21－23.

赵宁. 2011. 营林用火对不同林型土壤理化性质影响的研究[D]. 南昌：江西农业大学.

周道玮，周以良，郑焕能. 1993. 火生态学研究评述[J]. 世界林业研究(6)：38－44.

周涧青，刘晓东，郭怀文. 2014. 大兴安岭南部主要林分地表可燃物负荷量及其影响因子研究[J]. 西北农林科技大学学报(自然科学版)，06：131－137.

周涧青，刘晓东，张思玉，等. 2016. 不同火烧时间对杉木人工林土壤性质的影响[J]. 西北林学院学报，03：1－6，22.

朱敏，刘晓东，李璇皓，等. 2015. 北京西山油松林可燃物调控的影响评价[J]. 生态学报，13：4483－4491.

Wagn，梁红平. 1990. 加拿大森林火灾科学 60 年[J]. 林业科技(4)：23－27.

Durigan M，Cherubin M，Camargo P D，*et al.* 2017. Soil Organic Matter Responses to Anthropogenic Forest Disturbance and Land Use Change in the Eastern Brazilian Amazon[J]. Sustainability，9.

Fearnside P M，Pueyo S. 2012. Greenhouse-gas emissions from tropical dams[J]. Nature Climate Change，2(6)：382－384.

Furyaev V，Vaganov E，Tchbakova N，*et al.* 2001. Effects of Fire and Climate on Successions and Structural Changes in The Siberian Boreal Forest[J]. Eurasian Journal of Forest Research，2：1－15.

Kolka R K，Sturtevant B R，Miesel J R，*et al.* 2017. Emissions of forest floor and mineral soil carbon，nitrogen and mercury pools and relationships with fire severity for the Pagami Creek Fire in the Boreal Forest of northern Minnesota[J]. International Journal of Wildland Fire.

López－Serrano F R，Rubio E，Dadi T，*et al.* 2016. Influences of recovery from wildfire and thinning on soil respiration of a Mediterranean mixed forest[J]. Science of the Total Environment.

Renata M S Pinto, Akli Benali, Ana C L Sá, *et al.* 2016. Probabilistic fire spread forecast as a management tool in an operational setting[J]. Springer Plus, 51.

Spracklen D V, Mickley L J, Logan J A, *et al.* 2009. Impacts of climate change from 2000 to 2050 on wildfire activity and carbonaceous aerosol concentrations in the western United States[J]. Journal of Geophysical Research Atmospheres, 114(D20): 311 - 311.